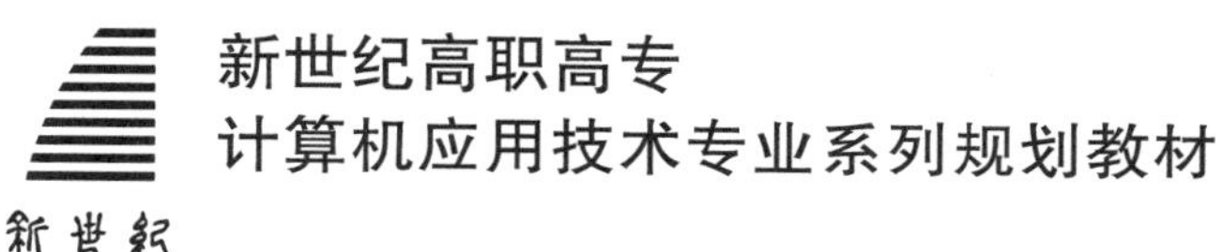

新世纪高职高专
计算机应用技术专业系列规划教材

计算机电路基础

第三版

新世纪高职高专教材编审委员会 组编
主 编 李 萍

大连理工大学出版社

图书在版编目(CIP)数据

计算机电路基础 / 李萍主编. — 3版. — 大连：
大连理工大学出版社，2012.9(2022.2重印)
新世纪高职高专计算机专业基础系列规划教材
ISBN 978-7-5611-7321-3

Ⅰ.①计… Ⅱ.①李… Ⅲ.①电子计算机—电子电路—高等职业教育—教材 Ⅳ.①TP331

中国版本图书馆CIP数据核字(2012)第225249号

大连理工大学出版社出版

地址:大连市软件园路80号 邮政编码:116023
发行:0411-84708842 邮购:0411-84708943 传真:0411-84701466
E-mail:dutp@dutp.cn URL:http://dutp.dlut.edu.cn
大连永盛印业有限公司印刷 大连理工大学出版社发行

幅面尺寸:185mm×260mm 印张:16.25 字数:375千字
2003年8月第1版 2012年9月第3版
2022年2月第13次印刷

责任编辑:杨慎欣 责任校对:周雪姣
封面设计:张 莹

ISBN 978-7-5611-7321-3 定 价:39.80元

前言

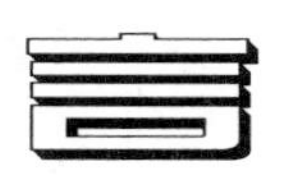

高职高专院校的教学特点是：在讲授“理论与技术”时，更注重技术方法的教学；在讲授“理论与实践”时，更注重理论指导下的可操作性和实际问题的解决。

为满足高职高专院校的教学要求，达到培养应用型人才的目的，本书根据计算机等相近专业的教学需求，结合电路与电子技术类课程的基本要求，对计算机专业学生必修的专业基础课——“电路分析”、“模拟电子技术”和“数字电子技术”这三门课程的内容和体系进行有机的整合，形成了“计算机电路基础”新的课程体系，并组织多年从事该类课程教学的一线老师编写了本书。本书的特色为：

1. 适应高职高专学生的认知能力，做到“点到为止、够用为度”。

重点放在知识的应用上。如：在介绍功率和电能时，针对功率的“正负”这个概念，引入两个应用实例——收录机实例和给电池充电的实例，使得这个知识点不再成为难理解的包袱。

在理论上降低深度和难度，基本删掉了元器件内部原理的分析。如二极管、三极管着重介绍特性曲线和电路中的应用；译码器、555 定时器、计数器等集成芯片着重讲解外部引脚和应用。对较深层的知识，如集成运放的内部结构、直流电源的滤波、稳压电路等只做定性解释，不做详细分析。

为避免理论上的繁琐推导，本书对相关的基本定理与电路分析方法，尽量以文字、图表、实验、实训的方式讲解，

不作数学推导,同时通过实例、例题、习题来加深理论的应用。

2. 突出实践能力的培养。

本教材十分适合教、学、做相结合的教学方法。为保证教材的通用性,书中设计的实训项目一般院校都有条件完成。本书的最后一章是实训部分,共安排了20多个实训和相关预备知识,力求达到两个层次的培养目标。

第一层次目标是加强对所学知识的认识,表现为一般的验证性实验。

第二层次目标是对知识点的扩充,帮助学生举一反三,培养学生的应用能力。

比如在模拟电路实训的最后,安排了一个可调音量放大器的制作实训,此实训不安排在实验箱上进行,以锻炼学生的焊接技能和调试电路的能力。

3. 理论教学与实训教学有机结合。全书共安排了20多个实训项目,保证理论教学与实践教学同步进行。

4. 增加了Multisim仿真。一些在实验箱上无法完成的实验都可以进行仿真验证。教师在多媒体教室做仿真实验,可以增强教学效果;学生在课外进行电路仿真,可以提高学习效率和兴趣。

本教材参考学时为128学时,分为两个学期,每学期16周,理论教学与实训比例基本达到1∶1。建议第1章～第6章(电路基础和模拟电路部分)放在一个学期,第7章～第11章(数字电路部分)放在另一个学期,各章教学时数的建议参见以下学时分配表。

章次	理论学时	实训学时	章次	理论学时	实训学时
第1章	6	4	第7章	8	4
第2章	8	8	第8章	8	8
第3章	4	2	第9章	12	12
第4章	6	6	第10章	4	根据实验室情况定
第5章	4	4	第11章	4	4
第6章	4	2	第12、13章	分配在以上各章实训中	

全书由漯河职业技术学院李萍编写。本书在编写过程中,学生李文明、王立朋进行了资料搜集和部分绘图工作,学生韩玉平、刘双洋对部分实训进行了调试和仿真。

在成书过程中,编者参考了许多文献资料,在此向各文献资料的作者表示感谢。相关著作权人看到本教材后,请与我社联系,我社将按照相关法律的规定支付稿酬。

本书适合作为高职高专院校计算机专业和相关专业的教材,也可作为非电类专业的相关课程教材或参考书。

由于编者水平有限，加之时间仓促，书中难免存在不妥或错误之处，恳请各相关教学单位和读者在使用本书的过程中给予关注，并将意见及时反馈给我们（编者电子邮箱：lpsheep@126.com），以便再次修订完善。

编　者

2012 年 9 月

所有意见和建议请发往：dutpgz@163.com

欢迎访问职教数字化服务平台：http://sve.dutpbook.com

联系电话：0411-84707492　84706104

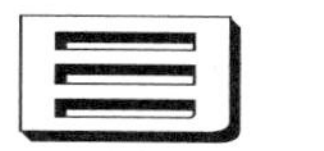

目　录

第1章 电路的基本概念与基本元件

本章提要

本章主要阐述电路的基本概念，首先讨论电压和电流的参考方向，然后介绍电路的几种基本元件。电路的基本概念和基本元件是学习后面的模拟电子电路和数字电子电路的基础。

1.1 电路和电路模型

1.1.1 电路及其作用

电路是电流通过的路径，是由许多电气元件和设备按一定的方式连接而成的。电路的功能有：

1. 实现电能的传输和转换

比如，日常用电照明就是利用灯泡将电能转换为光能和热能；还有动力电路将电能转换为动能。配电电路则实现了电能的传输。

2. 实现信号的传递和处理

这方面的应用很普遍。如扩音系统先由话筒把语言或音乐（通常称为信息）转换为相应的电压和电流，它们就是电信号；而后通过电路将电信号传递到扬声器，把电信号还原为语言或音乐。由于从话筒输出的电信号比较微弱，不足以推动扬声器发音，因此中间还要用放大器来放大。信号的这种转换和放大，如图 1.1.1 所示，称为信号的处理。

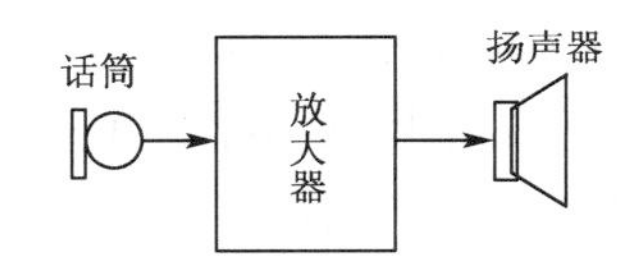

图 1.1.1 扩音机电路示意图

信号传递和处理的例子是很多的，如收音机和电视机，它们的接收天线（信号源）把载有语言、音乐、图像信息的电磁波接收后转换为相应的电信号，而后通过电路对信号进行传递和处理（调谐、变频、检波、放大等），再送到扬声器和显像管（负载）还原为原始信息。

1.1.2 电路的组成

根据所要完成的功能不同，实际电路的组成是多种多样的。但不管电路多复杂，它都可以看作由电源（或信号源）、中间环节和负载三部分组成。

电源是提供电能的装置。电能可以由其他形式的能量转换而来，也可以由一种形式的电能转换为另一种形式的电能(如交流电能转换成直流电能)。信号源可以是系统自身产生的,也可以是从外部接收的。

负载是取用电能的装置,如电炉、扬声器等,它们可以将电能转换成其他形式的能量,如热能等。

中间环节是指将电源和负载连接成闭合电路的部分,起传输、分配、控制电能的作用,如变压器、放大器等。

在图 1.1.1 中,话筒是输出信号的设备,为信号源;放大器为中间环节;扬声器是接收和转换信号的设备,也就是负载。

信号源的电压或电流又称为激励,它推动电路工作。激励在电路各部分产生的电压和电流称为响应。以后学习的电路分析,就是在已知电路的结构和元件参数的条件下,讨论电路的激励与响应之间的关系。

1.1.3 电路模型

为了便于对实际电路进行分析,通常是将实际电路器件理想化(模型化),即在一定条件下突出其主要的电磁性质,忽略次要因素,近似地看作理想的电路元件。例如白炽灯,它除具有消耗电能的性质(电阻性)外,当通有电流时还会产生磁场,就是它还具有电感性,但电感微小,可忽略不计,于是可认为白炽灯是一种电阻元件。

理想电路元件(理想二字常略去不写)主要有电阻元件、电感元件、电容元件和电源元件等。这些元件分别由相应的参数来表征,并用规定的图形符号表示。

由理想化元件组成的电路,就是实际电路的电路模型。一般将理想电路元件简称为元件,将电路模型简称为电路。

例如常用的手电筒,其实际电路元件有干电池、电珠、开关和导线,电路模型如图 1.1.2 所示。电珠是电阻元件,其参数为电阻 R;干电池是电源元件,其参数为电动势 E 和内电阻(简称内阻)R_0;导线和开关是连接干电池与电珠的中间环节,其电阻忽略不计,认为是无电阻的理想导体。

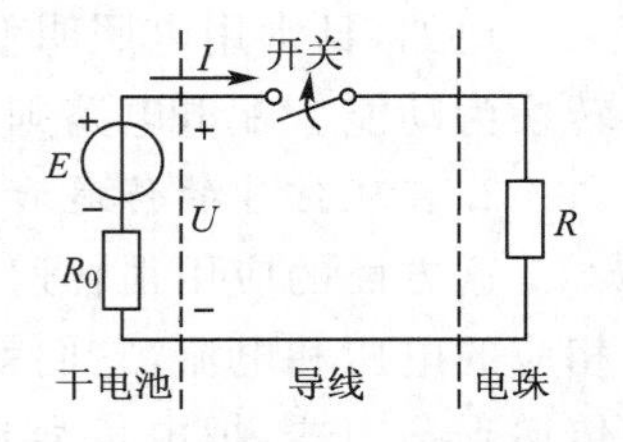

图 1.1.2 手电筒的电路模型

1.2 电路的基本物理量

1.2.1 电流及其参考方向

1. 定义

电流是由电荷有规则地定向流动形成的。电流的大小用电流强度来衡量。电流强度等于单位时间内通过导体某横截面的电量,也简称电流。若在 $\mathrm{d}t$ 时间内,通过导体某横截面 S 的电量为 $\mathrm{d}q$,则有

$$i=\frac{\mathrm{d}q}{\mathrm{d}t}$$

式中，i 为电流强度(简称电流)，通常情况下，i 是随着时间而变化的。若电流不随时间变化，即 $dq/dt=$ 常数，则这种电流为恒定电流，简称为直流，用大写字母 I 来表示。

2. 单位

在国际单位制中，电流的单位是安培(A)。当 1 s(秒)内通过导体横截面的电荷量为 1 库仑(C)时，则电流为 1 A。

计量微小的电流时，常以毫安(mA)或微安(μA)为单位。它们之间的关系为

$$1\ \text{mA}=10^{-3}\ \text{A},1\ \mu\text{A}=10^{-6}\ \text{A}$$

3. 参考方向

习惯上规定正电荷运动的方向或负电荷运动的相反方向为电流的方向(实际方向)。电流的方向是客观存在的。但在分析较为复杂的电路时，往往难以事先判断某支路中电流的实际方向。为此，在分析与计算电路时，常可任意选定某一方向作为电流的参考方向。

所选的电流的参考方向并不一定与电流的实际方向一致。当电流的实际方向与其参考方向一致时，则 $i>0$；当电流的实际方向与其参考方向相反时，则 $i<0$。如图 1.2.1 所示。因此，在参考方向选定之后，电流的值才有正负之分，可根据算出的电流的正负确定电流的实际方向。

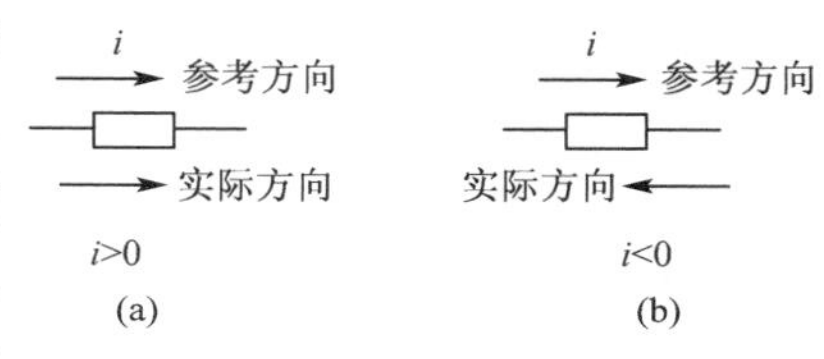

图 1.2.1　电流的参考方向与实际方向

1.2.2　电压及其参考方向

1. 电压与电位

(1)电压

电场力将单位正电荷从 a 点移到 b 点所做的功定义为 a 点到 b 点间的电压，用 u_{ab} 来表示。其数学表达式为

$$u_{ab}=\frac{dW_{ab}}{dq}$$

式中，dW_{ab} 是电场力在时间 dt 内将正电荷 dq 从 a 点移动到 b 点所做的功。

直流电路中，电压是不变的，用大写字母 U 来表示。

(2)电位

电位是电路中某点到参考点之间的电压。电路中的电位值采用这样的方法来确定：在电路中选定一点作为参考点，并将参考点的电位规定为零(参考点通常是“接地”点，又叫零电位点)，则某点与参考点之间的电压就是该点的电位值。

因此，两点间的电压又称为两点间的电位差，可表示为

$$u_{ab}=V_a-V_b$$

其中 V_a、V_b 分别为 a、b 点的电位。参考点是任意选择的一点，若选 b 点为参考点，则 $V_b=0$，$u_{ab}=V_a$。显然，同一点的电位值是随着参考点的不同而变化的，而任意两点之间的电压却与参考点的选取无关。

(3)电动势

电动势一般用“E”来表示，是电源力将单位正电荷从低电位 b 点移动到高电位 a 点所做的功。

2. 单位

在国际单位制中，电压、电位和电动势的单位都是伏特(V)。当电场力把 1 C(库仑)的电荷量从一点移到另一点所做的功为 1 J(焦耳)时，则该两点间的电压为 1 V。计量微小的电压时，则以毫伏(mV)或微伏(μV)为单位；计量高电压时，则以千伏(kV)为单位。

$$1\ \text{mV} = 10^{-3}\ \text{V}$$
$$1\ \mu\text{V} = 10^{-6}\ \text{V}$$
$$1\ \text{kV} = 10^{3}\ \text{V}$$

3. 参考方向

为了便于分析电路，也给电压和电动势选择一个参考方向。

电压 U 的参考方向为由高电位(“+”极性)指向低电位(“−”极性)，即为电位降低的方向，可用箭头表示，也可用 U_{ab} 来表示。

电源电动势 E 的参考方向规定为在电源内部由低电位(“−”极性)指向高电位(“+”极性)，即为电位升高的方向。

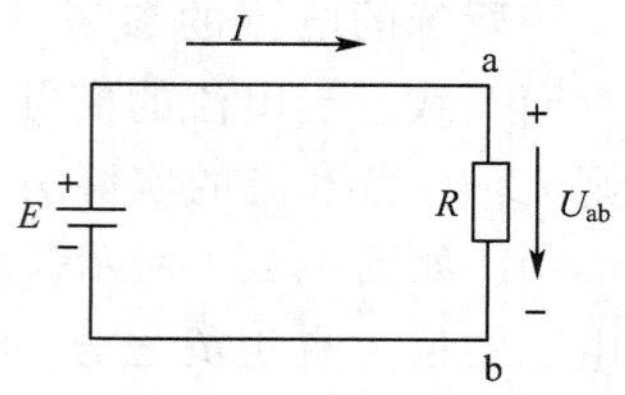

图 1.2.2 电压的参考方向

实际的电压值若大于零，则说明与参考方向相同，反之，则与参考方向相反。如图 1.2.2 所示。

1.2.3 电流和电压的关联参考方向

在分析电路时，有时要同时考虑一个元件上电压和电流的参考方向，这时就要考虑电压和电流的参考方向的相对关系。

关联参考方向：当某一元件或电路端口所设定的电压和电流的参考方向是让参考电流从参考电压的正极到负极流过时，称电压和电流的参考方向为关联参考方向。而对于电动势来说，关联参考方向是让参考电流从电动势的负极流到正极。如图 1.2.3 所示。

如果不满足这种约定，则称为非关联参考方向。

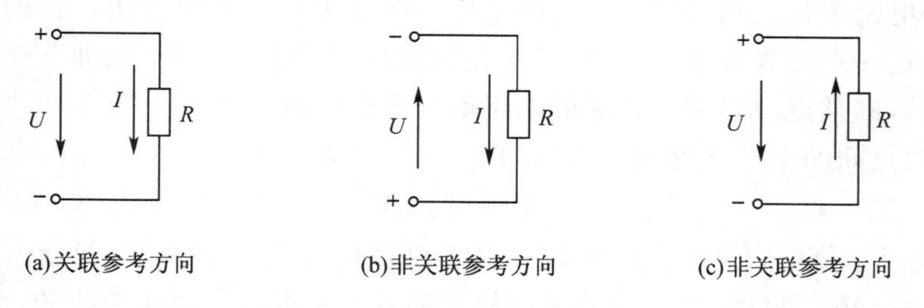

(a)关联参考方向 (b)非关联参考方向 (c)非关联参考方向

图 1.2.3 关联参考方向的判断

1.3　电路的几种基本元件

1.3.1　电阻

1. 电阻的特性和功能

电阻是既能导电又有确定电阻数值的元件，它主要用于控制和调节电路中的电流和电压(限流、分流、降压、分压、偏置等)，或用作消耗电能的负载(如电灯、电炉丝等)。电阻没有极性，在电路中它的两根引脚可以交换连接。

2. 电阻的符号、单位

(1)符号

在电路图中，电阻用如图 1.3.1 所示的符号表示，文字标注用“R”表示。如果有多个电阻，则用“R”加数字来区分它们，如 R_1、R_2 等。

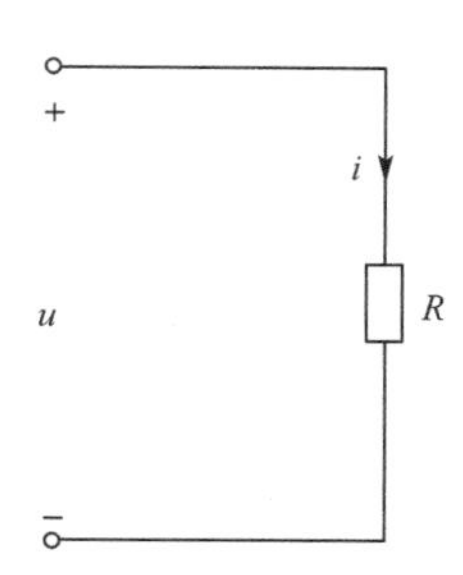

图 1.3.1　电阻符号

(2)单位

电阻的单位是欧[姆](Ω)，一个 1000 Ω 的电阻可写作 1 kΩ(千欧)，1000 kΩ 可写作 1 MΩ(兆欧)。

3. 电阻的分类

电阻有固定电阻和可变电阻之分，可变电阻常称作变阻器。按材料分，有碳膜电阻、金属膜电阻和线绕电阻等不同类型；按功率分，有 1/6 W、1/8 W、1/4 W、1/2 W、1 W、2 W 等额定功率的电阻；按电阻值的精确度分，有精确度为+5%、+10%、+20%等的普通电阻，还有精确度为+0.1%、+0.2%、+0.5%、+1%和+2%等的精密电阻。

(1)碳膜电阻器

是将结晶碳沉积在陶瓷棒骨架上制成的。成本低、性能稳定、阻值范围宽、温度系统低、价格便宜，是应用最广泛的电阻器。

(2)可变电阻器

可变电阻器一般称为电位器，从形状上分，有圆柱形、长方体形等多种形式；从结构上分，有直滑式、旋转式、带开关式、带紧锁装置式、多连式、多圈式、微调式和无接触式等多种结构；从材料上分，有碳膜、合成膜、有机导电体、金属玻璃釉和合金电阻丝等多种电阻体材料。碳膜电位器是较常用的一种。

(3)光敏电阻器

光敏电阻器有许多种类，它们的光敏性、尺寸、阻值等各不相同。当被亮光照射时，阻值大约几百欧，在黑暗中，阻值约几兆欧。

制作光敏电阻器的典型材料有硫化镉(CdS)和硒化镉(CdSe)。CdS 或 CdSe 沉积膜的面积越大，其受光照射的阻值变化越大，也越灵敏。

(4)热敏电阻器

热敏电阻器是对温度的变化特别敏感的电阻器，它的阻值根据温度变化而改变。热敏电阻器大多是用半导体材料制成，可作温度传感器。为使晶体管的工作稳定，热敏电阻器常用于温度补偿电路。

4. 电阻的伏安特性——欧姆定律

电阻上电压、电流之间的关系就是电阻的伏安特性. 电阻有线性电阻和非线性电阻之分。如果某类电阻的伏安特性曲线是一条直线，则称该类电阻为线性电阻。实际的白炽灯、电炉丝可以近似地看作是线性电阻。如图 1.3.2 所示，它是一条通过坐标原点的直线。也可以用公式来表示电阻上电压、电流的伏安关系：

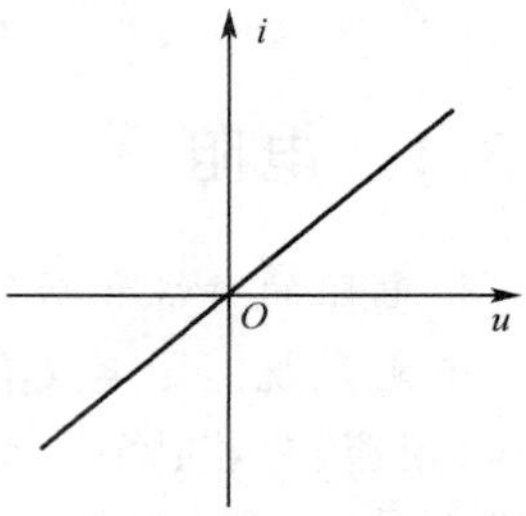

$$u=iR \quad 或 \quad \frac{u}{i}=R$$

图 1.3.2 线性电阻的伏安特性曲线

即著名的欧姆定律。

欧姆定律的另一种表达式为

$$\frac{i}{u}=G$$

式中 G 称为电导，它是 R 的倒数，单位是西[门子](S)。

如果某类电阻的伏安特性曲线不是直线，则该电阻是非线性电阻。后面将要学到的半导体二极管就是非线性电阻器件，图 1.3.3 所示为半导体二极管的伏安特性曲线。

在后面的章节中，如无特殊说明，一般所说的电阻均指线性电阻。

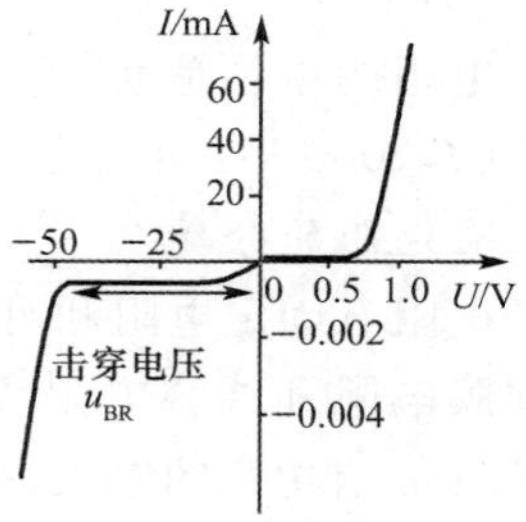

图 1.3.3 二极管的伏安特性曲线

5. 电阻的串并联

(1)电阻的串联

电路中，两个或两个以上的元件顺序连接，且各连接点没有分支的连接方式称为串联。在图 1.3.4 中，图(a)所示为两个电阻串联的电路，图(b)所示为其等效电路，两个电路中电阻之间的关系为

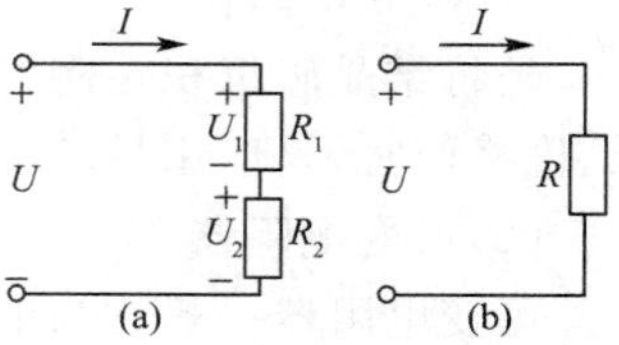

$$R=R_1+R_2$$

图 1.3.4 电阻串联及其等效示意图

由于两个电阻串联时流过同一电流，则有

$$IR=IR_1+IR_2$$

即

$$U=U_1+U_2=IR_1+IR_2$$

因此，串联电路中各电阻上电压的大小与其阻值成正比。即

$$U:U_1:U_2=R:R_1:R_2$$

所以串联电阻上电压的分配与电阻成正比。当其中某个电阻较其他电阻小得多时，它两端的电压也较其他电阻上的电压低得多，因此，这个电阻的分压作用常可忽略不计。

电阻串联的应用很多。比如在负载的额定电压低于电源电压的情况下，通常需要给负载串联一个电阻，以降落一部分电压；有时为了防止负载中通过过大的电流，也可以给负载串联一个限流电阻；当需要调节电路中的电流时，也可以在电路中串联一个变阻器来进行调节；另外，改变串联电阻的大小以得到不同的输出电压，这也是很常见的。

(2)电阻的并联

将两个或两个以上元件的一端连接在电路的同一点上,将另一端连接在电路的另一相同点上的连接方式,称为并联。在图1.3.5中,图(a)所示为两个电阻并联的电路,图(b)所示为其等效电路,两个电路中电阻之间的关系为

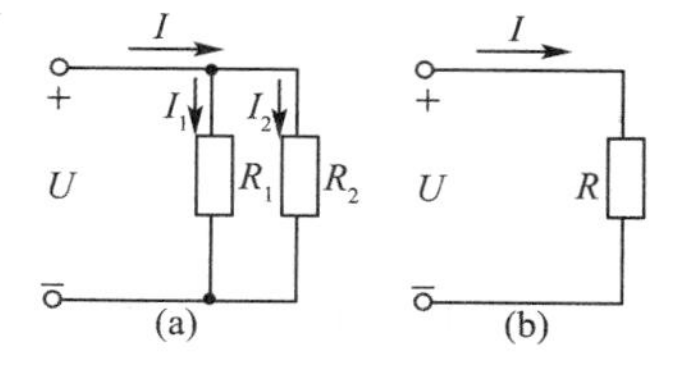

图1.3.5 并联电阻等效示意图

$$\frac{1}{R}=\frac{1}{R_1}+\frac{1}{R_2}$$

上式还可写成

$$G=G_1+G_2$$

由于并联元件两端承受的是同一电压,且 $I=I_1+I_2$,有

$$I=I_1+I_2=\frac{U}{R_1}+\frac{U}{R_2}=(\frac{1}{R_1}+\frac{1}{R_2})U=\frac{R_1+R_2}{R_1R_2}U$$

则等效电阻 R 为

$$R=\frac{R_1R_2}{R_1+R_2}$$

通过电阻 R_1、R_2 的电流分别为

$$I_1=\frac{U}{R_1}=\frac{R_2}{R_1+R_2}I$$

$$I_2=\frac{U}{R_2}=\frac{R_1}{R_1+R_2}I$$

由上式可见,并联电路中电流的分配与电阻的阻值成反比,电阻值大时,通过电阻的电流就小。当其中某个电阻较其他电阻大得多时,通过它的电流就较其他电阻上的电流小得多,因此,这个电阻的分流作用常可忽略不计。

一般负载都是并联运用的。负载并联时,它们处于同一电压之下,任何一个负载的工作情况基本上不受其他负载的影响。并联的负载电阻愈多(负载增加),则总电阻愈小,电路中总电流和总功率也就愈大。但是每个负载的电流和功率却没有变化(严格地讲,基本上不变)。有时为了某种需要,可将电路中的某一段与电阻或变阻器并联,以起分流或调节电流的作用。

(3)电阻的混联

电路中的电阻既有串联,又有并联的连接方式称为混联。简单的电阻混联电路可以通过电阻串联与并联的特性加以简化,具体做法见下例。

【例1.1】 在如图1.3.6所示的电路中,$R_1=2\ \Omega$,$R_2=4\ \Omega$,$R_3=2\ \Omega$,$R_4=2\ \Omega$,求a、c间的总电阻 R。

解: R_3 与 R_4 串联,得

$$R_3'=R_3+R_4=(2+2)\ \Omega=4\ \Omega$$

R_2 与 R_3' 并联,等效电阻 R_2' 为

$$R_2'=\frac{R_3'R_2}{R_3'+R_2}=(\frac{4\times4}{4+4})\ \Omega=2\ \Omega$$

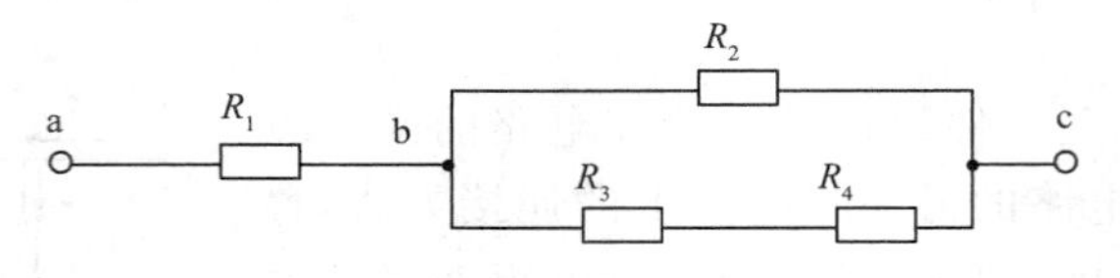

图 1.3.6 电阻的混联

R_1 与 R'_2 串联，则总等效电阻 R 为

$$R=R_1+R'_2=(2+2)\ \Omega=4\ \Omega$$

对于某些复杂的电阻电路，不可能都用电阻串联与并联的特性将电路化简后求解，因此必须研究更一般的分析方法。

1.3.2 电容

1. 电容的特性和功能

电容器的特性是能通过交流电，而对直流电有较大的阻碍作用。电容的这种隔直流、通交流的作用称为“容抗”。

电容的容抗和电容量与交流电的频率高低有关系。电容量越大，电容对交流电的阻抗越小；交流电的频率越高，电容对它的阻抗也越小。电容对高频电流的阻抗作用小，对低频电流的阻抗作用大。当电流频率为 0 时（即直流），电容两端虽然有电压存在，但电流却为零，相对于电容开路。

在两个金属极板之间加上绝缘介质就构成了实际的电容器。电容器在工程上应用非常广泛，在电路中常用于隔直流、耦合交流、旁路交流、滤波、定时和组成振荡电路等。

2. 电容的符号、单位

(1)符号

在电路图中，电容用如图 1.3.7 所示的符号表示，文字标注为“C”。

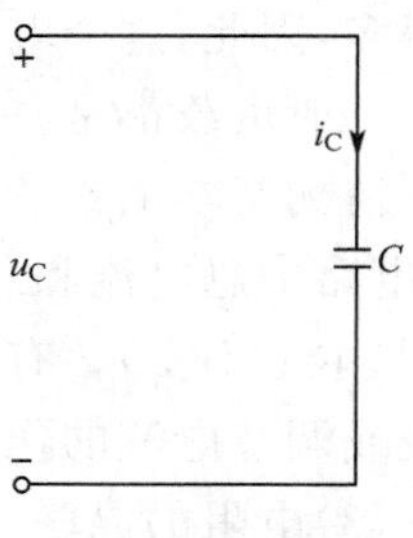

图 1.3.7 电容的符号

(2)单位

电容的基本单位是法[拉](F)，它的量值很大，常用的单位有微法(μF)、纳法(nF)和皮法(pF)等，它们与基本单位法[拉](F)的换算关系如下：

1 mF(毫法或简称为 m)$=10^{-3}$ F

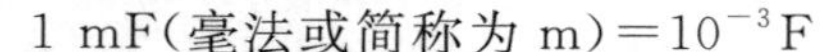

1 μF(微法或简称为 μ)$=10^{-6}$ F

1 nF(纳法或简称为 n)$=10^{-9}$ F

1 pF(皮法或简称为 p)$=10^{-12}$ F

3. 电容的分类

电容从结构上分为固定电容和可变电容(包括微调电容，又称半可变电容)。

按电容的介质材料分，有瓷介、纸介、云母、涤纶、独石、铝电解和钽电解等类型。

按用途来分，有高频旁路电容、高频耦合电容、低频旁路电容、低频耦合电容、滤波电容和调谐电容等。

(1)电解电容

电解电容的介质为很薄的氧化膜,故容量可做得很大。由于氧化膜有单向导电性,电解电容一般有正负极性,使用中要注意把正极接到电路中高电位的一端。如果正负极接反,或者超过耐压值,它可能爆裂损坏,是非常危险的。

电解电容的损耗大,性能受温度影响较大,漏电流随温度升高急剧增大。主要用在电源供给电路中作滤波,或者作旁路低频信号的滤波器,以及低频信号耦合等。

(2)陶瓷电容

介质材料为高介电常数的电容器陶瓷(如钛酸钡),内部没有卷绕构造,所以能在较高频率下应用,例如,在电路中用于旁路高频信号到地。具有小温度系数的电容,可用于高稳定振荡电路。

(3)多层陶瓷电容(独石电容)

它有很多分层的介质,在若干片陶瓷薄坯上覆以电极浆材料,叠合绕结成一块整体,外面再用树脂包封而成。因此,此类电容尺寸小,且有良好的频率特性。常常用在数字电路中作噪声旁路、滤波器和积分电路等。

(4)普通可变电容

是电容量可以改变的电容,可以旋转它的轴柄改变电容量,主要用来调整频率,例如在收音机的调谐电路中作选择电台之用。

(5)微调电容(半可变电容)

微调电容用来精细地调节电容量,调整完成后,一般不需要改动。

4. 电容的伏安特性

电容是一种能够储存电场能量的实际电路元件。假设电容两极板上储存的电荷量为 q,在两极板间建立的电压为 u,那么就存在如下关系:$q=Cu$。

在电路中,如果流过一个电容的电流为 $i_C(t)$,在电容上建立的电压为 $u_C(t)$,那么它们就有如下伏安关系:

$$i_C(t)=\frac{\mathrm{d}q}{\mathrm{d}t}=C\,\frac{\mathrm{d}u_C(t)}{\mathrm{d}t}$$

由上式可以看出,如果 $i_C>0$,说明电容充电,电压在增高;如果 $i_C<0$,说明电容放电,电压在减小。

假设 $t=0$ 时,$u_C=0$,则上式又可以写为

$$u_C(t)=\frac{1}{C}\int_0^t i_C(t)\mathrm{d}t$$

【例1.2】 某电容 $C=10\ \mu\mathrm{F}$,充电后的电压变化规律如图1.3.8(a)所示,求电容充电电流的变化规律,并画出波形图。

解:①t 在 $0\sim4$ ms 期间,u_C 由 0 V 线性上升到 100 V,所以

$$i_C=C\,\frac{\mathrm{d}u_C}{\mathrm{d}t}=10\times10^{-6}\times\frac{100-0}{(4-0)\times10^{-3}}\ \mathrm{A}=10\times10^{-6}\times25\times10^{3}\ \mathrm{A}=0.25\ \mathrm{A}$$

②t 在 $4\sim8$ ms 期间,u_C 保持不变,所以

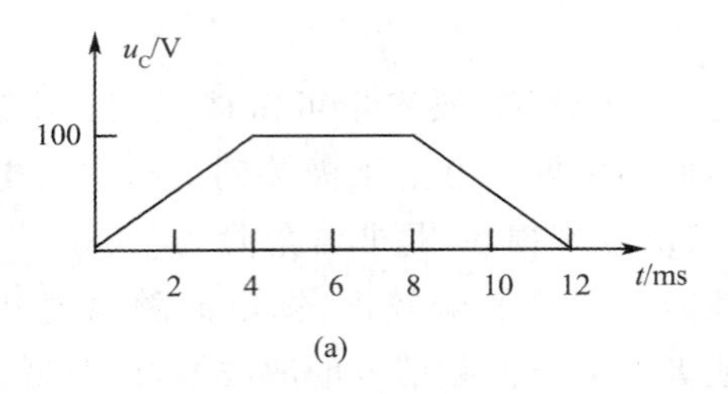

(a)

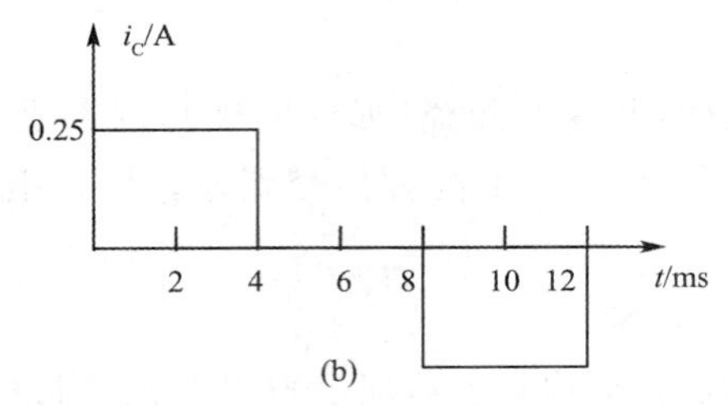

(b)

图 1.3.8 例 1.2 的波形图

$$i_C = C\frac{du_C}{dt}$$

③t 在 8～12 ms 期间，u_C 由 100 V 线性下降至 0 V，所以

$$i_C = C\frac{du_C}{dt} = 10\times10^{-6}\times\frac{0-100}{(12-8)\times10^{-3}}\ \text{A} = 10\times10^{-6}\times(-25\times10^3)\ \text{A} = -0.25\ \text{A}$$

根据以上的计算，可得电流的变化规律如图 1.3.8(b) 所示。

1.3.3 电感

电感器通常称为电感或者线圈，当它被应用在电源电路中时，常称它为扼流圈；而在变压器中，它被称为绕组。

1. 电感的特性和功能

电感器的特性与电容器完全相反：它能够通过直流电，而对交流电呈现较大的阻碍作用。电感的这种作用称为“感抗”。

电感的感抗与它的电感量以及交流电的频率高低有关系。电感量越大，对交流电的阻抗也越大；交流电的频率越高，电感对它的阻抗也越大。

在电子电路中，电感常常和电容协同工作，构成 LC 振荡器、LC 滤波器、LC 调谐电路等。另外，扼流圈、中频变压器(简称中周)、电源变压器也都运用了电感器的特性。

2. 电感的符号、单位

电感在电路图中的符号如图 1.3.9 所示，文字标注为“L”。

电感的基本单位是亨[利](H)，常用的单位是 mH 和 μH。

3. 电感的分类

电感器是用漆包线在各种形状和各种材料的骨架(包括空心骨架、磁芯骨架和铁芯骨架)上按照一定的方法绕制而成的。

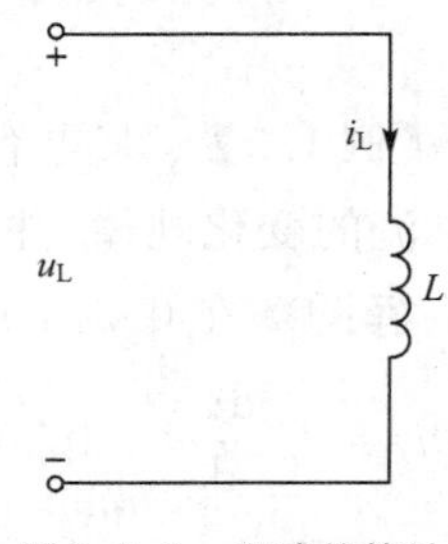

图 1.3.9 电感的符号

按照骨架材料来分类，可以分为空心电感、磁芯电感和铁芯电感等。

4. 电感的伏安特性

电感线圈在通过交流电流 $i_L(t)$ 时，线圈周围就会建立磁场，即储存了磁场能量，在线圈两端就会出现感应电压 $u_L(t)$，通过电感的电流 $i_L(t)$ 和电感两端的电压 $u_L(t)$ 之间存在以下关系：

$$u_L(t)=L\frac{\mathrm{d}i_L(t)}{\mathrm{d}t}$$

当 $t=0$ 时，$i_L=0$，上式又可以写为：$i_L(t)=\frac{1}{L}\int_0^t u_L(t)\mathrm{d}t$。

1.3.4　电源

任何一个实际电源都可以用两种不同的电路模型来表示。电压源(U_S)和串联电阻(R_S)或者电流源(I_S)和并联电阻(R_S)。

1. 电压源

(1)理想电压源

理想电压源是一个理想二端元件。它在工作时，无论接在输出端的负载如何变化，其输出端电压保持不变，输出电流与它所连接的外电路有关，如图 1.3.10(a)所示。如果一个电源的内阻远比负载电阻小，即 $R_0 \ll R_L$ 时，则内阻压降 $R_0I \ll R_LI$，于是 $U=E$，输出端电压基本上恒定，可以认为是理想电压源。

电压源的端电压 U_S 与输出电流 I 的关系称为电压源的伏安特性。理想电压源的伏安特性为一条与横坐标轴平行的直线，如图 1.3.10(b)所示。

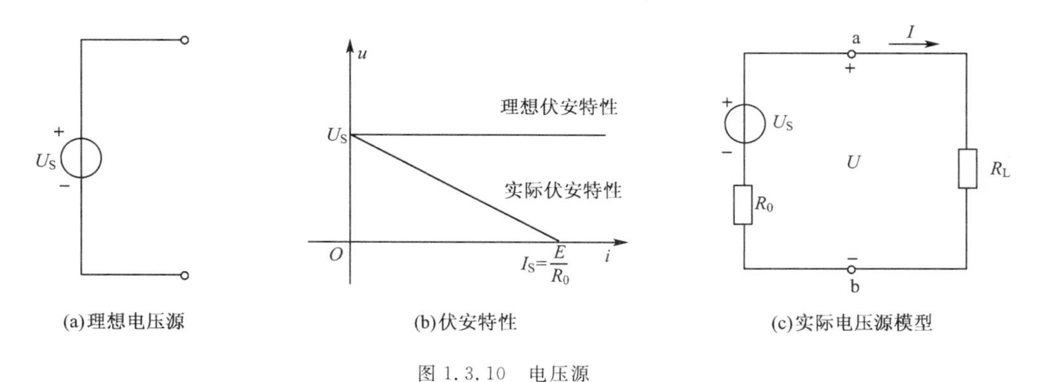

图 1.3.10　电压源

(2)实际电压源

实际的电压源都含有内阻 R_0，电路模型如图 1.3.10(c)所示。当输出电流 I 变化时，内阻 R_0 上的电压也发生变化，输出的端电压 U 也将变化。

实际电压源的特性曲线，如图 1.3.10(b)所示。当电压源开路时，$I=0$，$U=U_0=U_S$；当短路时，$U=0$，$I=I_S=U_S/R_0$。内阻 R_0 愈小，则直线愈平。

实际电压源的伏安特性关系式为：$U=U_S-R_0I$。

2. 电流源

(1)理想电流源

理想电流源是一个理想二端元件。它在工作时,无论接在输出端的负载如何变化,其输出电流保持不变,两端电压与它所连接的外电路有关,如图 1.3.11(a)所示。理想电流源也是理想的电源。如果一个电源的内阻远大于负载电阻,即 $R_0 \gg R_L$ 时,则 $I=I_S$,基本上恒定,可以认为是理想电流源。

理想电流源的伏安特性为一条与纵坐标轴平行的直线,如图 1.3.11(b)所示。

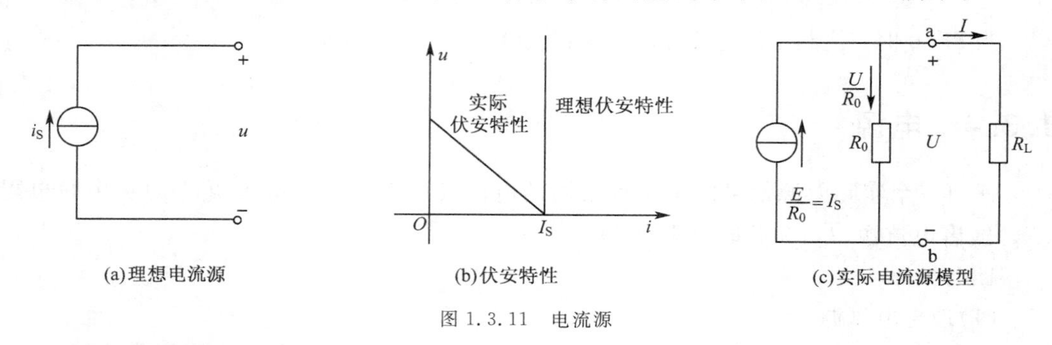

图 1.3.11 电流源

(2)实际电源源

实际的电流源可以看作是理想电流源 I_S 和内阻 R_0 的并联,如图 1.3.11(c)所示,其输出电压和电流都会随负载的变化而变化。

实际电流源的伏安特性,如图 1.3.11(b)所示。当电流源开路时,$I=0$,$U=R_0I_S$;当短路时,$U=0$,$I=I_S$。内阻 R_0 愈大,则直线愈陡。

实际电流源的伏安特性关系式为

$$I=I_S-U/R_0$$

3. 电压源和电流源的等效变换

电压源模型的外特性和电流源模型的外特性是相同的。因此,电源的两种电路模型相互之间是可以等效变换的,如图 1.3.12 所示。注意:电压源模型和电流源模型的等效关系只是对外电路而言的,至于对电源内部,则是不等效的。

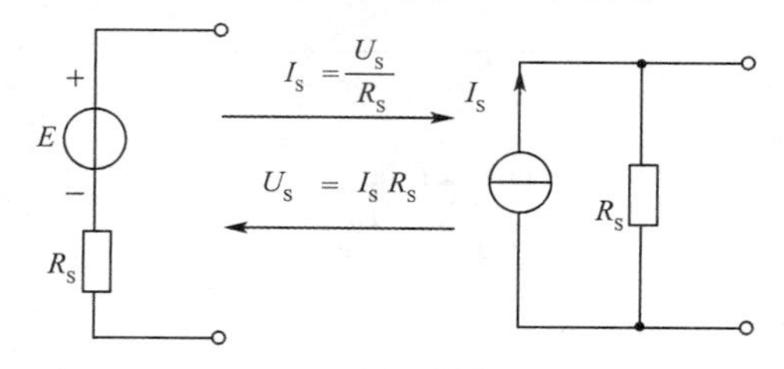

图 1.3.12 电压源、电流源等效变换

一般只要一个电动势为 E 的理想电压源和某个电阻 R 串联的电路,都可以化为一个电流为 I_S 的理想电流源和这个电阻并联的电路,两者是等效的,其中 $I_S=\frac{E}{R}$ 或 $E=RI_S$。在等效变换时除了要注意其数值参数,还要注意两个等效元件之间参考方向的对应关系。

(1)当两个电压源串联时,其等效电压源的电路示意图如 1.3.13 所示,其电压内阻参数关系为

$$U_S=U_{S1}+U_{S2} \qquad R_S=R_{S1}+R_{S2}$$

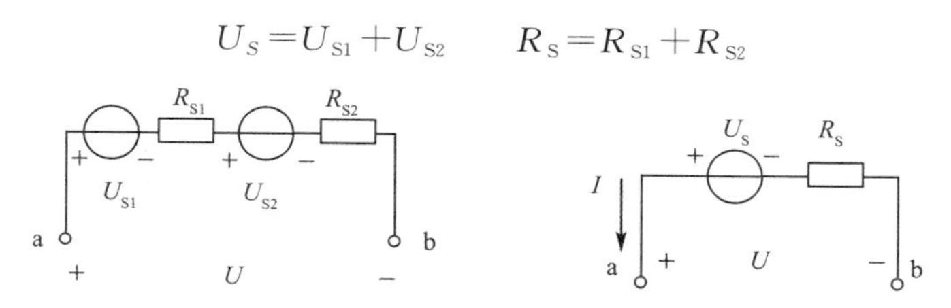

图 1.3.13　两个电压源串联的等效关系示意图

(2)当两个电流源并联时,其等效电流源的电路示意图如图 1.3.14 所示,其电流内阻参数关系为

$$I_S=I_{S1}+I_{S2} \qquad G_S=G_{S1}+G_{S2}$$

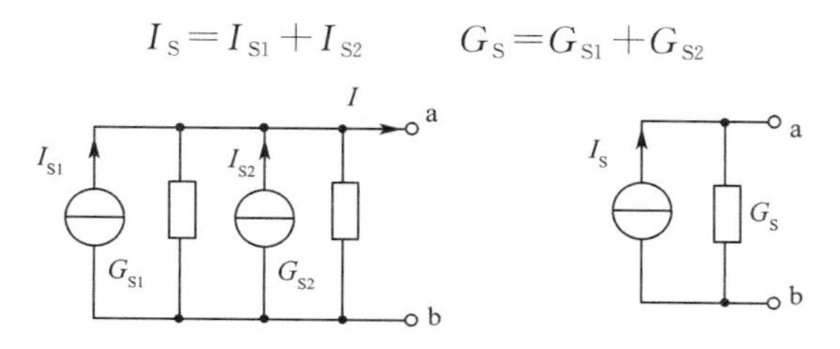

图 1.3.14　两个电流源并联的等效关系示意图

(3)当电压源与其他元件并联时,对外电路而言,可以等效为该电压源,如图 1.3.15 所示。电压源的电压由其电压源本身属性确定,其电流值由外电路确定。即相对于外电路而言,与电压源并联的元件对外电路没有作用,在分析电路时可以等效为电压源。

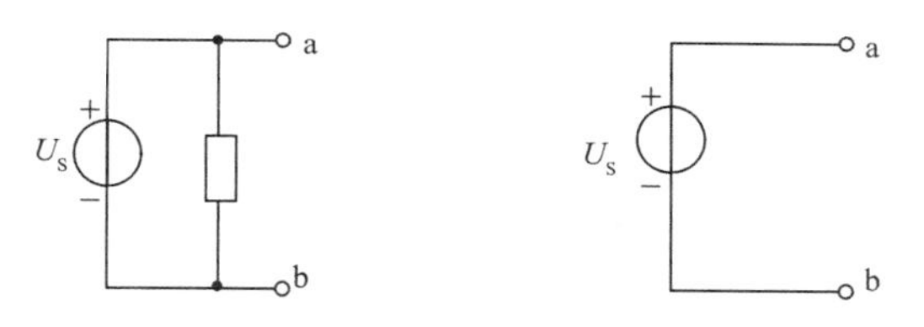

图 1.3.15　电压源并联元件时的等效关系示意图

另外前面提到的节点分析法中如果多个电压源不能同时定为参考零点,我们可以将某些电源与其串接的电阻交换位置(一条支路上的电压源与串接电阻交换位置,对外电路而言,是等效的),最后使所有的电压源都接在同一个公共端,将该公共端选为参考零点即可。

(4)当电流源与其他元件串联时,对外电路而言,可以等效为该电流源,如图 1.3.16 所示。电流源的电流由其电流源本身属性确定,其电压值由外电路确定。即相对于外电路而言,与电流源串联的元件对外电路没有作用,在分析电路时可以等效为电流源。

我们在进行电路分析与计算时,也可以利用电源之间的等效关系求解问题。

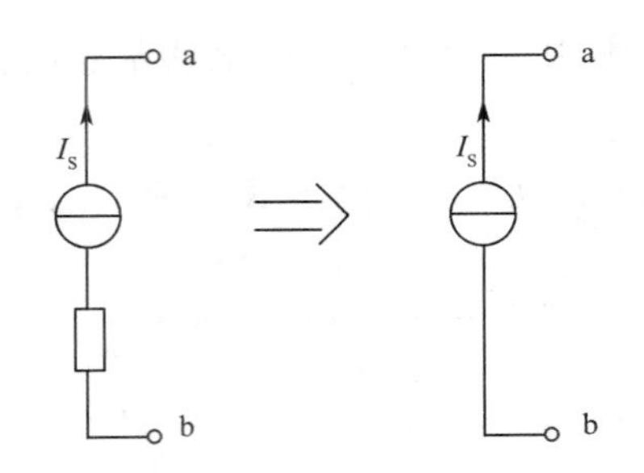

图 1.3.16 电流源串联元件时的等效关系示意图

【例 1.3】 用电源等效变换的方法求图 1.3.17 所示电路中的电流 I。

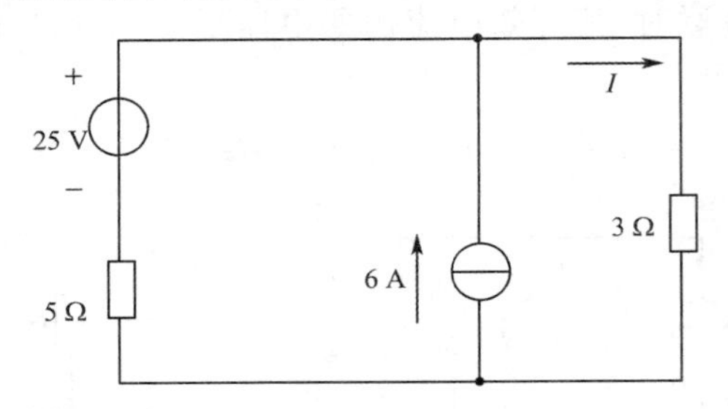

图 1.3.17 例 1.3 图

解：将 25 V 电压源支路等效为 5 A 电流源与 5 Ω 电阻并联形式，改画电路如图 1.3.18(a) 所示，再将两个电流源等效为一个 11 A 电流源，两个并联电阻等效为一个 5 Ω 电阻，改画电路如图 1.3.18(b)所示。

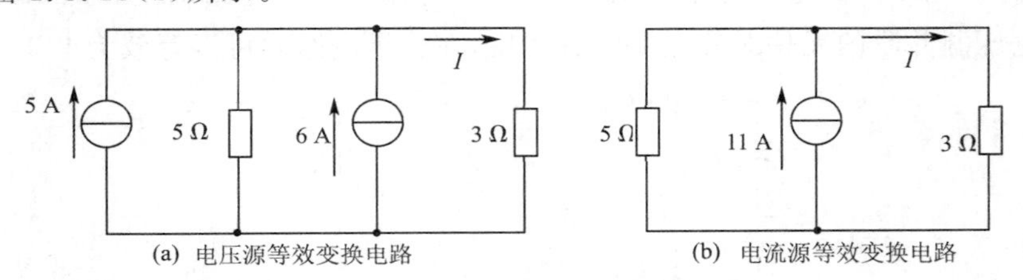

图 1.3.18 例 1.3 图求解等效电路示意图

外电路电阻与内电阻并联分流电流源，故待求电流为

$$I=\frac{5}{5+3}\times 11=\frac{55}{8}\ \text{A}$$

1.4 电能与功率

在电路中，有的元件吸收电能，并将电能转换成其他形式的能量，有的元件是将其他形式的能量转换成电能，即元件向电路提供电能。电能的文字标注为“W”。

电功率是指单位时间内元件所吸收或发出的电能，在电路中，电功率简称为功率，文字标注为“P”。

功率的定义不局限于一个元件，可推广到任何一段电路。

1. 电能

电能的单位为焦[耳](J)。工程上常采用千瓦时(kWh)作为电能的单位，俗称 1 度电，定义为 1 kW 的设备在 1 小时内所转换的电能。

2. 功率

设在时间 $\mathrm{d}t$ 内电路转换的电能为 $\mathrm{d}W$，则有 $P=\frac{\mathrm{d}W}{\mathrm{d}t}$。

功率的单位是瓦[特](W)，常用的功率单位有 kW、mW 等。

根据电流、电压的定义，功率 P 又可表达为某段电路上的电压与电流的乘积。在关联参考方向下，$P=\frac{\mathrm{d}W}{\mathrm{d}q}\frac{\mathrm{d}q}{\mathrm{d}t}=u\times i$；在非关联参考方向下，$P=-u\times i$。

经计算，若 $P>0$，说明这段电路上电压和电流的实际方向是一致的，电路吸收了能量；若 $P<0$，说明这段电路上电压和电流的实际方向是不一致的，电路释放了能量。

【例 1.4】 有一个收录机供电电路，如图 1.4.1 所示，用万用表测出收录机的供电电流为 80 mA，供电电源为 3 V，忽略电源的内阻，收录机和电源的功率各是多少？根据计算结果说明是发出功率还是吸收功率？

解：收录机电流与电压是关联参考方向：

$P=UI=3\text{ V}\times 80\text{ mA}=240\text{ mW}=0.24\text{ W}$

结果为正，说明收录机是吸收功率。

电池电流与电压是非关联参考方向：

$P=-UI=-3\text{ V}\times 80\text{ mA}=-0.24\text{ W}$

结果为负，说明电池是发出功率。

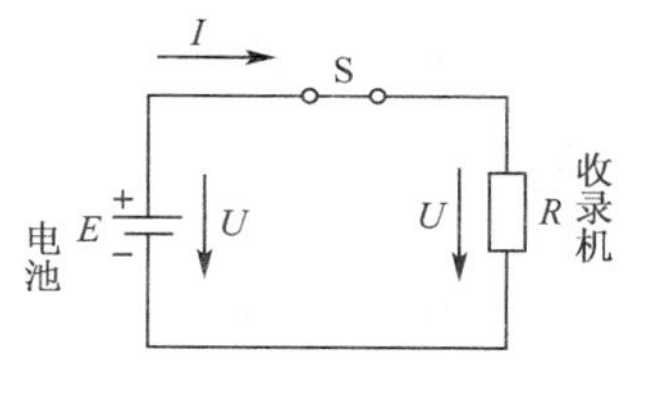

图 1.4.1　例 1.4 图

【例 1.5】 如果例 1.4 中的电池为 2 V，收录机替换为充电器，如图 1.4.2 所示，充电电流为 −150 mA，问此时电池的功率为多少？是吸收功率还是发出功率？充电器的功率为多少？是吸收功率还是发出功率？

解：电池电流与电压为非关联参考方向：

$$P=-UI=-2\text{ V}\times(-150\text{ mA})=0.3\text{ W}$$

结果为正，说明电池是吸收功率，是充电器的负载。

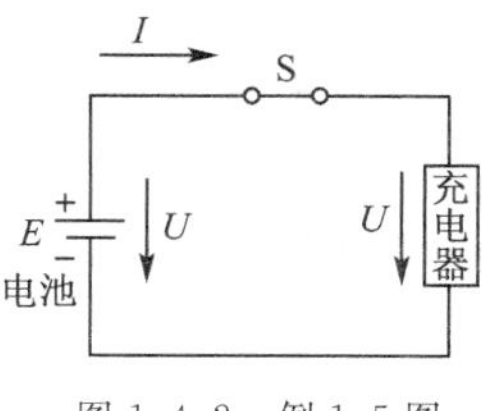

图 1.4.2　例 1.5 图

充电器电流与电压为关联参考方向：

$$P=UI=2\text{ V}\times(-150\text{ mA})=-0.3\text{ W}$$

结果为负，说明充电器是发出功率，是电路中的电源。

3. 常用元件的功率

线性电阻的瞬时功率始终大于零，即电阻总是吸收能量的。

电容的瞬时功率可正可负，电容吸收的能量以电能的形式储存在电容两极板间的电场中，不会以热能或其他能量形式消耗掉，所以电容是储能元件。

电感的瞬时功率可正可负，电感吸收的能量以磁能的形式储存在电感线圈周围的磁场中，不会以热能或其他能量形式消耗掉，所以电感也是储能元件。

本章小结

1. 理想电路元件和由其构成的电路模型是对实际电路的基本电磁属性进行科学抽象,忽略次要特性而得到的。

2. 了解电路及电路的基本名词术语、单位等。掌握关于电压和电流的参考方向及实际方向的表示方法,当两者同向时为正,反之为负。熟练掌握电压、电位、功率的计算。

3. 掌握常用的几种基本电路元件的符号、单位、特性功能、分类和伏安特性。在关联参考方向下,电阻、电容和电感的伏安特性关系式为

$$u=iR \text{ 或 } \frac{u}{i}=R$$

$$i_C(t)=\frac{dq}{dt}=C\frac{du_C(t)}{dt}$$

$$u_L(t)=L\frac{di_L(t)}{dt}$$

4. 掌握电能和功率的概念及计算。在关联参考方向下,功率 $P=\frac{dW}{dq}\frac{dq}{dt}=u\times i$;在非关联参考方向下,$P=-u\times i$。

经计算,若 $P>0$,说明这段电路上电压和电流的实际方向是一致的,电路吸收了能量;若 $P<0$,说明这段电路上电压和电流的实际方向是不一致的,电路释放了能量。

习题一

一、填空题

1. 电路是____________________________。

2. 电源是____________________________。

3. 负载是____________________________。

4. 电流是____________________________。

5. 习惯上把________流动的方向作为电流的实际方向。

6. 关联参考方向:当某一元件或电路断口所设定的电压和电流的参考方向是让参考电流从参考电压的________到________流过该元件或电路时,称电压和电流的参考方向对于该元件或电路是关联的。而对于电动势来说,关联参考方向是让参考电流从电动势的________到________。

7. ________是指单位时间内元件所吸收或发出的电能。

二、选择题

1. 下面哪一种说法是正确的________。

A. 电流的实际方向是从高电位流向低电位

B. 电流的实际方向是负电荷运动的方向

C. 电流的实际方向是正电荷运动的方向

2. 部分电路欧姆定律的正确解释是________。

A. 加在电阻两端的电压与其阻值成正比

B. 通过电阻的电流越大，其电阻值越小

C. 在不包含电流的电阻电路中，电路两端的电压与通过这段电路的电流的比值是一个恒量

D. 导线的电阻取决于加在这段导线两端的电压和通过这段导线的电流强度

3. 一段均匀的电阻丝，直径为 d，电阻为 R，把它拉制成直径为 $d/10$ 的均匀细丝后，它的电阻变为________。

A. $R/1000$　　B. $1000R$　　C. $R/100$　　D. $10000R$

4. 有一个“220 V，100 W”的灯泡，若将其接到 110 V 的电路上(设其电阻不变)，它实际消耗的功率为________。

A. 50 W　　B. 25 W　　C. 75 W　　D. 100 W

5. 关于电源电动势，正确的叙述应是________。

A. 电源的电动势等于电源未接入电路时，两极间的电压，所以当电源接入电路时，电动势将发生变化

B. 在闭合电路中，并联在电源两端的伏特计的读数就是电源的电动势

C. 电源的电动势是表示电源把其他形式的能转化为电能的本领的大小的物理量

D. 在闭合电路中，电源的电动势在数值上等于内外电压之和。当外电阻变大时，外电压增加了，而电动势在数值上仍等于内外电压之和，因此电源电动势应该变大

6. 将两个电阻 R_A 和 R_B 串联后接在固定电压的电路上，将 $R_A=90\ \Omega$ 的电阻短路，电流值变为以前的 4 倍，则电阻 R_B 的阻值是________。

A. 30 Ω　　B. 60 Ω　　C. 90 Ω　　D. 180 Ω

7. 有一电压表，内阻 $R_g=3\ \text{k}\Omega$，量程为 3 V，串联一个电阻后，其量程扩大为 15 V，则串联的电阻值为________。

A. 1 kΩ　　B. 3 kΩ　　C. 12 kΩ　　D. 9 kΩ

8. 一个“220 V，40 W”的灯泡，其额定电流和灯丝电阻分别为________。

A. $I_E=0.15\ \text{A}, R=1000\ \Omega$

B. $I_E=0.182\ \text{A}, R=1210\ \Omega$

C. $I_E=2\ \text{A}, R=500\ \Omega$

9. 满足于 $U=IR$ 的条件是________。

A. 电流与电压的正方向一致

B. 电压必须是常数

C. 电流必须是常数

三、判断题

1. 电路不一定都由电源，负载，导线和控制设备四部分组成。(　　)

2. 习惯上规定正电荷的方向为电流的实际方向。(　　)

3. 线性电阻器的电压和电流成反比。(　　)

4. 关联正方向是指同一段电路的电压和电流正方向选取相反。(　　)

5. 恒压源的内阻为无穷大。(　　)

6. 恒流源的内阻为零。(　　)

第2章 电路的分析方法

本 章 提 要

由电阻元件和各种电源构成的电路称为电阻电路，当电源是直流时，该电路称为直流电路。本章讨论电阻电路分析的支路电流法、节点分析法；线性电路的叠加定理以及等效变换法，包括电源的等效变换、含源单口网络的对外等效电路；戴维南定理和诺顿定理。

2.1 基尔霍夫定律

分析电路的基本定律，除了欧姆定律外，还有基尔霍夫电流定律和电压定律。基尔霍夫电流定律应用于节点，欧姆定律应用于支路及回路。

电路中的每一分支称为支路，一条支路流过的电流，称为支路电流。在图 2.1.1 所示的电路中共有三条支路。

电路中三条或三条以上的支路相连接的点称为节点。在图 2.1.1 所示的电路中共有两个节点：a 和 b。

回路是由一条或多条支路所组成的闭合电路。在图 2.1.1 所示的电路中共有三个回路：adbca、abca 和 abda。

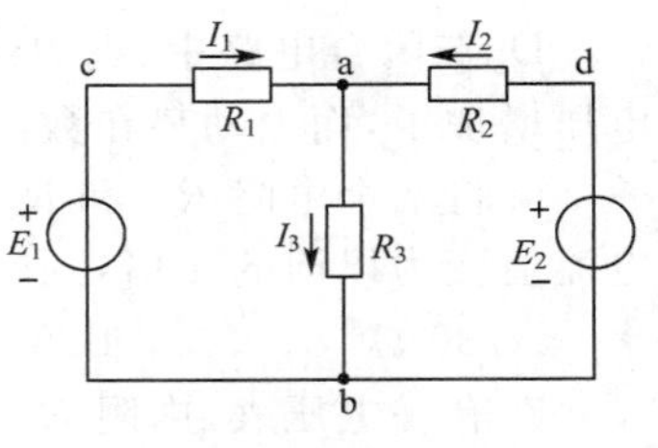

图 2.1.1 电路举例

2.1.1 基尔霍夫电流定律(KCL)

基尔霍夫电流定律是用来描述连接在同一节点上的各支路电流间关系的。其内容是在任一时刻，对于电路中任一节点，注入节点的电流之和等于流出该节点的电流之和。在图 2.1.2 所示的电路中，对节点 a(图 2.1.2)可以写出 $I_1+I_2=I_3$。

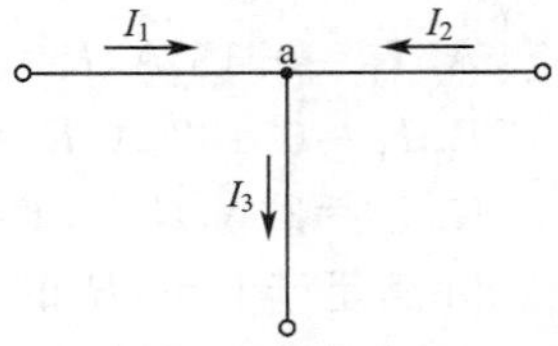

图 2.1.2 节点示意图

如果规定参考方向流入节点的电流为正，则流出节点的电流为负。就是在任一瞬时，一个节点上电流的代数和恒等于零。

可以将上式改写成 $I_1+I_2-I_3=0$

即 $\sum I=0$ （式 2.1）

基尔霍夫电流定律通常应用于节点，也可以把它推广应用于包围部分电路的任一假设的闭合面。例如，如图 2.1.3 所示的闭合面包围的是一个三角形电路，它有三个节点。

应用电流定律可列出以下三式：

$$I_A=I_{AB}-I_{CA}$$
$$I_B=I_{BC}-I_{AB}$$
$$I_C=I_{CA}-I_{BC}$$

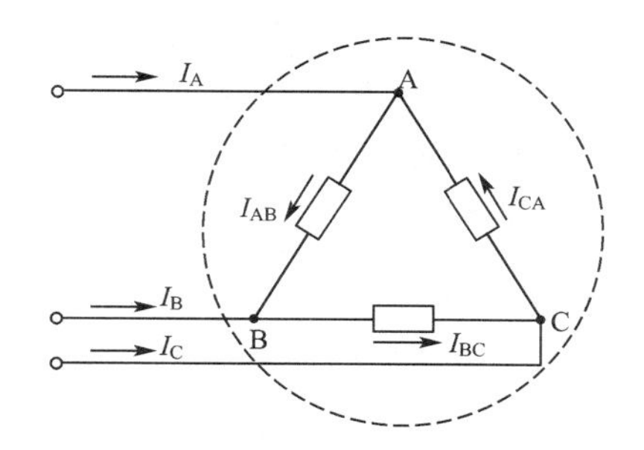

图 2.1.3　基尔霍夫电流定律的推广应用

相加即得：

$$I_A+I_B+I_C=0,\text{即} \sum I=0。$$

故在任一瞬时，通过任一闭合面的电流的代数和也恒等于零。

【例 2.1】　在图 2.1.4 中，$I_1=2$ A，$I_2=-3$ A，$I_3=2$ A，试求 I_4。

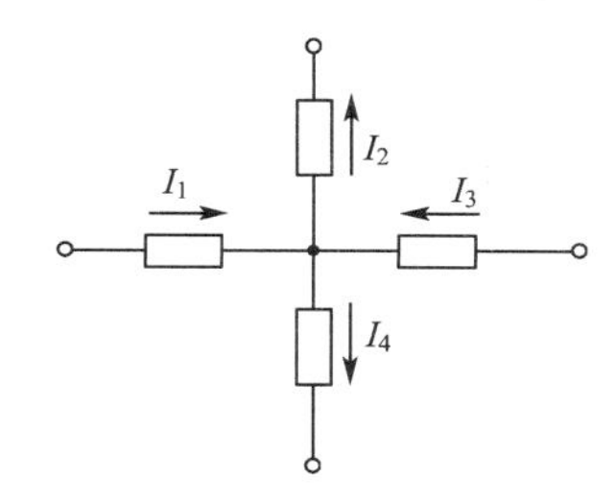

图 2.1.4　例 2.1 电路示意图

解：由基尔霍夫电流定律可列出：

$$I_1-I_2+I_3-I_4=0$$

代入各个电流数值得：$I_4=7$ A

2.1.2　基尔霍夫电压定律(KVL)

基尔霍夫电压定律是用来描述回路中各部分电压之间的关系的。其内容是对于电路中的任一回路，从回路中任意一点出发，沿该回路绕行一周，则沿此方向上的电压降之和等于电压升之和。

以图 2.1.5 所示的回路为例，图中电源电动势、电流和各段电压的参考方向均已标出。按照虚线所示方向绕行一周，根据电压的参考方向可列出：

$$U_1+U_4=U_2+U_3$$

可将上式改写为

$$U_1-U_2-U_3+U_4=0$$

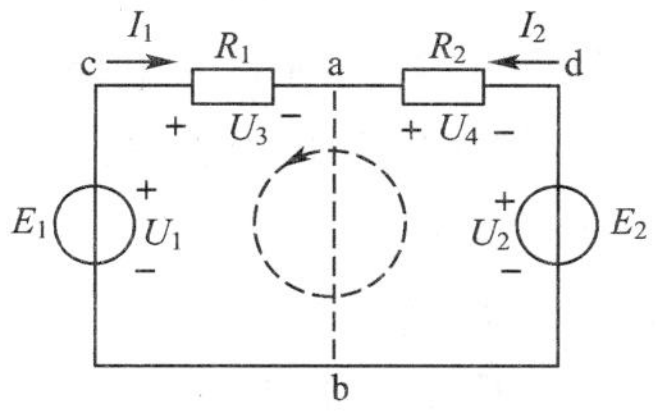

图 2.1.5　基尔霍夫回路示意图

即
$$\sum U=0 \qquad \text{(式 2.2)}$$

就是在任一瞬时，沿任一回路绕行方向(顺时针方向或逆时针方向)，回路中各部分电压降(升)的代数和恒等于零。

图 2.1.5 所示的回路是由电源电动势和电阻构成的，上式可改写为

$$E_1-E_2-R_1I_1+R_2I_2=0$$

或

$$E_1-E_2=R_1I_1-R_2I_2$$

即

$$\sum E=\sum(RI) \quad \text{(式 2.3)}$$

因此，基尔霍夫电压定律还可以表示为：在任一回路绕行方向上，回路中电动势的代数和等于电阻上电压降的代数和。电动势的参考方向与所选回路绕行方向相反者，则取正号，一致者则取负号。元件电流的参考方向与回路绕行方向相同者，则该电流在电阻上所产生的电压降取正号，相反者则取负号。

应该指出，虽然本节电路是直流电阻电路，但是基尔霍夫两个定律具有普遍性，它们适用于由各种不同元件所构成的电路，也适用于任一瞬时任何变化的电流和电压。

【例 2.2】 有一闭合回路如图 2.1.6 所示，各支路的元件是任意的，但已知：$U_{AB}=5$ V，$U_{BC}=-4$ V，$U_{DA}=-3$ V。试求：(1)U_{CD}；(2)U_{CA}。

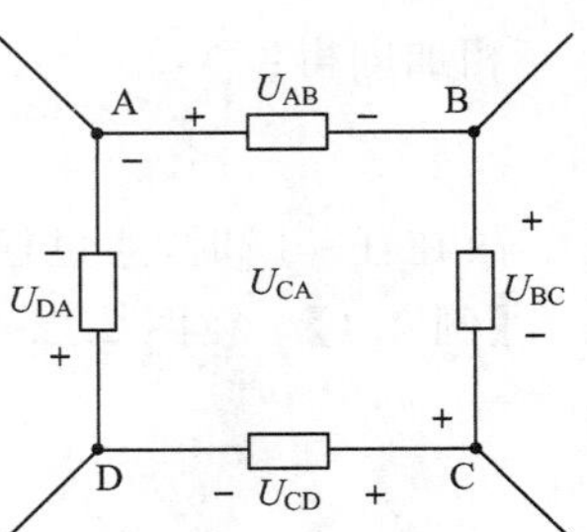

图 2.1.6 例 2.2 电路示意图

解：(1)由基尔霍夫电压定律可列出：

$$U_{AB}+U_{BC}+U_{CD}+U_{DA}=0$$

代入参数得：$U_{CD}=2$ V

(2) $U_{CA}=U_{CD}+U_{DA}$ 或者 $U_{CA}=-U_{BC}-U_{AB}$

代入参数得：$U_{CA}=-1$ V

2.2 等效的概念

2.2.1 电阻的等效

1. 电阻的串联及其等效

如果电路中有两个或更多个电阻一个接一个地顺序连接，并且在这些电阻中通过同一电流，则这样的连接法就称为电阻的串联。图 2.2.1(a)所示是两个电阻串联的电路。

这两个串联电阻相对于外电路而言，可用一个等效电阻 R 来代替，如图 2.2.1(b)所示，等效的条件是在同一电压 U 的作用下电流 I 保持不变。等效电阻等于各个串联电阻之和，即：$R=R_1+R_2$。

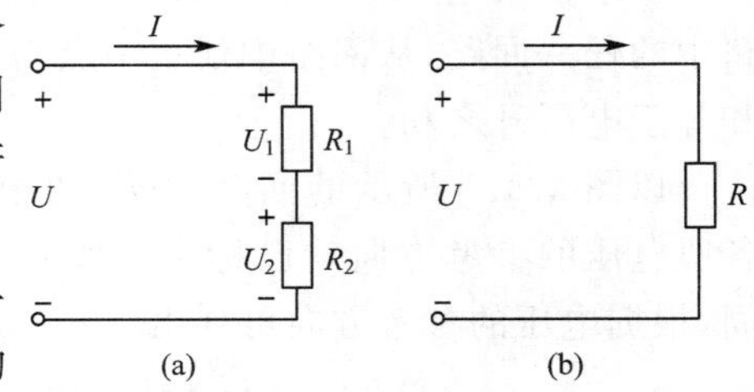

图 2.2.1 电阻串联及其等效示意图

两个串联电阻上的电压分别为

$$U_1=R_1I=\frac{R_1}{R_1+R_2}U$$

$$U_2=R_2I=\frac{R_2}{R_1+R_2}U$$

所以串联电阻上电压的分配与电阻成正比。当其中某个电阻较其他电阻小得多时，在它两端的电压也较其他电阻上的电压低很多，因此，这个电阻的分压作用常可忽略不计。

电阻串联的应用很多。譬如在负载的额定电压低于电源电压的情况下，通常需要与负载串联一个电阻，以降落一部分电压。有时为了限制负载中通过过大的电流，也可以与负载串联一个限流电阻。如果需要调节电路中的电流时，一般也可以在电路中串联一个变阻器来进行调节。另外，改变串联电阻的大小以得到不同的输出电压，这也是常见的。

2. 电阻的并联及其等效

如果电路中有两个或更多个电阻连接在两个公共的节点之间，则这样的连接法就称为电阻的并联。在各个并联支路（电阻）之间均是同一电压。图2.2.2(a)是两个电阻并联的电路。两个并联电阻也可用一个等效电阻 R 来代替，如图2.2.2(b)所示。等效电阻的倒数等于各个并联电阻的倒数之和，即

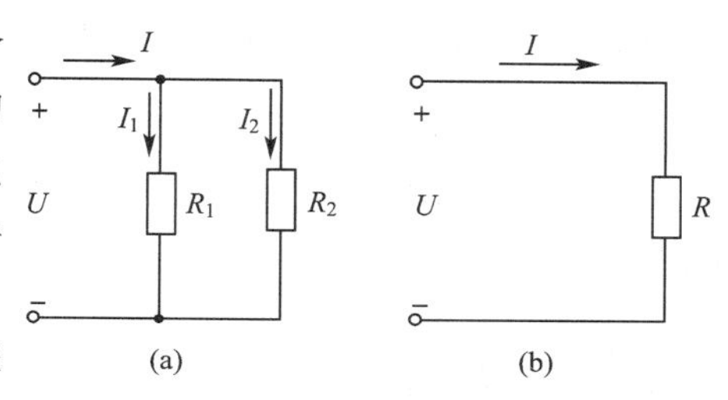

图2.2.2 并联电阻等效示意图

$$\frac{1}{R}=\frac{1}{R_1}+\frac{1}{R_2}$$

也可以写成：$G=G_1+G_2$。

式中 G 称为电导，是电阻的倒数；在国际单位制中，电导的单位是西[门子](S)。并联电阻用电导表示，在分析计算多支路并联电路时可以简便些。

两个并联电阻上的电流分别为

$$I_1=\frac{U}{R_1}=\frac{RI}{R_1}=\frac{R_2}{R_1+R_2}I$$

$$I_2=\frac{U}{R_2}=\frac{RI}{R_2}=\frac{R_1}{R_1+R_2}I$$

可见，并联电阻上电流的分配与电阻成反比。当其中某个电阻较其他电阻大得多时，通过它的电流就较其他电阻上的电流小很多，因此，这个电阻的分流作用常可忽略不计。

一般负载都是并联运用的。负载并联运用时，它们处于同一电压之下，任何一个负载的工作情况基本上不受其他负载的影响。

并联的负载电阻愈多（负载增加），则总电阻愈小，电路中总电流和总功率也就愈大。但是每个负载的电流和功率却没有变动（严格地讲，基本上不变）。

有时为了某种需要，可将电路中的某一段与电阻或变阻器并联，以起分流或调节电流的作用。

2.2.2 电源的等效

电压源模型的外特性和电流源模型的外特性是相同的。因此，电源的两种电路模型相互之间可以等效变换，如图 2.2.3 所示。但是，电压源模型和电流源模型的等效关系只是对外电路而言的，至于对电源内部，则是不等效的。

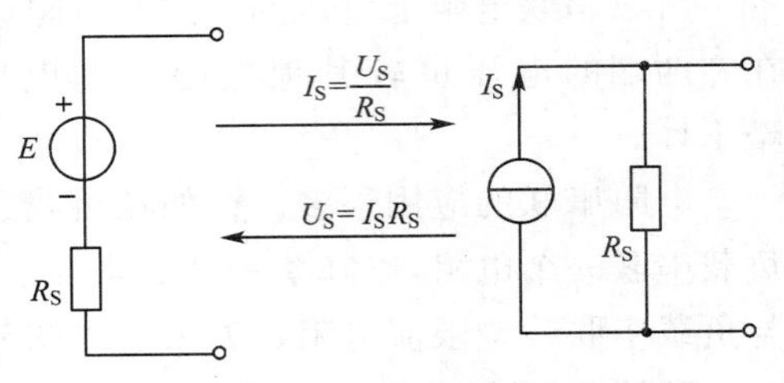

图 2.2.3 电压源电流源等效示意图

一般只要一个电动势为 E 的理想电压源和某个电阻 R 串联的电路，都可以化为一个电流为 I_S 的理想电流源和这个电阻并联的电路，两者是等效的，其中 $I_S=\dfrac{E}{R}$或 $E=RI_S$。在等效变换时除了要注意其数值参数，还要注意两个等效元件之间的参考方向的对应关系。

当两个电压源串联时，其等效电压源的电路等效示意图如图 2.2.4 所示，其电压内阻参数关系为：$U_S=U_{S1}+U_{S2}$，$R_S=R_{S1}+R_{S2}$。

当两个电流源并联时，其等效电流源的电路等效示意图如图 2.2.5 所示，其电流内阻参数关系为：$I_S=I_{S1}+I_{S2}$，$G_S=G_{S1}+G_{S2}$。

当电压源与其他元件相并联时，对外电路而言，可以等效为该电压源，如图 2.2.6 所示。电压源的电压由其电压源本身属性确定，其电流值由外电路确定。即相对于外电路而言，与电压源并联的元件对外电路没有作用，在分析电路时可以等效为电压源。

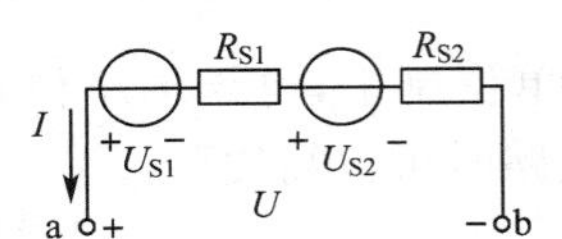

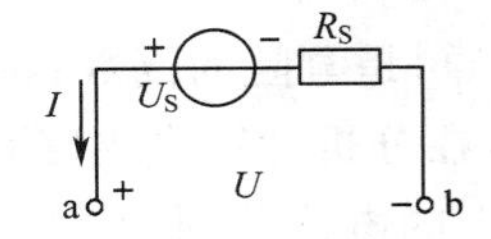

图 2.2.4 两个电压源串联的等效示意图

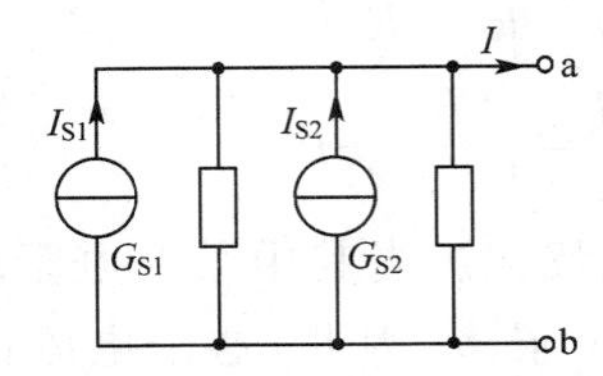

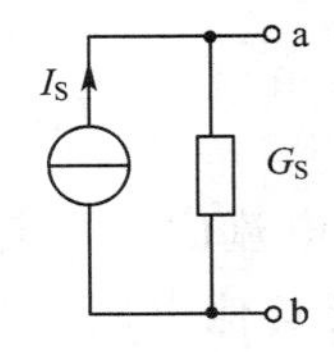

图 2.2.5 两个电流源并联的等效示意图

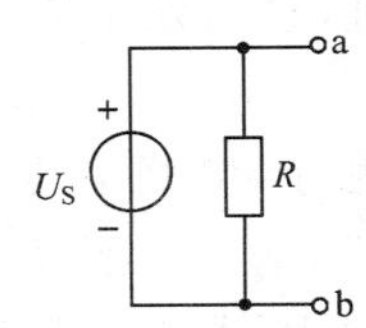

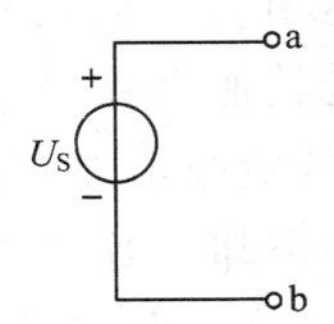

图 2.2.6 与电压源并联元件的等效示意图

另外前面提到的节点分析法中如果多个电压源不能同时定为参考零点，我们可以将某些电压源与其串接的电阻交换位置(一条支路上的电压源与串接电阻交换位置,对外电路而言,是等效的),最后达到所有的电压源都接在同一个公共端,将该公共端选为参考零点即可。

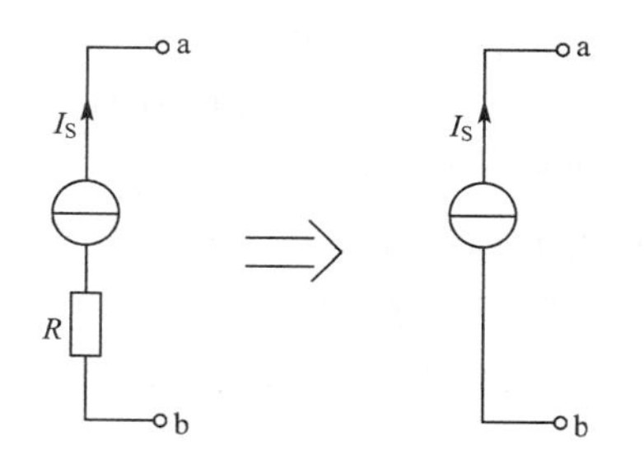

图 2.2.7　与电流源串联元件的等效示意图

当电流源与其他元件相串联时,对外电路而言,可以等效为该电流源,如图 2.2.7 所示。电流源的电流由其电流源本身属性确定,其电压值由外电路确定。即相对于外电路而言,与电流源串联的元件对外电路没有作用,在分析电路时可以等效为电流源。

我们在进行电路分析与计算时,也可以利用电源之间的等效关系求解问题。

【例 2.3】　用电源等效变换的方法求如图 2.2.8 所示电路中的电流 I。

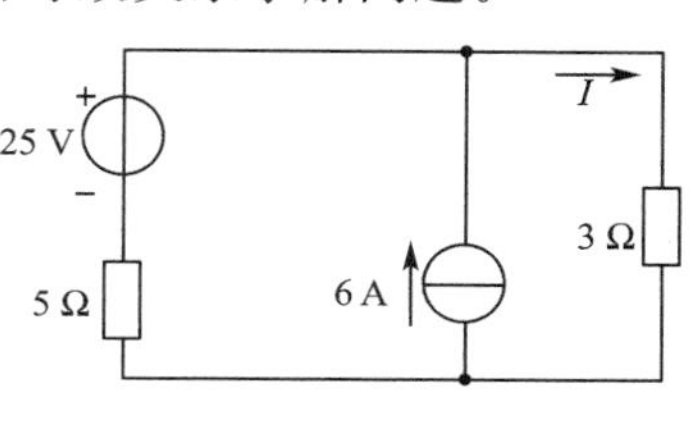

图 2.2.8　例 2.3 电路示意图

解:将 25 V 电压源支路等效为 5 A 电流源与 5 Ω 电阻并联形式,改画电路如图 2.2.9(a)所示。再将两个电流源等效为一个 11 A 的电流源,两个并联电阻等效为一个 5 Ω 的电阻,改画电路如图 2.2.9(b)所示。

外电路电阻与内电阻并联分流电流源,故待求电流:

$$I=\frac{5}{5+3}\times 11=\frac{55}{8}\ \text{A}。$$

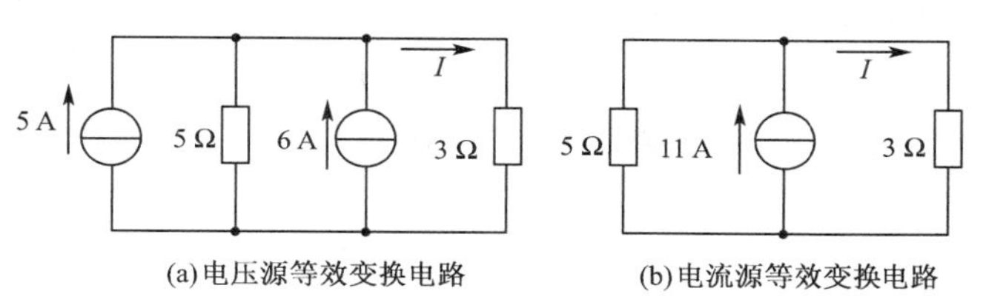

(a)电压源等效变换电路　(b)电流源等效变换电路

图 2.2.9　例 2.3 求解等效电路示意图

2.3　支路电流法

支路电流法是分析、计算复杂电路的一个基本方法。该方法以电路中各支路电流为待求量,根据基尔霍夫电流定律和基尔霍夫电压定律分别列出电流和电压方程,而后求解得出各支路电流。

支路电流法的解题步骤如下:

①标出各支路电流的参考方向及回路的绕行方向。

②根据基尔霍夫电流定律列出各节点的电流方程。如果电路中有 n 个节点,则可以列出 $n-1$ 个独立电流方程。

③根据基尔霍夫电压定律列出回路的电压方程。如果电路中有 b 个支路电流是未知量,则需要列出 b 个独立方程,才能解出各支路电流。而根据 KCL 已经列出 $n-1$ 个独立的电流方程,所以根据 KVL 应当再列出 $b-(n-1)$个回路电压方程。

④联立方程组，求解得出各支路电流。

注意：在根据 KVL 列方程时，因为电流源两端的电压是任意的，所以不能用含有电流源的支路来构成电压方程。例如，图 2.3.1 中 I_{S3} 支路，就不能和其他支路一起构成回路来列写电压方程。下面以例题的形式，对以上解题步骤予以说明。

【例 2.4】 在图 2.3.1 所示的电路中，已知 $U_{S1}=36\ V$，$U_{S2}=108\ V$，$I_{S3}=18\ A$，$R_1=R_2=2\ \Omega$，$R_4=8\ \Omega$，试求各支路电流 I_1、I_2、I_4。

解：在图 2.3.1 中，3 个支路电流 I_1、I_2、I_4 均为未知量，需要列出 3 个方程式求解。

标出各支路电流的参考方向及回路的绕行方向如图 2.3.1 所示。

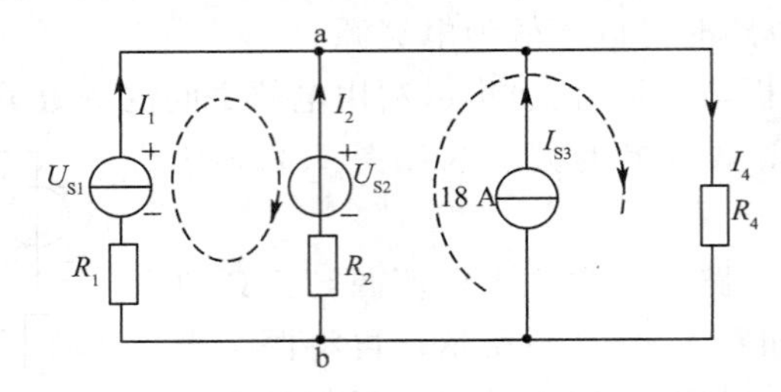

图 2.3.1 例 2.4 的图

电路中有两个节点 a 和 b，选择 a 点作为独立节点，由 KCL 列出 1 个节点电流方程为

$$I_1+I_2+I_{S3}-I_4=0$$

选定两个独立回路及其绕行方向如图 2.3.1 所示，列出两个回路电压方程。

对回路 1 $$I_1R_1-U_{S1}+U_{S2}-I_2R_2=0$$

对回路 2 $$I_2R_2-U_{S2}+I_4R_4=0$$

整理并代入参数，得

$$-I_1-I_2+I_4=18$$
$$2I_1-2I_2=-72$$
$$2I_2+8I_4=108$$

解这 3 个联立方程式，得

$$I_1=-22\ A$$
$$I_2=14\ A$$
$$I_4=10\ A$$

电流源 I_{S3} 的端电压与 R_4 的端电压相等，即

$$U_{ab}=I_4R_4=(8\times10)\ V=80\ V$$

故电流源发出的功率为

$$P_3=U_{ab}I_{S3}=(80\times18)\ W=1440\ W$$

【例 2.5】 如图 2.3.2 所示的电路，已知各电阻值和电压源的值，试列出求解各个支路的电流所需的联立方程组。

解：在本电路中，节点数 $n=4$，支路数 $b=6$。需要列出 6 个方程。

①各支路电流的参考方向及回路的绕行方向如图 2.3.2 所示。

②首先，应用 KCL 定律列出 $(n-1=3)$ 个电流方程，设流出为正，有

节点 a：$I_1+I_2-I_4=0$

节点 b：$-I_2+I_3-I_5=0$

节点 c：$-I_1-I_3+I_6=0$

③其次，利用 KVL 定律列出其余($b-n+1=3$)个回路电压方程，设沿回路方向电压为正，有

上面的网孔：$U_1+R_1I_1-R_3I_3-R_2I_2=0$

左边的网孔：$R_4I_4-U_4+R_2I_2+U_5-R_5I_5=0$

右边的网孔：$R_5I_5-U_5+R_3I_3+R_6I_6=0$

以上共有 6 个方程，因此可求出 6 个未知数。

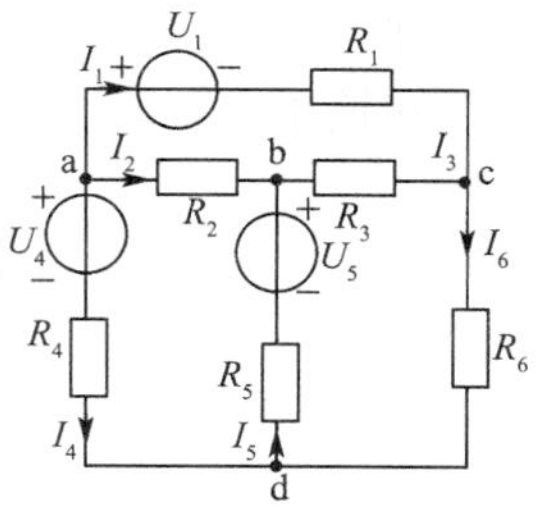

图 2.3.2　例 2.5 电路图

2.4　节点电压法

在分析、计算复杂电路时，经常会遇到一些节点较少而支路很多的情况。此时，使用支路电流法就会显得很繁琐，而利用节点电压法就会使求解过程简单化。

电路中任一节点与参考点之间的电压称为节点电压。节点电压法是：先以节点电压为求解对象，求得节点电压后，再求支路电压和支路电流。下面用例题的形式，对节点电压法进行介绍。

【例 2.6】　在如图 2.4.1 所示电路中，$U_{S1}=78\ \text{V}$，$U_{S2}=130\ \text{V}$，$U_{S3}=95\ \text{V}$，$R_1=2\ \Omega$，$R_2=10\ \Omega$，$R_3=20\ \Omega$，$R_4=10\ \Omega$，求各支路电流。

解：在如图 2.4.1 所示电路中，有两个节点 a、b 和 4 条支路，如果用支路电流法求解，其解题过程非常繁琐，但若先求得节点电位 V_a，则各支路电流即可得到。

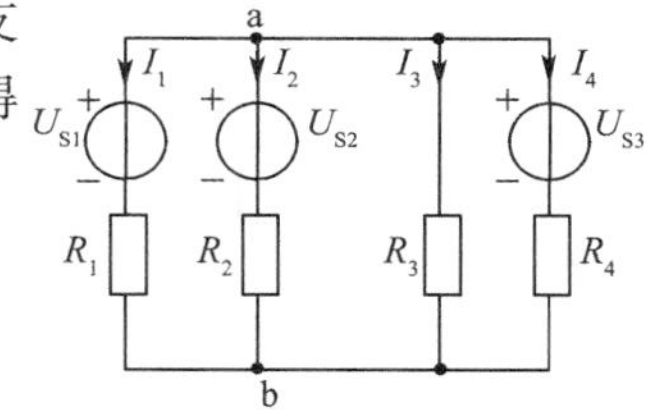

图 2.4.1　例 2.6 的图

根据欧姆定律，可得各支路电流关系如下：

$$I_1=\frac{V_a-U_{S1}}{R_1}$$

$$I_2=\frac{V_a-U_{S2}}{R_2}$$

$$I_3=\frac{V_a}{R_3}$$

$$I_4=\frac{V_a-U_{S3}}{R_4}$$

从上面看出，只要知道了唯一的未知数 V_a，各支路电流就可以求得。

根据 KCL，对于节点 a，有

$$I_1+I_2+I_3+I_4=0$$

将上述 4 个电流方程代入，得

$$\frac{V_a-U_{S1}}{R_1}+\frac{V_a-U_{S2}}{R_2}+\frac{V_a}{R_3}+\frac{V_a-U_{S3}}{R_4}=0$$

将参数带入并整理后，得

$$10V_a+2V_a+V_a+2V_a=(780+260+190)\ \text{V}$$

即 $$V_a = 82\ \text{V}$$

知道了 V_a，即可求得各支路电流

$$I_1 = 2\ \text{A}$$
$$I_2 = -4.8\ \text{A}$$
$$I_3 = 4.1\ \text{A}$$
$$I_4 = -1.3\ \text{A}$$

2.5 叠加定理

叠加定理可表述为：在线性电路中若有多个电源作用时，电路中任意一个支路的电流或电压等于电路中每个电源分别单独作用时在该支路产生的电流或电压的代数和。

应用叠加定理分析电路时，应注意以下几个问题：

①定理的表述中所谓某个电源单独作用于电路是指其他电源对电路不起作用，也就是将其他电源看成零值，为此，应将其他的电压源短路，电流源开路。

②叠加定理只适用于线性电路。从数学上看，叠加定理就是线性方程的可加性。前面支路电流法和节点电压法列出的都是线性代数方程，所以支路电流或电压都可以用叠加定理来求解。但功率的计算不能用叠加定理，因为功率不是电源电压或电流的一次函数。

【例 2.7】 试用叠加定理求图 2.5.1(a)所示电路中的电流 I。

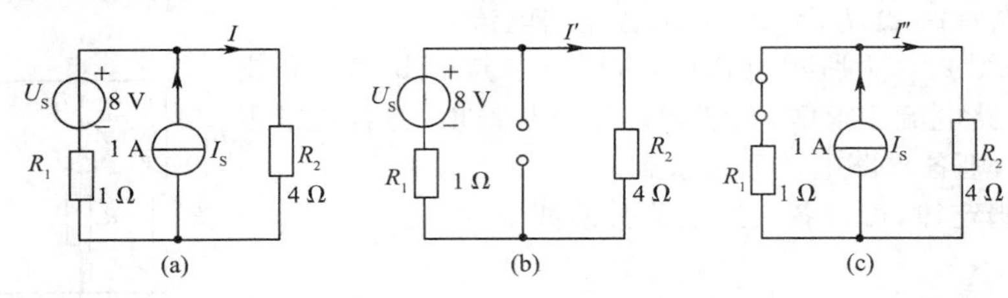

图 2.5.1 例 2.7 的图

解：根据叠加定理，可分别求出 U_S 和 I_S 单独作用时的电流 I'和 I''，再进行叠加。

当 U_S 单独作用时，要将电流源开路，等效电路如图 2.5.1(b)所示，有

$$I' = \frac{U_S}{R_1 + R_2} = \left(\frac{8}{1+4}\right)\ \text{A} = 1.6\ \text{A}$$

当 I_S 单独作用时，将电压源短路，等效电路如图 2.5.1(c)所示，有

$$I'' = I_S \frac{R_1}{R_1 + R_2} = \left(\frac{1}{1+4}\right)\ \text{A} = 0.2\ \text{A}$$

图 2.5.1(a)所示电路中的电流 I 为两个电流 I'和 I''之和，所以

$$I = I' + I'' = (1.6 + 0.2)\ \text{A} = 1.8\ \text{A}$$

2.6 戴维南定理与诺顿定理

在有些情况下，只需要求解复杂电路中某一支路的电流，如果利用前面几节介绍的

支路电流法或者节点电压法的方法来计算时，中间求解过程中必然需要求解多个电路参数。为了使求解简便，可以利用等效电源的方法。

当只需计算复杂电路中的一个支路电流时，可以将这个支路划分出一个负载的待求支路，而把其余部分看作一个有源二端网络。所谓有源二端网络，就是具有两个导线端的部分电路，其中含有电源。有源二端网络可以是简单的或任意复杂的电路。但是不论它的简繁程度如何，它对所要计算的这个支路而言，仅相当于一个电源；因为它对这个支路供给电能。因此，这个有源二端网络一定可以化简为一个等效电源。经这种等效变换后，对待求支路中电路参数没有影响。

一个电源可以用两种电路模型表示：一种是电动势为 E 的理想电压源和内阻 R_0 串联的电路（电压源）；一种是电流为 I_S 的理想电流源和内阻 R_0 并联的电路（电流源）。因此，有两种等效电源，由此而得出下面两个定理。

2.6.1　戴维南定理

戴维南定理：任何一个线性有源二端网络的对外作用，总可以用一个电压源与一个电阻相串联的电路（即电压源模型）来等效代替。这个电压源的电压等于线性有源网络的开路电压，串联的电阻等于该网络内部电源均为零时的等效电阻，如图 2.6.1 所示。

应用戴维南定理得到的简化电路称为戴维南等效电路。利用戴维南定理分析电路的一般步骤：

1. 断开待求支路，得到单口网络；

2. 求解开路电压 U_{OC} 和等效内阻 R_0。

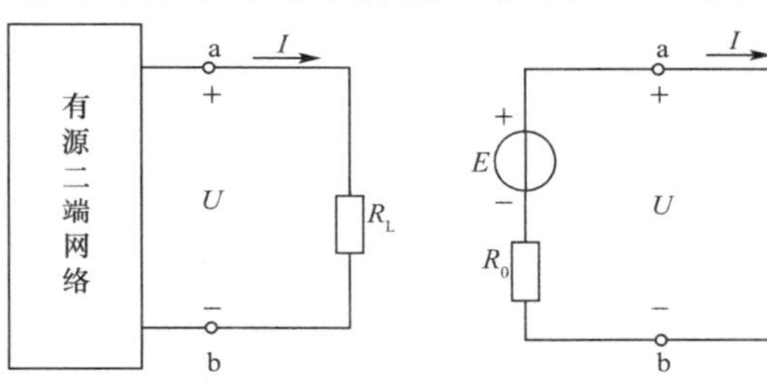

图 2.6.1　戴维南定理示意图

求解开路电压 U_{OC} 的常用方法：画出开路单口网络，可以利用前面介绍的任一种方法（比如叠加定理法、节点电压法等）求解开路电压 U_{OC}。

求解内阻 R_0 的常用方法：去掉独立源（将各个理想电压源短路；将各个理想电流源开路），画出无源的等效电路，利用串并联电阻的等效关系求解等效电阻。

【例 2.8】 求如图 2.6.2(a)所示电路的戴维南等效电路。

解：步骤 1：先计算如图 2.6.2(a)所示电路的开路电压 U_{ab}。二端网络开路时，2 Ω 电阻中流过的电流为零，因而其两端电压也为零，网络的开路电压 U_{ab} 就是 30 Ω 电阻（或者 1 A 电流源）两端的电压，这个电压可以用叠加定理求出。

①当 1 A 电流源单独作用时，等效电路如图 2.6.2(b)所示。设 1 A 电流源单独作用时的等效电压为 U_{ab}'，则

$$U_{ab}' = (1\times\frac{20}{20+30}\times 30)\ \text{V} = 12\ \text{V}$$

②当 50 V 电压源单独作用时，等效电路如图 2.6.2(c)所示。设 50 V 电压源单独作用时的等效电压为 U_{ab}''，则

$$U_{ab}'' = (50\times\frac{30}{20+30})\ \text{V} = 30\ \text{V}$$

这样，如图 2.6.2(a)所示电路的开路电压 U_{ab} 就是上述两个电压之和，即

$$U_{ab}=U_{ab}'+U_{ab}''=(12+30)\ \text{V}=42\ \text{V}$$

步骤 2:求戴维南等效电路的等效电阻,要使有源网络内部的电源为零,即将电压源短路,电流源开路,这样就得到一个无源二端网络,如图 2.6.2(d)所示。由图 2.6.2(d)可知

$$R=(2+\frac{20\times30}{20+30})\ \Omega=(2+12)\ \Omega=14\ \Omega$$

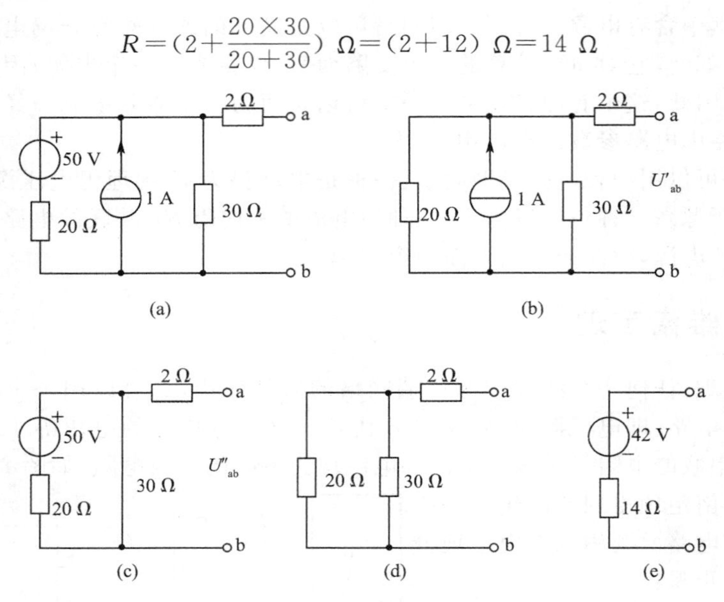

图 2.6.2 例 2.8 的图

步骤 3:最终得到的戴维南等效电路如图 2.6.2(e)所示。在图 2.6.2(e)中,电压源的参考极性应当根据开路电压的参考极性决定。原则是:等效电路中作用到端口处的电压的参考极性应当与原电路的参考极性一致。

2.6.2 诺顿定理

诺顿定理:一个线性有源二端网络的对外作用可以用一个电流源与电导(或电阻)并联的电路(即电流源模型)等效替代。其电流源的电流等于线性有源网络的短路电流,其电导(或电阻)等于该网络内部电源均为零时的等效电导(或电阻),如图 2.6.3 所示。

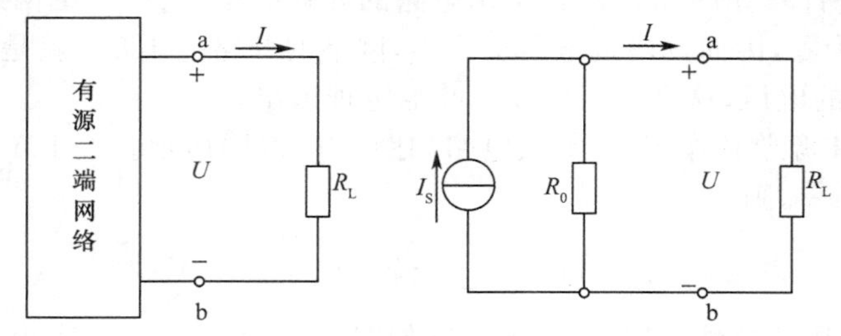

图 2.6.3 诺顿定理示意图

戴维南定理和诺顿定理在本质上是相同的,只是形式不同而已。一个有源二端网络既可用戴维南定理化为等效电源(电压源),也可用诺顿定理化为等效电源(电流源)。两

者对外电路而言是等效的，二者的数量关系即为电压源电流源的等效式子：$E=R_0I_S$ 或 $I_S=\dfrac{E}{R_0}$。

运用诺顿定理求解分析问题与上面的戴维南定理类似，故不再赘述。下面以例题的形式，对诺顿定理的使用加以介绍。

【例 2.9】 试计算如图 2.6.4(a)所示电路中的电流 I。

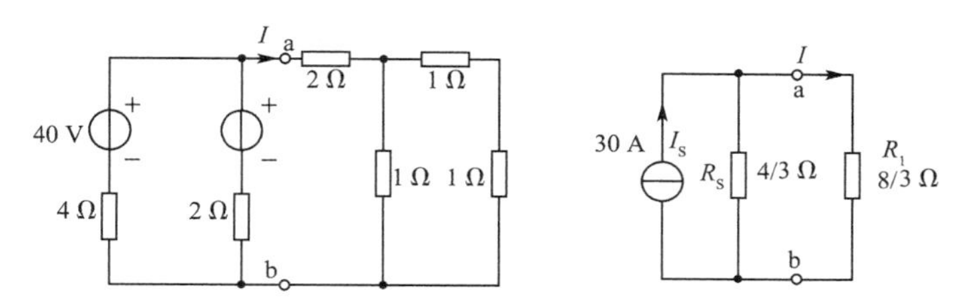

图 2.6.4　例 2.9 的图

解：图 2.6.4(a)中 a、b 左侧电路的诺顿等效电路如图 2.6.4(b)中 a、b 左侧电路所示。其中

$$I_S=\left(\frac{40}{4}+\frac{40}{2}\right)\ \text{A}=(10+20)\ \text{A}=30\ \text{A}$$

$$R_S=\left(\frac{4\times 2}{4+2}\right)\ \Omega=\frac{4}{3}\ \Omega$$

再求 a、b 右侧电路的等效电阻 R

$$R=\left(2+\frac{2\times 1}{2+1}\right)\ \Omega=\frac{8}{3}\ \Omega$$

最后画出总的等效电路如图 2.6.4(b)所示，这里电流 I 为

$$I=\left(30\times\frac{\frac{4}{3}}{\frac{4}{3}+\frac{8}{3}}\right)\ \text{A}=\left(30\times\frac{4}{12}\right)\ \text{A}=10\ \text{A}$$

本章小结

1. 支路电流法（1b 分析法）：n 个节点，b 条支路，可以列写 $(n-1)$ 个节点方程，$(b-n+1)$ 个回路方程，通常列写网孔方程。

2. 节点分析法：N 个节点电路，选择好电压参考零点（尽量选择公共电源端节点），利用自电导和互电导的概念，列写 $(N-1)$ 个节点电压方程。

3. 叠加原理：使每个电源均单独作用，从而求得各自的结果，进行线性叠加。

4. 实际电源的电压源模型与电流源模型可进行等效变换，电源变换同样是简化电路的一种十分有用的工具。

5. 等效的概念：两个单口网络端口处的电压电流关系（VCR）完全相同时，称这两个单口网络是等效的。所谓等效，是对端口处及端口以外的电路而言的。

6. 戴维南定理和诺顿定理表明：任一线性独立电源的单口网络，就端口特性而言为实际电源。

习题二

1. 请用支路电流法求解如图 2-1 所示电路中的各个支路电流。

2. 请列写如图 2-2 所示电路中的直路电流方程，求出电流 I_1、I_2 和 I_3。

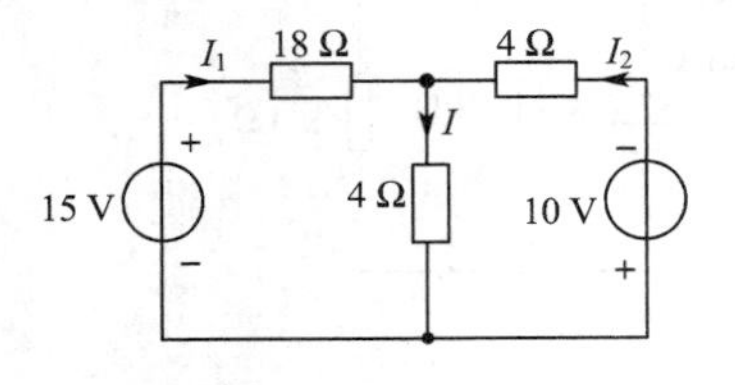

图 2-1　题 1 电路图

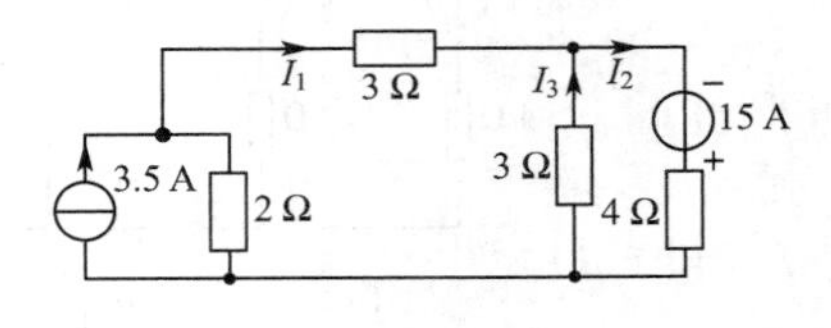

图 2-2　题 2 电路图

3. 请用节点分析法求解如图 2-3 所示电路中的各个支路电流。

4. 请用叠加定理求解如图 2-4 所示电路中的电流 I。若要使 $I=0$，则 U_S 应取何值？

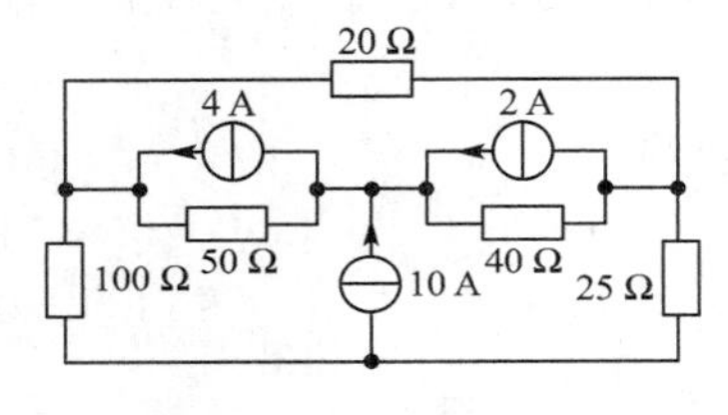

图 2-3　题 3 电路图

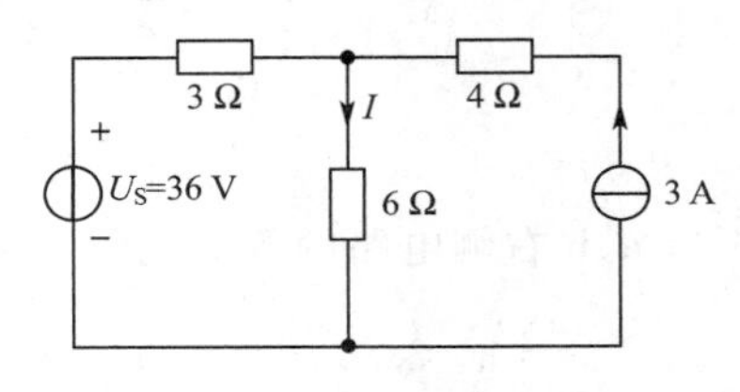

图 2-4　题 4 电路图

5. 试用电源等效的方法求解如图 2-5 所示的电路中各个电阻元件的电流。

6. 试求如图 2-6 所示的电路的戴维南等效电路，并画出其等效电路图。

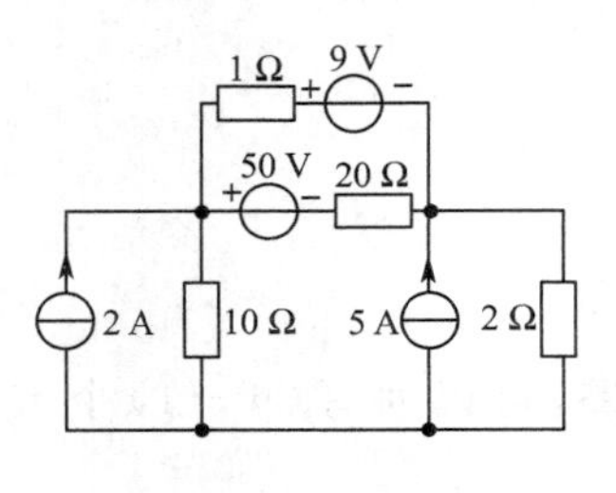

图 2-5　题 5 电路图

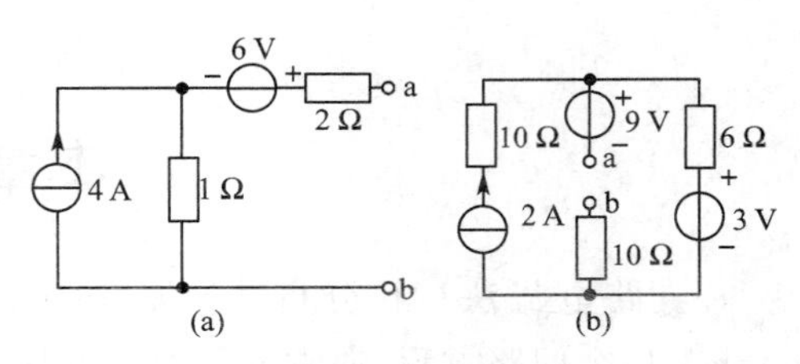

图 2-6　题 6 电路图

第3章 半导体二极管和三极管

本 章 提 要

半导体二极管和三极管是最常用的半导体器件。它们的基本结构、工作原理、特性和参数是学习电子技术和分析电子电路必不可少的基础，而 PN 结又是构成各种半导体器件的共同基础。因此本章先讨论半导体的导电特性和 PN 结的基本原理（特别是它的单向导电性），然后介绍二极管和三极管，为以后的学习打下基础。

3.1 半导体的基础知识

自然界中的物质根据导电能力的不同分为导体、绝缘体和半导体。常用的导体一般为银、铜、铝；绝缘体有橡胶、塑料、胶木等；导电能力介于导体和绝缘体之间的物质为半导体，如硅（Si）、锗（Ge）和砷化镓（GaAs）等。将上述的半导体材料进行特殊加工，使其性能可控，即可用来制造构成电子电路的基本元件 —— 半导体器件。

很多半导体的导电能力在不同条件下有很大的差别。

① 有些半导体（如钴、锰、镍等的氧化物）对温度的反应特别灵敏，环境温度增高时，它们的导电能力增强很多。利用这种特性可以做成各种热敏电阻。

② 有些半导体（如镉、铅等的硫化物与硒化物）受到光照时，它们的导电能力变得很强；当无光照时，又变得像绝缘体那样不导电。利用这种特性可以做成各种光敏电阻。

③ 如果在纯净的半导体中掺入微量的某种杂质后，它的导电能力就可增加几十万乃至几百万倍。例如在纯硅中掺入百万分之一的硼化硅的电阻率就从大约 $2\times10^{3}\ \Omega\cdot m$ 减小到 $4\times10^{-3}\ \Omega\cdot m$ 左右。利用这种特性可以做成各种不同用途的半导体器件。如半导体二极管、三极管、场效应管及晶闸管等。

3.1.1 半导体

1. 本征半导体

完全纯净的具有晶体结构的半导体称为本征半导体。

半导体器件使用最多的材料是硅和锗，硅和锗都是四价元素，最外层电子各有四个价电子。经过单晶化后，由于原子排列的有序性，价电子为相邻的原子共有，形成如图 3.1.1 所示的共价键结构。半导体一般都具有这种晶体结构，所以半导体也称为晶体，这也是晶体管名称的由来。

在室温或光照下，少数价电子可以获得足够的能量挣脱原子核的束缚成为自由电子，同时在共价键中留下一个空穴，即产生电子 — 空穴对。这种现象称为本征激发或热激发。温度愈高，晶体中产生的自由电子愈多。自由电子可以自由运动，空穴本身不能移动，但空穴很容易吸引邻近共价键中的价电子去填补，使空穴发生转移，如图 3.1.2 所示，好像空穴在运动。而空穴运动的方向与价电子运动的方向相反，因此空穴运动相当于正电荷的运动。

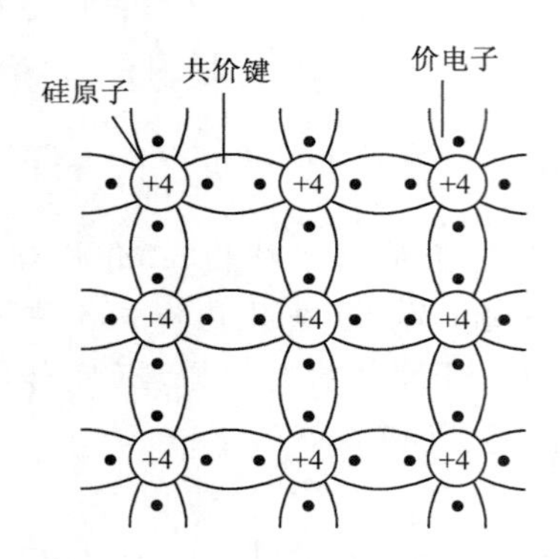

图 3.1.1　硅单晶体共价键结构

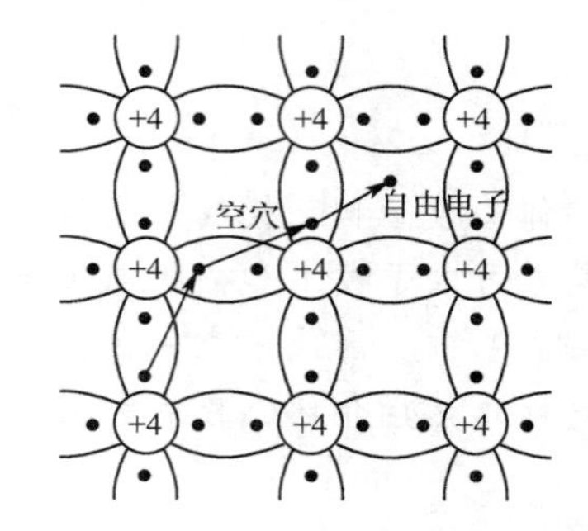

图 3.1.2　本征半导体的电子和空穴

自由电子和空穴在运动中相遇时会重新结合而成对消失，这种现象称为复合。当温度一定时，自由电子和空穴的产生与复合将达到动态平衡，这时电子－空穴对的浓度基本稳定。

在电场作用下，自由电子和空穴将做定向运动，这种运动称为漂移运动，所形成的电流称为漂移电流。自由电子称为电子载流子，空穴称为空穴载流子。因此，在半导体中存在着电子和空穴两种载流子导电，分别形成电子电流和空穴电流。这是半导体导电方式的最大特点，也是半导体和金属在导电原理上的本质差别。

温度愈高，载流子数目愈多，导电性能也就愈好。温度对半导体器件导电性影响很大。

2. N 型半导体和 P 型半导体

本征半导体虽然有自由电子和空穴两种载流子，但由于数量极少，导电能力仍然很差。如果在其中掺入微量的杂质(某种元素)，这将使掺杂后的半导体(杂质半导体)的导电性能大大增强。根据掺入的杂质不同，杂质半导体可分为两大类。

一类是在硅或锗晶体中掺入磷或其他五价元素。磷是五价元素，最外层有五个价电子。如图 3.1.3 所示，由于掺入硅晶体的磷原子数比硅原子数少得多，所以整个晶体结构基本上不变，只是某些位置上的硅原子被磷原子取代。磷原子与相邻硅原子形成共价键结构只需四个价电子，多余的一个价电子很容易挣脱磷原子核的束缚而成为自由电子(磷原子失去一个电子而成为一价正离子)。于是半导体中的自由电子数目大量增加，自由电子导电成为这种半导体的主要导电方式，故称它为电子半导体或N(Negative)型半导体。例如在室温 27 ℃时，每立方厘米纯净的硅晶体中约有自由电子或空穴 1.5×10^{10} 个，掺杂后成为N型半导体，其自由电子数目可增加几十万倍。

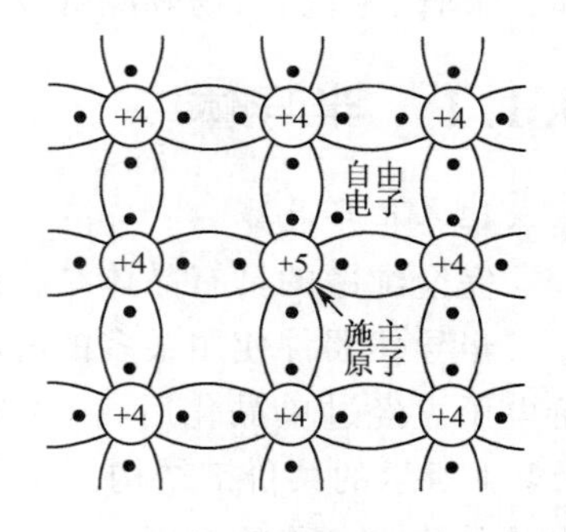

图 3.1.3　N 型半导体的晶体结构

由于自由电子增多而增加了复合的机会，空穴数目便减少到每立方厘米 2.3×10^5 个以下。因此 N 型半导体中，自由电子是多数载流子，而空穴则是少数载流子。

另一类是在硅或锗晶体中掺入硼或者其他三价元素。如图 3.1.4 所示，每个硼原子只有三个价电子，硼与相邻硅原子形成共价键结构时，因缺少一个电子而产生一个空位。当相邻原子中的价电子受到热的或其他的激发获得能量时，就有可能填补这个空位，而在该相邻原子中便出现一个空穴（硼原子得到一个电子而成为负离子）。

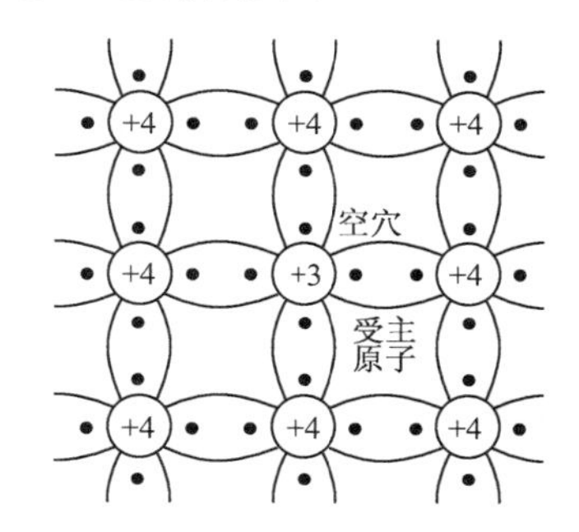

图 3.1.4　P 型半导体的晶体结构

每一个硼原子都能产生一个空穴，于是在半导体中就形成了大量空穴。这种以空穴导电作为主要导电方式的半导体称为空穴半导体或 P(Positive) 型半导体，其中空穴是多数载流子，自由电子是少数载流子。

注意：不论是 N 型半导体还是 P 型半导体，虽然它们都有一种载流子占多数，但是整个晶体仍然是电中性的。

3.1.2　PN 结

1. PN 结的形成

半导体器件是在一块 N 型（P 型）半导体的局部再掺入浓度较大的三价（五价）杂质，使其变为 P 型（N 型）半导体。在 P 型半导体和 N 型半导体的交界面就形成 PN 结，PN 结是构成各种半导体器件的基础。

图 3.1.5 所示的是一块晶片，两边分别形成 P 型和 N 型半导体。由于 P 型半导体和 N 型半导体交界面两侧存在着空穴和自由电子两种载流子浓度差，即 P 区的空穴浓度远大于 N 区空穴浓度，N 区的电子浓度远大于 P 区电子浓度，因此会产生载流子从高浓度区向低浓度区的运动，这种运动称为**扩散**。P 区的多余空穴扩散到 N 区，与 N 区的自由电子复合而消失；N 区中的多余电子向 P 区扩散并与 P 区中的空穴复合而消失。结果交界面附近的 P 区因失去空穴而留下不能移动的负离子，N 区因失去电子而留下不能移动的正离子，这样在交界面两侧就出现了数量相等的正、负离子组成的空间电荷区。在扩散运动进行过程中，空间电荷区逐渐加宽。在这个区域内载流子被扩散了，因而也称此区为耗尽层。

在空间电荷区形成一个电场，即为内电场，其方向从带正电的 N 区指向带负电的 P 区，如图 3.1.5 所示。该电场一方面对多数载流子（P 区的空穴和 N 区的自由电子）的扩散运动起阻碍作用，阻碍空间电荷区的加宽；另一方面，少数载流子可以在内电场作用下进行有规则的运动，这种运动称为**漂移**，又使空间电荷区变窄。当外部条件一定时，扩散运动和漂移运动最终达到动态平衡，这时空间电荷区的宽度一定，内电场一定，形成了所谓的 **PN 结**。

2. PN 结的单向导电性

前面讨论的是 PN 结在没有外加电压时的情况，这时半导体中的扩散和漂移处于动

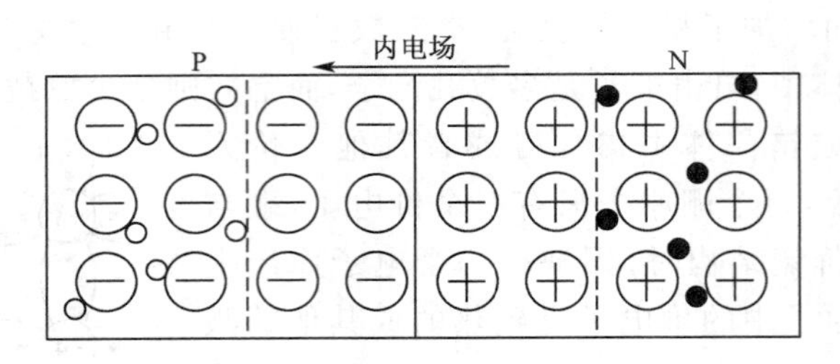

图 3.1.5 PN 结的形成

态平衡。下面讨论在 PN 结上加外部电压的情况。

1. 正向偏置

即在 PN 结上加正向电压,外电源的正端接 P 区,负端接 N 区,如图 3.1.6 所示,外电场与内电场的方向相反,因此扩散运动与漂移运动的平衡被破坏。外电场驱使 P 区的空穴进入空间电荷区抵消一部分负空间电荷,同时 N 区的自由电子进入空间电荷区抵消一部分正空间电荷。于是,整个空间电荷区变窄,内电场被削弱,多数载流子的扩散运动增强,形成较大的扩散电流(正向电流)。在一定范围内,外电场愈强,正向电流(由 P 区流向 N 区的电流)愈大,这时 PN 结呈现的电阻很低。正向电流包括空穴电流和电子电流两部分。空穴和电子虽然带有不同极性的电荷,但由于它们的运动方向相反,所以电流方向一致。 外电源不断地向半导体提供电荷,使电流得以维持。

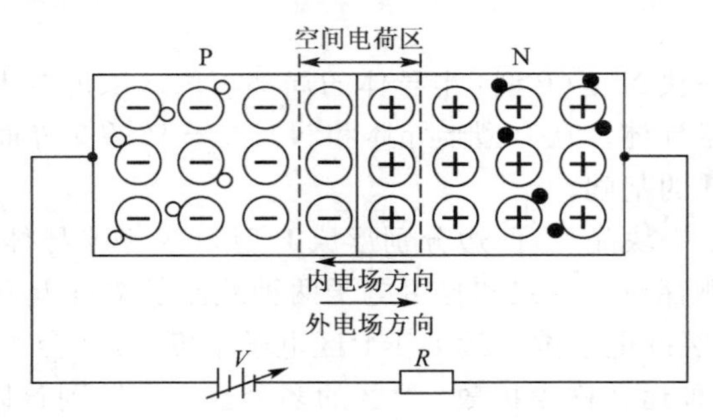

图 3.1.6 正向偏置 —— 导通

2. 反向偏置

即在 PN 结上加反向电压,外电源的正端接 N 区,负端接 P 区,如图 3.1.7 所示,外电场与内电场方向一致,也破坏了扩散与漂移运动的平衡。外电场驱使空间电荷区两侧的空穴和自由电子移走,使得空间电荷增加,空间电荷区变宽,内电场增强,使多数载流子的扩散运动难于进行。另一方面,内电场的增强也加强了少数载流子的漂移运动,在外电场的作用下 N 区中的空穴越过 PN 结进入 P 区,P 区中的自由电子越过 PN 结进入 N 区,在电路中形成反向电流(由 N 区流向 P 区的电流)。由于少数载流子数量很少,因此反向电流 I_S 很小,即 PN 结呈现的反向电阻很高。又因为少数载流子是由于价电子获得热能(热激发)挣脱共价键的束缚而产生的,环境温度愈高,少数载流子的数量愈多。所以,温度对反向电流的影响很大。

综上所述,PN 结具有单向导电性。即在 PN 结上加正向电压时,PN 结电阻很低,正向电流较大(PN 结处于导通状态);加反向电压时,PN 结电阻很大,反向电流很小(PN 结

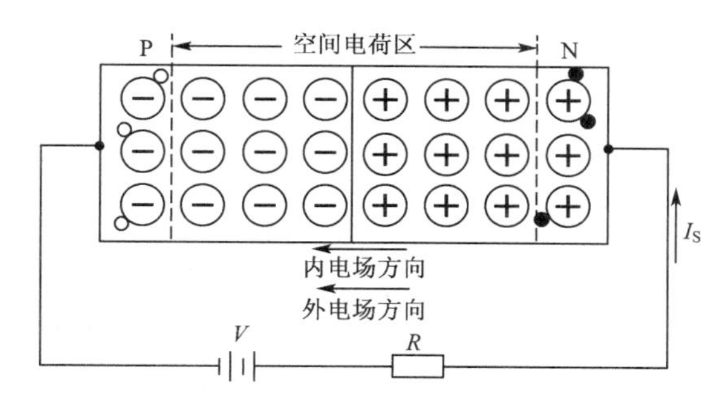

图 3.1.7　反向偏置 —— 截止

处于截止状态)。

需要指出的是,反向电压超过一定数值后,反向电流将急剧增加,发生反向击穿现象,半导体的单向导电性被破坏。

3.2　半导体二极管

3.2.1　基本结构和伏安特性

将 PN 结加上相应的电极引线和管壳,就成为半导体二极管。

按结构分,二极管可分为点接触型和面接触型两类。点接触型二极管(一般为锗管)的 PN 结结面积很小(结电容小),因此不能通过较大电流,但其高频性能好,故一般适用于高频和小功率的工作,也用作数字电路中的开关元件。面接触型二极管(一般为硅管)的 PN 结结面积大(结电容大),故可通过较大电流,但其工作频率较低,一般用作整流。

图 3.2.1 是二极管的表示符号。二极管的伏安特性曲线如图 3.2.2 所示。当外加正向电压很低时,由于外电场还不能克服 PN 结内电场对多数载流子(除少量能量较大者外)扩散运动的阻力,故正向电流很小,几乎为零。当正向电压超过一定数值后,内电场被大大削弱,电流增长很快。这个一定数值的正向电压称为死区电压,其大小与材料及环境温度有关。通常,硅管的死区电压约为 0.5 V,锗管约为 0.1 V。导通时的正向压降硅管约为 0.6 ~ 0.8 V,锗管约为 0.2 ~ 0.3 V。在二极管上加反向电压时,由于少数载流子的漂移运动,形成很小的反向电流。反向电流有两个特点:一是它随温度的上升增长很快;二是反向电压不超过某一范围时,反向电流的大小基本恒定,而与反向电压的高低无关,故通常称它为反向饱和电流。而当外加反向电压过高时,反向电流将突然增大,二极管失去单向导电性,这种现象称为击穿。二极管被击穿后,一般不能恢复原来的性能,便失效了。击穿发生在空间电荷区。发生击穿的原因,一种是处于强电场中的载流子获得足够大的能量碰撞晶格而将价电子碰撞出来,产生电子空穴对;新产生的载流子在电场作用下获得足够能量后又通过碰撞产生电子空穴对;如此形成连锁反应,反向电流愈来愈大,最后使得二极管反向击穿。另一种原因是强电场直接将共价键的价电子拉出来,产生电子空穴对,形成较大的反向电流。发生击穿时加在二极管上的反向电压称

为反向击穿电压 $U_{(BR)}$。

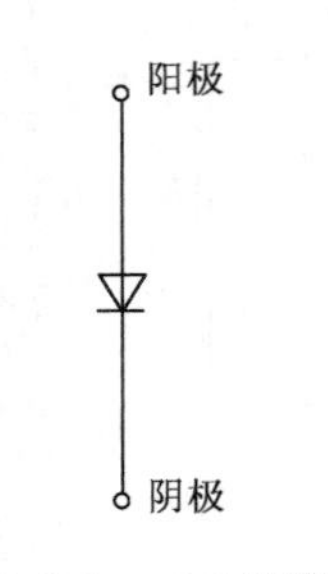

图 3.2.1 二极管符号

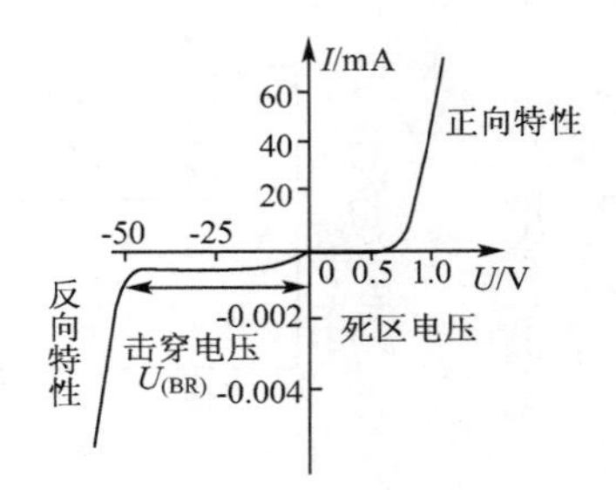

图 3.2.2 二极管的伏安特性曲线

3.2.2 二极管的主要参数

1. 最大整流电流 I_F

最大整流电流是指二极管长时间工作时,允许流过二极管的最大正向平均电流。当电流超过允许值时,将使 PN 结过热而使管子烧坏。

2. 最高反向工作电压 U_R

它是保证二极管不被击穿而给出的反向峰值电压,一般将反向击穿电压的一半定为 U_R。

3. 最高反向工作电流 I_R

它是指在二极管上加最高反向工作电压时的反向电流值。反向电流大,说明二极管的单向导电性差,并且受温度的影响大。硅管的反向电流较小,一般在几个微安以下。锗管的反向电流较大,为硅管的几十到几百倍。

二极管的应用范围很广,主要都是利用它的单向导电性。它可用于整流、检波、限幅、元件保护以及在数字电路中作为开关元件等。

3.2.3 稳压管

稳压管是一种特殊的面接触型半导体硅二极管。由于它在电路中与合适的电阻配合后能起稳定电压的作用,故称为稳压管,其表示符号如图 3.2.3 所示。稳压管的伏安特性曲线与普通二极管的类似,其差异是稳压管的反向特性曲线比较陡。

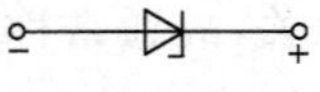

图 3.2.3 稳压管符号

稳压管工作于反向击穿区。从反向特性曲线上可以看出,反向电压在一定范围内变化时,反向电流很小。当反向电压增高到击穿电压时,反向电流突然剧增,稳压管反向击穿。此后,电流虽然在很大范围内变化,但稳压管两端的电压变化很小。利用这一特性,稳压管在电路中能起稳压作用。稳压管与一般二极管不一样,它的反向击穿是可逆的。当去掉反向电压之后,稳压管又恢复正常。但是,如果反向电流超过允许范围,稳压管将会发生热击穿而损坏。稳压管的主要参数有下面几个:

(1) 稳定电压 U_Z

稳定电压就是稳压管在正常工作时管子两端的电压。手册中所列的都是在一定条件(工作电流、温度)下的数值,即使是同一型号的稳压管,由于工艺方面和其他原因,稳压值也有一定的分散性。例如 2CW18 稳压管的稳压值为 10 ~ 12 V。

(2) 电压温度系数 α

该参数表示温度每变化 1 ℃ 时稳压值的变化量。

一般来说,低于 4 V 的稳压管,它的电压温度系数是负的;高于 7 V 的稳压管,电压温度系数是正的;而在 4 ~ 6 V 之间时,电压温度系数很小。

(3) 动态电阻 r_Z

动态电阻是指稳压管两端电压的变化量与相应的电流变化量的比值,即稳压管的反向伏安特性曲线愈陡,则动态电阻愈小,稳压性能愈好。

其表达式为:

$$r_Z = \frac{\Delta U_Z}{\Delta I_Z}$$

(4) 稳定电流 I_Z

I_Z 是指稳压管在稳压工作时的参考电流值。实际电流值低于此值时稳压效果变差,甚至失去稳压作用;高于此值时,只要管子的功耗不超过额定功耗都可以正常工作,而且电流越大,稳压效果越好,但管子的功耗要增加。

(5) 额定功耗 P_{ZM} 和最大工作电流 I_{Zmax}

额定功耗 P_{ZM} 为稳定电压 U_Z 和允许的最大工作电流 I_{Zmax} 的乘积。额定功耗是由稳压管允许温升所决定的极限参数,I_{Zmax} 通常可由手册给出的 P_{ZM} 和 U_Z 求出。

3.3　半导体三极管

半导体三极管(简称晶体管)是最重要的一种半导体器件。它的放大作用和开关作用促使电子技术飞速发展。首先要简单介绍晶体管的内部结构和载流子的运动规律。

3.3.1　基本结构

晶体管的结构目前最常见的有平面型和合金型两类(图 3.3.1)。硅管主要是平面型,锗管都是合金型。

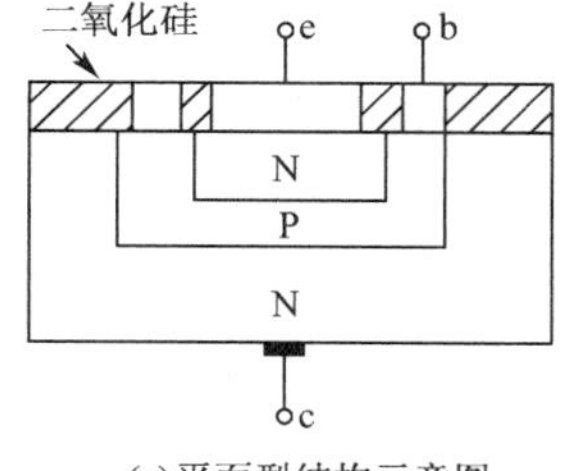

(a)平面型结构示意图

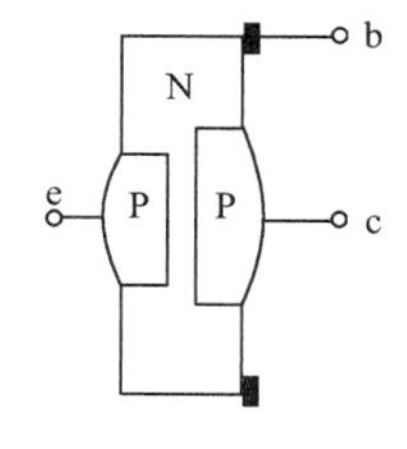

(b)合金型结构示意图

图 3.3.1　晶体管结构示意图

不论平面型或合金型，都分成 NPN 或 PNP 三层，因此又把晶体管分为 NPN 型和 PNP 型，其结构示意图和表示符号如图 3.3.2 所示。当前国内生产的硅晶体管多为 NPN 型(3D 系列)，锗晶体管多为 PNP 型(3A 系列)。

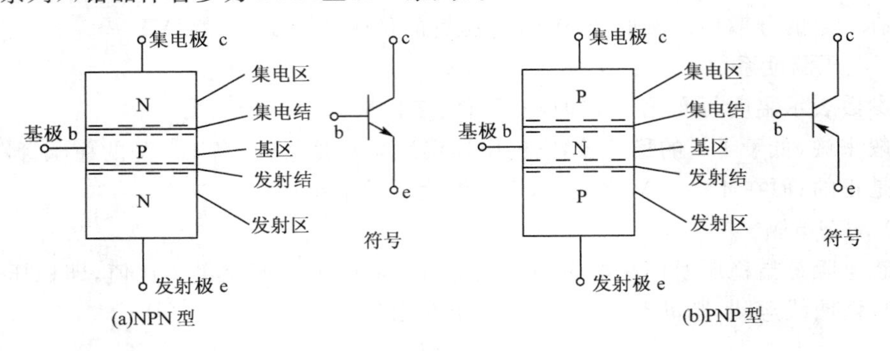

图 3.3.2　三极管结构及其电气符号

每一类都分成基区、发射区和集电区，分别引出基极 b、发射极 e 和集电极 c。两个 PN 结，基区和发射区之间的 PN 结称为发射结，基区和集电区之间的 PN 结称为集电结。

3.3.2　三极管放大条件和放大原理

三极管放大的内部条件：三极管内部结构主要有两个特点：第一，发射区掺杂浓度最高，其次是集电区，基区掺杂浓度最低；第二，基区做得很薄，通常只有几微米到几十微米。

三极管放大的外部条件：外加电源的极性应使发射结处于正向偏置状态，而集电结处于反向偏置状态。

下面以 NPN 型三极管的载流子运动规律来说明三极管的放大原理。

图 3.3.3 画出了 NPN 型三极管的电流放大示意图，图中基极电源 V_{BB}(一般为几伏）串联一个可变电阻 R_b 后，正极接基极 b，负极接发射极 e，即发射结处于正向偏置(正偏)。集电极电源 V_{CC} 接在集电极与发射极之间，其负极也是接发射极 e，正极经电阻 R_c 接集电极 c，V_{CC} 的数值比 V_{BB} 的数值大很多，因此集电极电位高于基极电位，即集电结处于反向偏置(反偏)。在发射结正偏、集电结反偏的外部条件下，三极管内部的载流子便会按一定规律运动和分配，从而具有电流放大作用。

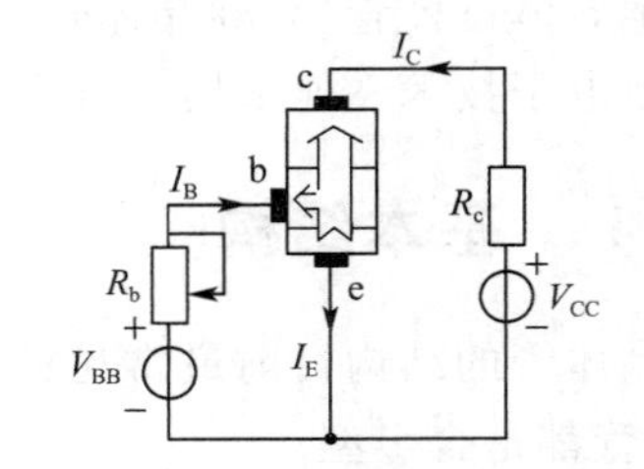

图 3.3.3　NPN 型三极管的电流放大示意图

1. 发射

由于发射结正偏，发射区中大量存在的多数载流子(自由电子）将越过发射结向基区扩散，而基区中的多子(空穴）也向发射区扩散，共同形成发射极电流 I_E。因为基区空穴浓度很低，基区的多子(空穴）对发射区的扩散可以忽略不计，所以在图 3.5.3 中未画出。电子是带负电的，电流的方向与扩散电子的运动方向相反，故 I_E的方向如图 3.5.3

所示。

2. 复合

在扩散过程中，有一部分电子遇到基区的空穴并与其复合。而接在基区的电源的正极不断地从基区拉走电子，好像不断地向基区供给空穴。这样就形成了基极电流 I_B，它就是扩散电子在基区与空穴复合后所形成的电流。

3. 收集

由发射区进入基区的电子，开始时都聚集在靠近发射结的一边，靠近集电结一边的自由电子很少，由于浓度上的差别，自由电子将继续向集电结方向扩散。又由于集电结反偏，外电场阻止集电区的多子(电子)向基区运动，而有利于将扩散到集电结处的自由电子收集到集电极，形成集电极电流 I_C。

4. 少数载流子的运动

以上三点是三极管中载流子运动的主要过程。此外，因为集电结反偏，所以集电区中的少子(空穴)和基区中的少子(电子)在外电场的作用下，还将进行漂移运动而形成反向电流，这个电流称为反向饱和电流，用 I_{CBO} 表示，它构成了集电极电流 I_C 的一小部分。反向饱和电流 I_{CBO} 的数值很小，可以忽略不计。但随着环境温度的升高，I_{CBO} 增加地很快，使三极管的性能变差，必须采取适当的措施削弱或消除它的影响。

在基区中，扩散到集电区的电子数与复合的电子数的比例决定了三极管的放大能力。为了提高放大能力，必须抑制复合，因此制造三极管时需要将基区做得很薄，并降低其掺杂浓度。这使得复合的电子数只占很小的一部分，即 I_B 远小于 I_C。三极管的电流放大原理就是用较小的基极电流 I_B 控制较大的集电极电流 I_C。

3.3.3　特性曲线

晶体管的特性曲线用来表示晶体管各极电压和电流之间的相互关系，它反映出晶体管的性能，是分析放大电路的重要依据。最常用的是共发射极接法的输入特性曲线和输出特性曲线。这些特性曲线可用晶体管特性图示仪直观地显示出来，也可以通过如图 3.3.4 所示的实验电路进行测绘。

1. 输入特性曲线

输入特性曲线是指当集射极电压 U_{CE} 为常数时，输入电路(基极电路)中基极电流 I_B 与基射极电压 U_{BE} 之间的关系曲线，如图 3.3.5 所示。

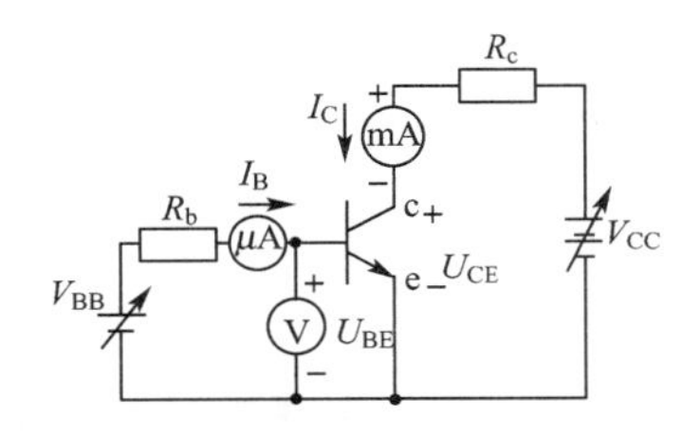

图 3.3.4　三极管特性曲线实验电路

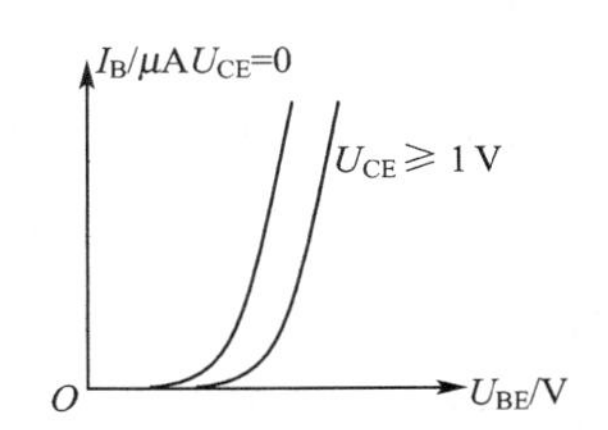

图 3.3.5　三极管的输入特性曲线

对硅管而言,当$U_{CE}>1$ V时,集电结已反向偏置,并且内电场已足够大,而基区又很薄,可以把从发射区扩散到基区的绝大部分电子拉入集电区。如果此时再增大U_{CE},只要U_{BE}保持不变(从发射区发射到基区的电子数就一定),I_B也就不再明显地减小。就是说$U_{CE}>1$ V后的输入特性曲线基本上是重合的。所以,通常只画出$U_{CE}\geqslant 1$ V的一条输入特性曲线。由图3.3.5可见,和二极管的伏安特性一样,晶体管输入特性也有一段死区。只有在发射结外加电压大于死区电压时,晶体管才会出现I_B。硅管的死区电压约为0.5 V,锗管的死区电压约为0.1 V。在正常工作情况下,NPN型硅管的发射结电压$U_{BE}=0.6\sim 0.7$ V,PNP型锗管的$U_{BE}=0.2\sim 0.3$ V。

2. 输出特性曲线

输出特性曲线是指当基极电流I_B为常数时,输出电路(集电极电路)中集电极电流I_C与集射极电压U_{CE}之间的关系曲线$I_C=f(U_{CE})$。在不同的I_B条件下,可以得到不同的特性曲线,故晶体管的特性曲线为一簇特性曲线,如图3.3.6所示。通常晶体管的输出特性曲线分为三个工作区:

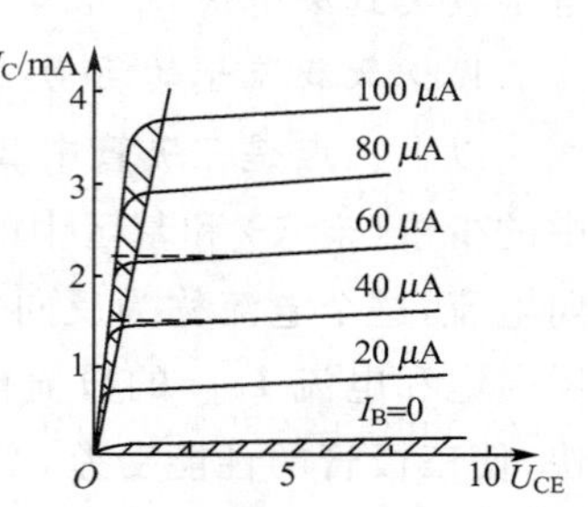

图 3.3.6 晶体管的输出特性曲线

(1) 放大区

输出特性曲线接近水平的部分是放大区。在放大区,$I_C=\bar{\beta}I_B$。放大区也称为线性区,因为I_C和I_B成正比的关系。如上所述,晶体管工作于放大状态时,发射结处于正向偏置,集电结处于反向偏置。

(2) 截止区

$I_B=0$的曲线以下的区域即为截止区。$I_B=0$时,$I_C=I_{CEO}$。对NPN型硅管而言,当$U_{BE}<0.5$ V时,即已开始截止,但是为了使截止可靠,常使$U_{BE}\leqslant 0$。截止时集电结也处于反向偏置。

(3) 饱和区

当$U_{CE}<U_{BE}$时,集电结处于正向偏置,晶体管工作于饱和状态。在饱和区,I_B的变化对I_C的影响较小,两者不成正比,放大区的$\bar{\beta}$不能适用于饱和区。饱和时,发射结也处于正向偏置。

3.3.4 晶体三极管的主要参数

晶体管的特性除了用特性曲线表示外,还可用晶体管的参数来说明。晶体管的参数也是设计电路、选用晶体管的依据。主要参数有以下几个:

(1) 电流放大系数β,$\bar{\beta}$

当晶体管构成共发射极电路时,在静态(无输入信号)时集电极电流I_C(输出电流)与基极电流I_B(输入电流)的比值称为共发射极静态电流(直流)放大系数,即

$$\bar{\beta}=\frac{I_C}{I_B}$$

当晶体管工作在动态(有输入信号)时,基极电流的变化量为ΔI_B,它引起集电极电流的变化量为ΔI_C。ΔI_C与ΔI_B的比值称为动态电流(交流)放大系数,即$\beta=\frac{\Delta I_C}{\Delta I_B}$。

因此,$\bar{\beta}$和β的含义不同,但在输出特性曲线接近平行等距且I_{CEO}较小的情况下,两者数值较为接近。因此估算时,常用$\bar{\beta}=\beta$近似关系。

由于晶体管的输出特性曲线是非线性的,只有在特性曲线的接近水平部分,I_C随I_B成正比变化,β值可认为基本恒定。由于制造工艺的分散性,即使同一型号的晶体管,β值也有很大差别。常用的晶体管的β值在20～100之间。

(2)集基极反向截止电流I_{CBO}

I_{CBO}是当发射极开路时由于集电结处于反向偏置,集电区和基区中的少数载流子的漂移运动所形成的电流,I_{CBO}受温度的影响大。在室温下,小功率锗管的I_{CBO}约为几微安到几十微安,小功率硅管的I_{CBO}在1 μA以下。I_{CBO}越小越好,硅管在温度稳定性方面比锗管好。

(3)集射极反向截止电流I_{CEO}

I_{CEO}是当$I_B=0$,即将基极开路、集电结反向偏置和发射结正向偏置时的集电极电流。由于它好像是从集电极直接穿透晶体管而到达发射极的,所以又称为穿透电流。硅管的I_{CEO}约为几微安,锗管的约为几十微安,I_{CEO}的值越小越好。

(4)集电极最大允许电流I_{CM}

集电极电流I_C超过一定值时,晶体管的β值要下降。当β值下降到正常数值的三分之二时的集电极电流,称为集电极最大允许电流I_{CM}。因此,在使用晶体管时,I_C超过I_{CM}并不一定会使晶体管损坏,但以降低β值为代价。

(5)集射极反向击穿电压$U_{(BR)CEO}$

当基极开路,加在集电极和发射极之间的最大允许电压,称为集射极反向击穿电压$U_{(BR)CEO}$。当晶体管的集射极电压U_{CE}大于$U_{(BR)CEO}$时,I_{CEO}突然大幅度上升,说明晶体管已被击穿。

(6)集电极最大允许耗散功率P_{CM}

由于集电极电流在流经集电结时将产生热量,使结温升高,从而会引起晶体管参数变化。当晶体管因受热而引起的参数变化不超过允许值时,集电极所消耗的最大功率,称为集电极最大允许耗散功率P_{CM}。P_{CM}主要受结温的限制,一般来说,锗管允许结温约为70～90 ℃,硅管约为150 ℃。

根据管子的P_{CM}值,由$P_{CM}=I_C U_{CE}$可在晶体管的输出特性曲线上作出一条P_{CM}双曲线曲线。

由 I_{CM}、$U_{(BR)CEO}$ 和 P_{CM} 三者共同确定晶体管的安全工作区,如图 3.3.7 所示。

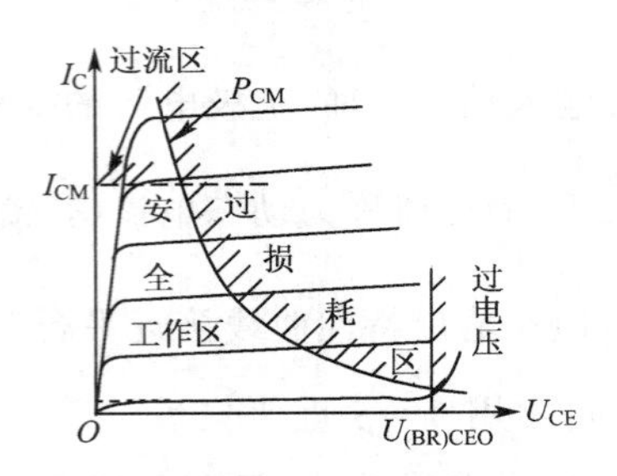

图 3.3.7 晶体三极管的安全工作区

上面所讨论的几个参数,其中 β 和 I_{CBO}(I_{CEO})是表明晶体管优劣的主要指标;而 I_{CM}、$U_{(BR)CEO}$ 和 P_{CM} 是极限参数,表明晶体管的使用限制。

本章小结

1. 半导体有自由电子和空穴两种载流子参与导电。本征半导体的载流子由本征激发产生,电子和空穴成对出现,其浓度随温度升高而增加。杂质半导体的多子主要由掺杂产生,浓度很大,基本不受温度影响,少子由本征激发产生。杂质半导体的导电性能主要由多子浓度决定,因此导电性能比本征半导体大大改善。本征半导体中掺入五价元素杂质,则成为 N 型半导体,N 型半导体中电子是多子,空穴是少子。本征半导体中掺入三价元素杂质,则成为 P 型半导体,P 型半导体中空穴是多子,电子是少子。

2. PN 结没有外加电压时扩散运动和漂移运动达到动态平衡,通过 PN 结的总电流为零;PN 结正偏时,正向电流主要由多子的扩散运动形成,其值较大且随着正偏电压的增加迅速增大,PN 结处于导通状态;PN 结反偏时,反向电流主要由少子的漂移运动形成,其值很小,且基本不随反偏电压而变化,但随温度变化较大,PN 结处于截止状态。因此 PN 结具有单向导电性。反偏电压超过反向击穿电压值后,PN 结被反向击穿,单向导电性被破坏。

3. 三极管是具有放大作用的半导体器件,又称晶体三极管。它工作时有空穴和自由电子两种载流子参与导电。

4. 晶体三极管是由两个 PN 结组成的有源三端器件,分为 NPN 和 PNP 两种类型,根据材料不同有硅管和锗管之分。晶体三极管中三个电极电流之间的关系为:$I_C \approx \beta I_B$,即电流 I_C 具有恒流源的特性,线性的放大作用。

5. 三极管的放大条件:发射结正向偏置,集电结反向偏置。

6. 使用晶体三极管时要特别注意管子的极限参数 I_{CM}、$U_{(BR)CEO}$ 和 P_{CM},以防止三极管损坏或性能变劣,同时还要注意温度对三极管特性的影响,I_{CEO} 越小的管子,其稳定性就越好。由于硅管温度稳定性比锗管好得多,所以,目前电路中一般都采用硅管。

习题三

1. 欲使二极管的单向导电性良好，管子的正向电阻和反向电阻分别大一些还是小一些好？

2. 在如图 3-1 所示的电路中各个管子均为硅管，请判断其工作状态。

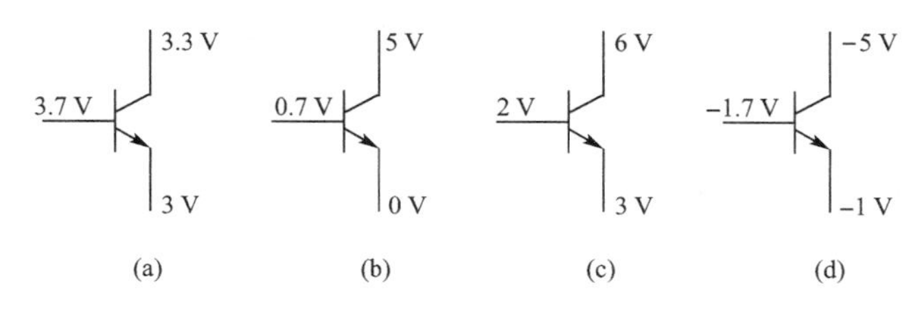

图 3-1　题 2 电路图

3. 简述 PN 结正向偏置条件下，多数载流子和少数载流子的运动规律。

4. 半导体三极管正常放大的外部条件是什么？阐述三极管在正常放大条件下，其内部载流子的运动规律。

第4章 基本放大电路

本章提要

放大电路应用十分广泛，其主要作用是将微弱的小信号放大，以便测量和使用。小信号放大表面看是将小信号幅度增大，在电子技术中放大的本质是实现能量的控制。在电路中电源提供能量，由输入的小信号控制电源输出较大的能量，然后推动负载。利用三极管实现这种小能量的控制作用就是放大作用。

本章介绍由分立元件组成的各种常用基本放大电路，将讨论它们的电路结构、工作原理、分析方法以及特点和应用。

4.1 基本放大电路的组成

图 4.1.1 是共发射极基本交流放大电路。输入端接交流信号源（通常用一个电动势 u_I 与电阻 R_S 串联的等效电压源表示），输出端接负载电阻 R_L，输出电压为 u_O。电路中各个元件作用如下：

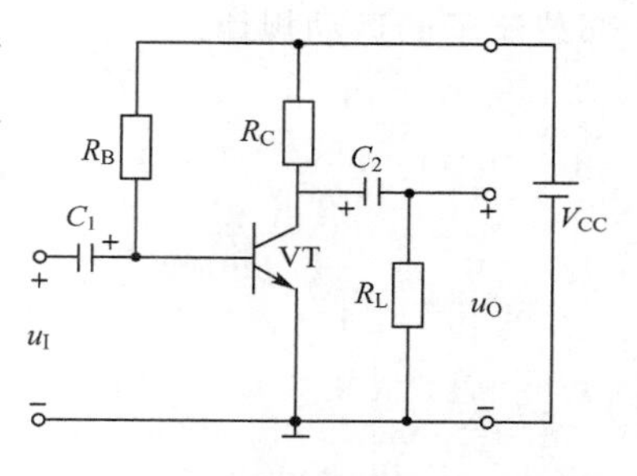

图 4.1.1 共发射极基本放大电路

晶体管 VT 是放大电路中的放大元件，利用它的电流放大作用，在集电极电路获得被放大的电流，该电流受输入信号的控制。从能量观点来看，输入信号的能量较小，而输出的能量较大。并不是说放大电路把输入的能量放大了，能量是守恒的，不能放大。输出较大的能量来自直流电源 V_{CC}。即能量较小的输入信号通过晶体管的控制作用，来控制电源 V_{CC} 供给的能量，从而在输出端获得一个能量较大的信号。这就是放大作用的实质，因此也可以说晶体管是一个控制元件。

集电极电源 V_{CC} 的作用：(1) 为输出信号提供能量；(2) 保证发射结正向偏置，集电结反向偏置。

集电极负载电阻 R_C 主要是将集电极电流的变化变换为电压的变化，以实现电压放大。R_C 的阻值一般为几千欧到几十千欧。

基极电阻 R_B 使发射结处于正向偏置，并提供大小适当的基极电流 I_B，以使放大电路获得合适的静态工作点。R_B 的阻值一般为几十千欧到几百千欧。

耦合电容 C_1 和 C_2 一方面起到隔直作用，C_1 用来隔断放大电路与信号源之间的直流通路，而 C_2 则用来隔断放大电路与负载之间的直流通路，使三者之间直流信号相互独立。另一方面又起到交流耦合作用，使交流信号畅通无阻地耦合到放大电路，连通信号源、放大电路和负载三者之间的交流通路。通常要求耦合电容上的交流信号可视作短路，因为此电容值要取得较大，对于交流信号其容抗近似为零。C_1 和 C_2 的电容值一般为几微法到几十微法，常用极性电容器。

4.2　放大电路的基本分析

对放大电路可分为静态和动态两种情况来分析。静态分析是指放大电路没有输入信号时的工作状态；动态分析是指有输入信号时的工作状态。静态分析是要确定放大电路的静态工作点 I_{BQ}、I_{CQ}、U_{BEQ} 和 U_{CEQ}，放大电路的质量与其静态值有很大的关系。动态分析是要确定放大电路的电压放大倍数 A_u、输入电阻 r_i 和输出电阻 r_o 等。

4.2.1　静态分析

静态值即是直流，故可用交流放大电路的直流通路来分析计算。画直流通路方法为：电容 C_1 和 C_2 视作开路，将交流耦合电容及其以外电路去掉。将图 4.1.1 共发射极放大电路的直流通路改画为如图 4.2.1 所示。

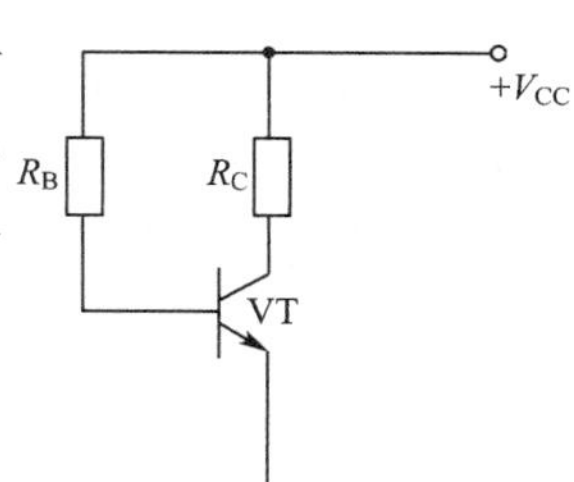

图 4.2.1　共发射极直流通路

由图 4.2.1 所示的直流通路，可得出静态时的基极电流：

$$I_{BQ}=\frac{V_{CC}-U_{BEQ}}{R_B}\approx\frac{V_{CC}}{R_B}$$

(由于U_{BEQ}比V_{CC}小得多，一般硅管的U_{BEQ}约为0.6 V～0.8 V，锗管的 U_{BEQ} 约为 0.1 V～0.2 V)

$$I_{CQ}\approx\beta I_{BQ}$$

$$U_{CEQ}=V_{CC}-I_{CQ}R_C$$

4.2.2　动态分析

当放大电路有输入信号时，晶体管的各个电流和电压都含有直流分量和交流分量。直流分量即为静态值，由上节所述的静态分析来确定。动态分析是微变等效电路法，所谓放大电路的微变等效电路，就是把非线性元件晶体管所组成的放大电路等效为一个线性电路，也就是把晶体管线性化，等效为一个线性元件。这样，就可像处理线性电路那样来处理晶体管放大电路。线性化的条件是晶体管在小信号(微变量)情况下工作，这才能在静态工作点附近的小范围内用直线段近似地代替晶体管的特性曲线。

(1) 晶体管的微变等效电路模型

下面以 NPN 型三极管为例来说明晶体管等效分析模型，如图 4.2.2 所示，r_{be} 称为晶体管的输入电阻，它表示晶体管的输入特性。在小信号的情况下，r_{be} 是一常数，由它确定 u_{BE} 和 i_B 之间的关系，晶体管的输入电路可用 r_{be} 等效代替，低频小功率晶体管的 r_{be} 常用下式估算：

$$r_{be}\approx 300(\Omega)+(\beta+1)\frac{26(\mathrm{mV})}{I_{EQ}(\mathrm{mA})}$$

式中 I_{EQ} 是发射极电流的静态值，右边第一项常取 100～300 Ω。r_{be} 一般为几百欧到几千欧，它是对交流而言的一个动态电阻，在手册中常用 h_{ie} 表示。

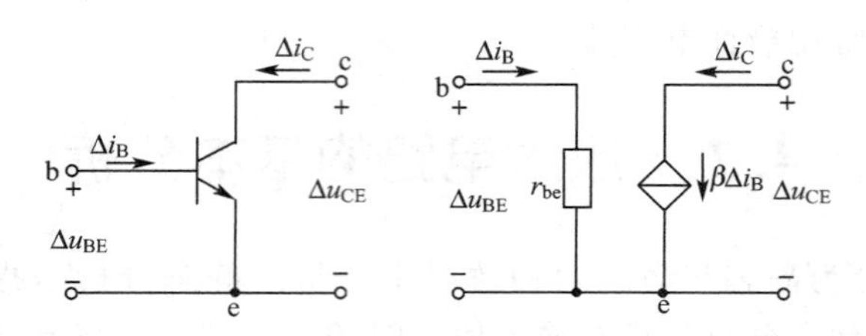

图 4.2.2　晶体管及其等效电路模型

晶体管的输出特性曲线簇，在线性工作区是一组近似等距离的平行线。当 U_{CE} 为常数时，ΔI_C 与 ΔI_B 之比即为晶体管的交流放大系数 β。

$$\beta=\left.\frac{\Delta I_C}{\Delta I_B}\right|_{U_{CE}}=\left.\frac{i_C}{i_B}\right|_{U_{CE}}$$

在小信号的条件下，β 是一常数，它确定了 i_B 控制 i_C 的关系。因此，晶体管的输出电路可用一等效恒流源 $i_C=\beta i_B$ 代替，以表示晶体管的电流控制作用。β 值一般在 20 ~ 200 之间，在手册中常用 h_{fe} 表示。

另外，晶体管的输出特性曲线不完全与横轴平行，当 I_B 为常数时 ΔU_{CE} 与 ΔI_C 之比 $r_{ce}=\left.\frac{\Delta U_{CE}}{\Delta I_C}\right|_{I_B}=\left.\frac{u_{CE}}{i_C}\right|_{I_B}$ 即为晶体管的输出电阻，小信号时，r_{ce} 也是一个常数。如果把晶体管的输出电路看作电流源，r_{ce} 也就是电源的内阻，故在等效电路中与受控电流源 βi_B 并联。由于 r_{ce} 的阻值很高，约几百千欧以上，故在微变等效电路中可以忽略不计。

（2）放大电路的微变等效电路画法

由晶体管的微变等效电路和放大电路的交流通路可得出放大电路的微变等效电路。图 4.2.3 是图 4.1.1 所示交流放大电路的交流通路。对交流分量而言，电容 C_1 和 C_2 可视作短路；同时一般直流电源的电阻很小，可以忽略不计，对交流来讲直流电源也可以认为是短路的。据此即可画出交流通路。再把交流通路中的晶体管用微变等效电路代替，即为放大电路的微变等效电路。

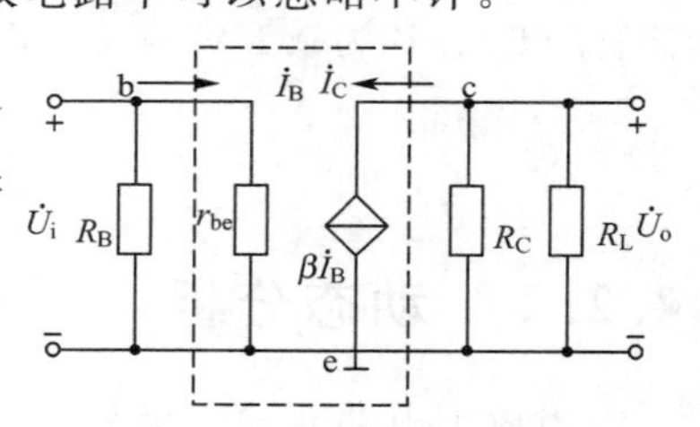

图 4.2.3　共发射极交流等效电路

（3）电压放大倍数 β 的计算

以图 4.2.3 所示的交流放大电路为例计算电压放大倍数。设输入的是正弦信号，电压和电流都可用向量表示，根据电路图可列出：

$$\dot{U}=r_{be}\dot{I}_B$$

$$\dot{U}_o=-R_L'\dot{I}_C=-\beta R_L'\dot{I}_B$$

$$R_L'=R_C\ /\!/\ R_L$$

故放大电路的电压放大倍数：

$$A_u=\frac{\dot{U}_o}{\dot{U}_i}=-\beta\frac{R_L'}{r_{be}}$$

此式中的负号表示输出电压与输入电压的相位相反。当放大电路输出端开路（未接 R_L）时，$A_u=-\beta\frac{R_C}{r_{be}}$ 比接 R_L 时高。可见 R_L 愈小，则电压放大倍数愈低。

(4) 输入电阻 r_i 的计算

一个放大电路的输入端总是与信号源(或前级放大电路)相连的,其输出端总是与负载(或后级放大电路)相连的。因此放大电路与信号源和负载之间,总是互相联系,互相影响的。

放大电路对信号源(或对前级放大电路)来说,是一个负载,可用一个电阻来等效代替。这个电阻是信号源的负载,也就是放大电路的输入电阻 r_i,即:

$$r_i = \frac{\dot{U}_i}{\dot{I}_i} = R_B \mathbin{/\mkern-6mu/} r_{be} \approx r_{be}$$

r_i 是对交流信号而言的一个动态电阻。由于实际上 R_B 的值比 r_{be} 大得多,故该类放大电路的输入电阻基本上约等于 r_{be}。

放大电路的输入电阻较小时对电路性能的影响:(1) 将从信号源汲取较大的电流,因而增加信号源的负担;(2) 经过信号源内阻 R_S 和 r_i 的分压,使实际加到放大电路的输入电压 U_i 减小,从而减小输出电压;(3) 后级放大电路的输入电阻,就是前级放大电路的负载电阻,从而将会降低前级放大电路的电压放大倍数。因此,通常希望放大电路的输入电阻能高一些。

(5) 输出电阻 r_o 的计算

放大电路对负载(或对后级放大电路)来说,是一个信号源,其内阻即为放大电路的输出电阻 r_o,它也是一个动态电阻。

如果放大电路的输出电阻较大,相当于信号源的内阻较大,当负载变化时,输出电压的变化较大,那么放大电路驱动负载的能力较差。因此,通常希望放大电路的输出电阻小一些。

放大电路的输出电阻在信号源短路($U_i=0$)和输出端开路的条件下求解。从微变等效电路(图4.2.3)可以看出,当 $U_i=0$,$I_B=0$ 时,βI_B 和 I_C 也为零。共发射极放大电路的输出电阻是从放大电路的输出端看进去的等效电阻,由于晶体管的输出电阻 R_{CE}(也和受控电流源并联)很高,图中已略,故 $R_0 \approx R_C$。R_C 一般为几千欧,因此共发射极放大电路的输出电阻较高。

通常计算 r_o 时,可将信号源短路($U_i=0$,但要保留信号源内阻),将 R_L 去掉,在输出端加一交流电压 U_o,以产生一个电流 I_o,则放大电路的输出电阻为:

$$r_o = \frac{\dot{U}_o}{\dot{I}_o}$$

4.3　静态工作点的稳定

放大电路在合适的静态工作点工作,可以保证有较好的放大效果,并且不会引起非线性失真。但是在实际工作环境中,温度的变化导致集电极电流的静态值 I_C 发生变化,从而影响静态工作点的稳定性。当温度升高后,偏置电流 I_B 能自动减小以限制 I_C 的增大,静态工作点就能基本稳定。方法有:

1. 固定偏置

图4.1.1中，偏置电流$I_B=\dfrac{V_{CC}-U_{BE}}{R_B}\approx\dfrac{V_{CC}}{R_B}$，当$R_B$确定时，则$I_B$就固定不变。该电路称为固定偏置放大电路，它能稳定静态工作点。因此，我们常用如图4.3.1所示的分压偏置电路，其中，R_{b1}和R_{b2}构成固定偏置电路。

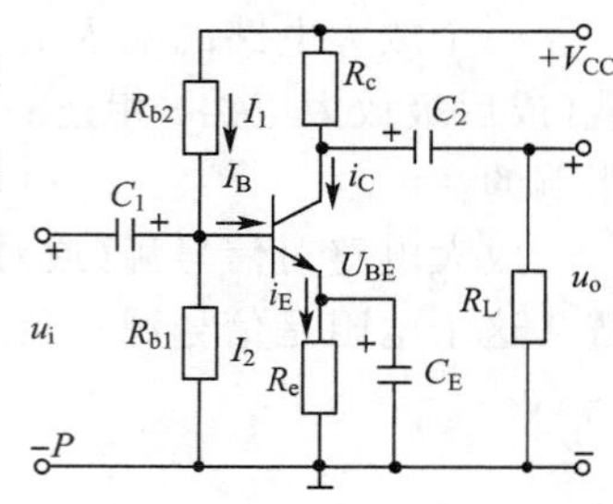

图4.3.1 分压偏置工作点稳定电路

由直流通路可列出 $I_1=I_2+I_B$

假设 $I_2\gg I_B$，则 $I_1\approx I_2=\dfrac{V_{CC}}{R_{b1}+R_{b2}}$

因此基极电位 $U_B=R_{b1}I_2\approx\dfrac{R_{b1}}{R_{b1}+R_{b1}}V_{CC}$

由该式子可知基极电压与晶体管的参数无关，不受温度影响，仅由分压电阻R_{b1}、R_{b2}的分压固定。

2. 增加发射极电阻R_e

增加发射极电阻R_e，可列出$U_{BE}=U_B-U_E=U_B-I_ER_E$，假设$U_B\gg U_{BE}$，则$I_C\approx I_E=\dfrac{U_B-U_{BE}}{R_e}\approx\dfrac{U_B}{R_e}$，故$I_C$也不受温度影响。

在实际应用中只要满足以上两个条件，U_B、I_E、I_C就可以认为与晶体管参数无关，不受温度变化的影响，实现静态工作点基本稳定。实际电路中，R_{b1}、R_{b2}一般为几十千欧。硅管电路中，估算时一般可选取$I_2=(5\sim10)I_B$和$U_B=(5\sim10)U_{BE}$。

该电路能稳定工作的实质为：温度增高引起I_C增大时，发射极电阻R_e上的电压降就会使此U_{BE}减小，从而使I_B自动减小，从而限制I_C的增大，故工作点得以稳定。即R_e愈大，稳定性能愈好，但不能太大，否则将使发射极电位U_E增高，因而减小输出电压的幅值。一般在小电流情况下R_e为几百欧到几千欧，在大电流情况下R_e为几欧到几十欧。

另外，当发射极电流的交流分量流过R_e时，也会产生交流压降，使U_{BE}减小，从而降低电压放大倍数。因此可在R_e两端并联一个电容值较大的交流旁路电容C_E，C_E一般为几十微法到几百微法。

4.4 射极输出器

前面所讲的放大电路都是从集电极输出，共发射极接法。本节将讲的射极输出器是从发射极输出，其电路如图4.4.1所示。在接法上是一个共集电极电路，因为电源V_{CC}对交流信号相当于短路，故集电极成为输入与输出电路的公共端。对射极输出器，主要掌握该电路的特点和用途。

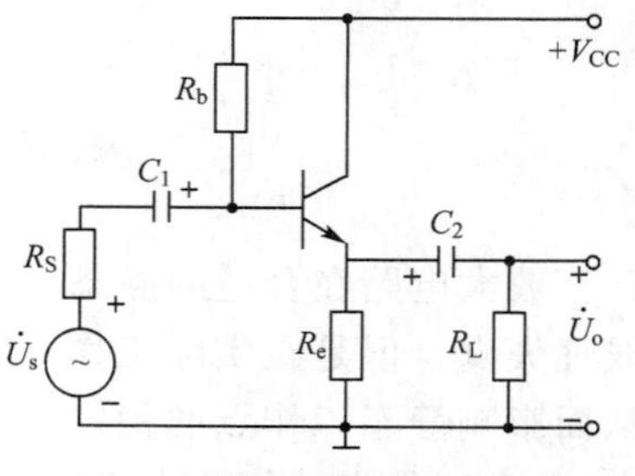

图4.4.1 射极输出器

4.4.1　静态分析

首先,将该电路的直流通路电路图画出来,如图 4.4.2 所示。根据直流通路可知:

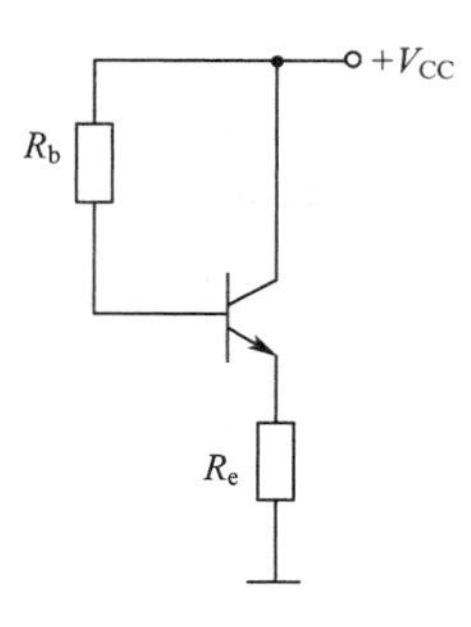

图 4.4.2　射极输出器直流通路图

$$I_{EQ}=I_{BQ}+I_{CQ}$$

由于 $V_{CC}=I_{BQ}R_b+(1+\beta)I_{BQ}R_e+U_{BE}$

所以 $$I_{BQ}=\frac{V_{CC}-U_{BE}}{R_b+(1+\beta)R_e}$$

$$I_{EQ}=(1+\beta)I_{BQ}$$

$$U_{CEQ}=V_{CC}-I_{EQ}R_e$$

4.4.2　动态分析

射极输出器的交流通路电路图如图 4.4.3 所示。

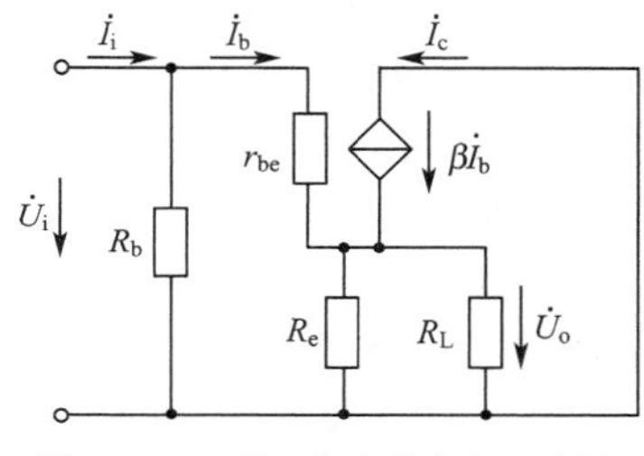

图 4.4.3　射极输出器交流通路图

(1) 电压放大倍数

根据电路分析可得:

$$\dot{U}_o=\dot{I}_eR_e'=(1+\beta)\dot{I}_bR_e'$$

$$\dot{U}_i=\dot{I}_br_{be}+\dot{I}_eR_e'=\dot{I}_br_{be}+(1+\beta)\dot{I}_bR_e'$$

$$\dot{A}_u=\frac{\dot{U}_o}{\dot{U}_i}=-\frac{(1+\beta)R_e'}{r_{be}+(1+\beta)R_e'}$$

$$R_e'=R_e\ /\!/\ R_L$$

当$(1+\beta)R_L'\gg r_{be}$时,电压放大倍数恒小于 1,而接近 1,且输出电压与输入电压同相,又称射极跟随器。电路没有电压放大能力,但是输出电流远大于输入电流,故电路仍有功率放大作用。

(2) 输入电阻

求解从输入端看进去的等效电阻,根据电路得:

$$\dot{U}_i=\dot{I}_br_{be}+\dot{I}_eR_e'$$

$$R_i=\frac{\dot{U}_i}{\dot{I}_i}=r_{be}+(1+\beta)R_e'$$

可见,发射极电阻 R_e 等效到基极回路时,将增大到$(1+\beta)$倍,故共集放大电路的输入电阻比共射放大电路的输入电阻大得多,可达几十千欧到几百千欧。

(3) 输出电阻

为了计算输出电阻 R_o,令输入信号为零,利用外接电压法,在输出端加正弦波电压信号,如图 4.4.4 所示,求出该信号产生的电流 I_o,则输出电阻 $R_o=U_o/I_o$。

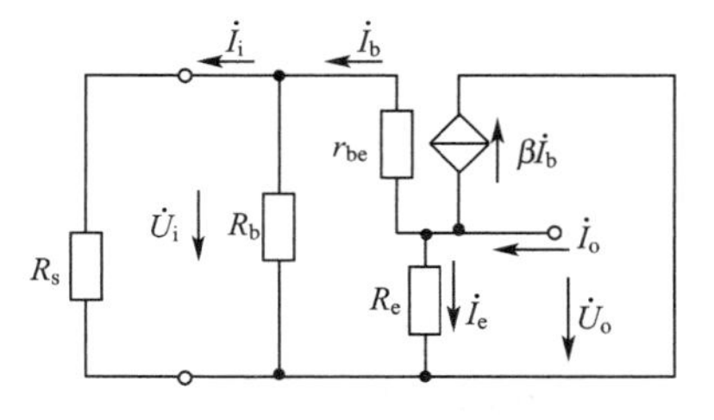

图 4.4.4　求射极输出器输出电阻等效电路

$$\dot{U}_o=-\dot{I}_b(r_{be}+R_s')\ \text{其中}\ R_s'=R_s\ /\!/\ R_b$$

由于 $$\dot{I}_o=-\dot{I}_e=-(1+\beta)\dot{I}_b$$

故 $$R_o=\frac{\dot{U}_o}{\dot{I}_o}=\frac{r_{be}+R_s'}{1+\beta}$$

由上式可知，基极回路电阻等效到射极输出端时，减小到原来的$1/(1+\beta)$，通常情况下R_e取值较小，r_{be}也多为几百欧到几千欧，而β至少几十倍，所以R_o可小到几十欧。由于共集放大电路输入电阻大、输出电阻小，所以从信号源索取的电流小并且带负载能力强，所以常用于多级放大电路的输入级和输出级；也可用它连接两电路，减少电路间直接相连所带来的影响，起缓冲作用。

4.5 差分放大电路

直接耦合放大电路的最大问题是零点漂移。一个理想的直接耦合放大电路，当输入信号为零时，其输出电压应保持不变。但实际上，把一个多级直接耦合放大电路的输入端短接，测其输出端电压时，它并不保持恒值，而在缓慢地、无规则地变化着，这种现象就称为零点漂移。引起零点漂移的原因很多，如晶体管参数（I_{CBO}、U_{BE}、β）随温度变化，电源电压的波动，电路元件参数的变化等，其中温度的影响是最严重的，因而零点漂移也称为温度漂移（温漂）。在多级放大电路的各级的漂移当中，第一级的漂移影响最大。因为由于直接耦合，第一级的漂移被逐级放大，以致影响到整个放大电路的工作。所以要重点抑制第一级的漂移。直接耦合放大电路中抑制零点漂移最有效的电路结构是差分放大电路，因此，要求较高的多级直接耦合放大电路的第一级广泛采用该结构电路。

4.5.1 差分放大电路原理

图4.5.1是用两个晶体管组成的差分放大原理电路。信号电压从两管基极输入，输出电压从两管的集电极之间输出。电路结构对称，在理想的情况下，两管的特性及对应电阻元件的参数值都相同，因而它们的静态工作点也必然相同。通常采用集成差分对管，如BG319等。

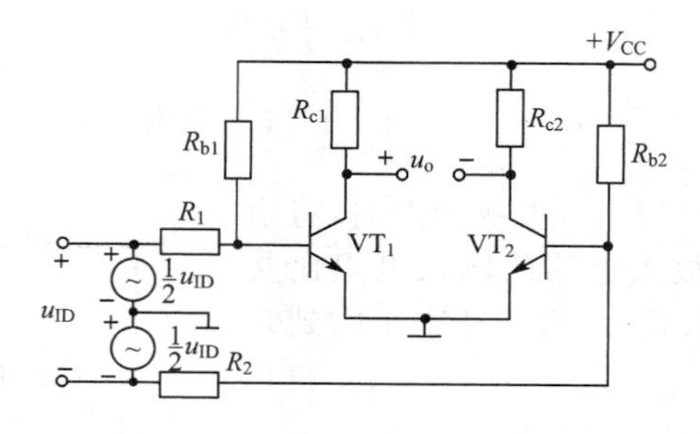

图 4.5.1 差分放大原理电路

1. 零点漂移的抑制

在静态时，$u_{ID}=0$，即在如图4.5.1所示电路中将两边输入端短路，由于电路的对称性，两边的集电极电流相等，集电极电位也相等，故输出电压$u_o=0$。

当温度升高时，两管的集电极电流都增大了，集电极电位都下降了，并且两边的变化量相等。虽然每个管都产生了零点漂移，但是由于两集电极电位的变化是相同的，所以输出电压依然为零，零点漂移完全被抑制了。对称差分放大电路对两管所产生的同向漂移（增大或者减小方向一致）都具有抑制作用，这是它的突出优点。

2. 信号输入

当有信号输入时，对称差分放大电路的工作情况可以分为下面几种输入方式来分析。

（1）共模输入

两个输入信号电压的大小相等，极性相同输入，该输入称为共模。在共模输入信号的作用下，对于完全对称的差分放大电路来说，显然两管的集电极电位变化相同。因而输出电压等于零，所以它对共模信号没有放大能力，亦即放大倍数为零。实际上，前面讲到的差分放大电路对零点漂移的抑制就是该电路抑制共模信号的一个特例。因为两管输出端的漂移电压折合到两个输入端的等效漂移电压相当于给放大电路加了一对共模信号。所以，差分电路抑制共模信号能力的大小，也反映出它对零点漂移的抑制水平。这一作用是很有实际意义的。

（2）差模输入

两个输入电压的大小相等，而极性相反输入，该输入称为差模。一个管子的集电极电流增大了 Δi_c，则管子的集电极电位（即其输出电压）因而降低了 Δu_c（负值）；而另个管子则相反。因此，两个集电极电位一增一减，呈现异向变化，其差值即为输出电压，可见在差模输入信号的作用下，差分放大电路的两集电极之间的输出电压为两管各自输出电压的两倍。

（3）差分放大

两个输入信号电压既非共模，又非差模，它们的大小和相对极性是任意的，这种输入常作为比较放大或称差分放大，在自动控制系统中是常见的。比如给定信号电压 u_{i1}，另一个是反馈信号 u_{i2}，两者在放大电路的输入端进行比较后，得出偏差值，差值电压经放大后，得到输出电压 $u_o=A(u_{i1}-u_{i2})$，其值仅与偏差值有关，而不需要反映两个信号本身的大小。不仅输出电压的大小与偏差值有关，而且它的极性与偏差值也有关系。

4.5.2　典型差分放大电路

1. 实用电路

在实际应用中，常采用图4.5.2所示的电路结构。该结构与上节电路相比增加了发射极电阻 R_e 和负电源 V_{EE}，该电路常称为长尾式放大电路。R_e 的主要作用是限制每个管子的漂移范围，进一步减小零点漂移，稳定电路的静态工作点。比如当温度升高使 I_{C1} 和 I_{C2} 均增加时，则有如下的抑制漂移的过程：

温度 $\uparrow \rightarrow I_{C1}\uparrow(I_{C2}\uparrow) \rightarrow I_e\uparrow \rightarrow U_{Re}\uparrow \rightarrow U_{BE1}\downarrow(U_{BE2}\downarrow) \rightarrow I_{C1}\downarrow(I_{C2}\downarrow)$

对零点漂移的抑制，也反映了对共模信号的抑制能力。当差分电路输入共模信号时，对它的抑制过程与上述过程相似，因此 R_e 也称为共模抑制电阻。

由于差模信号使两管的集电极电流产生异向变化，只要电路的对称性足够好，两管电流一增一减，其变化量相等，通过 R_e 中的电流就近似不变，它对差模信号不起作用。因此，R_e 基本上不影响差模信号的放大效果。

差分放大电路就是要放大差模信号，抑制共模信号。R_e 越大，抑制作用越好，但是电压源一定时，R_e 太大会影响静态工作点和电压放大倍数。因此接入负电源 V_{EE} 来补偿 R_e

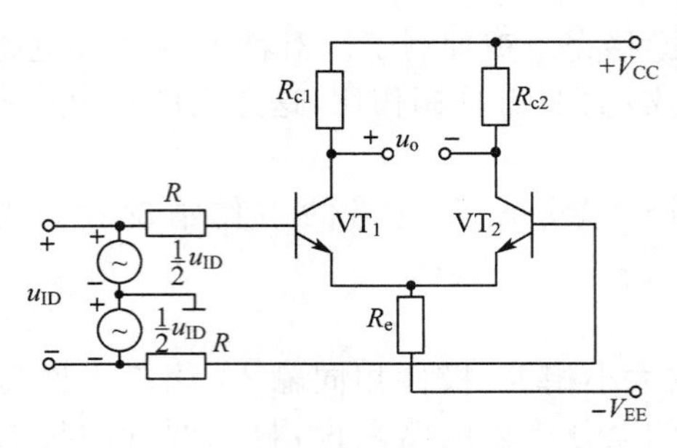

图 4.5.2　长尾式差分放大电路

两端的直流压降，使电路获得合适的静态工作点。

2. 静态分析

当 $u_{ID}=0$ 时，由于电路结构对称，因此 $I_{BQ1}=I_{BQ2}=I_{BQ}$，$I_{CQ1}=I_{CQ2}=I_{CQ}$，$U_{BEQ1}=U_{BEQ2}=U_{BEQ}$，$U_{CQ1}=U_{CQ2}=U_{CQ}$，$\beta_1=\beta_2=\beta$

$I_{BQ}R+U_{BEQ}+2I_{EQ}R_e=V_{EE}$

则

$$I_{BQ}=\frac{V_{EE}-U_{BEQ}}{R+2(1+\beta)R_e}\approx\frac{V_{EE}}{2\beta R_e}$$

（由于实际电路中 $V_{EE}\gg U_{BEQ}$，$2(1+\beta)\gg R$，$\beta\gg 1$）

$$I_{CQ}\approx\beta I_{BQ}$$

$$U_{CQ}=V_{CC}-I_{CQ}R_C$$

$$U_{BQ}=-I_{BQ}R$$

3. 动态分析

R_e 对差模交流信号不起作用，负载电阻中间点是差模交流信号的交流接地零点。将其交流信号通路画出，如图 4.5.3 所示。该电路沿虚线左右对称，左右两边分别是一个共发射极放大电路。并且该虚线与电路的交点均是差模交流信号零点。

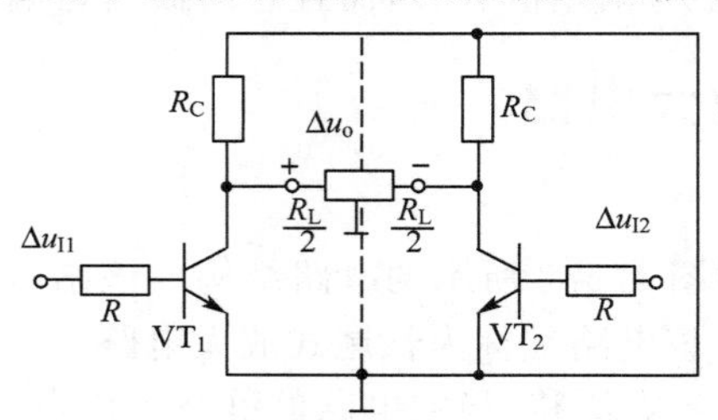

图 4.5.3　长尾型交流通路电路图

故左右两边电路的放大倍数分别为：$A_{o1}=-\dfrac{\beta(R_C\,/\!/\,\frac{1}{2}R_L)}{R+r_{be}}$，

$A_{o2}=-\dfrac{\beta(R_C\,/\!/\,\frac{1}{2}R_L)}{R+r_{be}}$；

各个管子各驱动负载电阻的一半，故采用双端输入双端输出，差模放大电路的电压放大倍数：$A_o=-\dfrac{\beta(R_C /\!/ \frac{1}{2}R_L)}{R+r_{be}}$。

两输入端之间的差模输入电阻为 $r_i=2(R+r_{be})$

两集电极之间的差模输出电阻为 $r_o=2R_C$

根据输入、输出分别可以采用单端、双端的连接方式，可以构成四种组合方式，其中电路形式的参数性能指标总结如表 4.5.1 所示。

表 4.5.1 四种差分放大电路的性能参数比较

输入方式	双端		单端	
输出方式	双端	单端	双端	单端
差模放大倍数	$-\dfrac{\beta(R_C /\!/ \frac{1}{2}R_L)}{R+r_{be}}$	$\pm\dfrac{\beta(R_C /\!/ \frac{1}{2}R_L)}{2(R+r_{be})}$	$-\dfrac{\beta(R_C /\!/ \frac{1}{2}R_L)}{R+r_{be}}$	$\pm\dfrac{\beta(R_C /\!/ \frac{1}{2}R_L)}{R+r_{be}}$
差模输入电阻	$2(R+r_{be})$		$2(R+r_{be})$	
差模输出电阻	$2R_C$	R_C	$2R_C$	R_C

4. 共模抑制比

对差分放大电路来说，差模信号是有用信号，要求对它有较大的放大倍数；而共模信号是需要抑制的，因此对它的放大倍数要越小越好。对共模信号的放大倍数越小，就意味着零点漂移越小，抗共模干扰能力越强，当用作比较放大时，就越能准确、灵敏地反映出信号的偏差值。为了全面衡量差分放大电路放大差模信号和抑制共模信号的能力，通常用共模抑制比衡量。其定义为放大电路对差模信号的放大倍数和对共模信号的放大倍数之比，常用对数形式来表征，其表示单位为分贝(dB)。

$$K_{CMR}=20\lg\left|\frac{A_d}{A_c}\right|$$

显然，共模抑制比越大，差分放大电路分辨所需要的差模信号的能力越强，而受共模信号的影响越小。理想情况下，对于双端输出差分电路，若电路完全对称，则 $A_c=0$，$K_{CMR}\rightarrow\infty$。实际上，电路不可能完全对称，共模抑制比不可能趋于无穷大。提高双端输出差分放大电路共模抑制比常见方法为：一是使电路尽量对称；二是尽量增大共模抑制比电阻值。对于单端输出的差分电路来说，主要的手段只能是加强共模抑制电阻的作用。

本章小结

1. 对电信号放大的电路，其实质是用小信号实现能量的控制。在电路中电源提供能量，由输入的小信号控制电源输出较大的能量，然后推动负载。利用三极管实现这种小能量的控制作用就是放大作用。

2. 放大电路的性能指标主要有放大倍数、输入电阻和输出电阻等。放大倍数是衡量放大能力的指标，输入电阻是衡量放大电路对信号源影响的指标，输出电阻则是反映放大电路带负载能力的指标。

3. 由晶体三极管组成的基本单元放大电路有共射、共集和共基三种基本组态。共发射极放大电路输出电压与输入电压反相，输入电阻和输出电阻大小适中。由于它的电压、电流、功率放大倍数都比较大，适用于一般放大或多级放大电路的中间级。共集电极电路的输出电压与输入电压同相，电压放大倍数小于 1 而近似等于 1，但它具有输入电阻高、输出电阻低的特点，多用于多级放大电路的输入级或输出级。共基极放大电路输出电压与输入电压同相，电压放大倍数较高，输入电阻很小而输出电阻比较大，它适用于高频或宽带放大。放大电路性能指标的分析主要采用微变等效分析电路。

4. 差分放大电路也是被广泛使用的基本单元电路，它对差模信号具有较强的放大能力，对共模信号具有很强的抑制作用，即差分放大电路可以消除温度变化、电源波动、外界干扰等具有共模特征的信号引起的输出误差电压。差分放大电路的主要性能指标有差模电压放大倍数、差模输入和输出电阻、共模抑制比等。

5. 差分放大电路的输入、输出连接方式有四种，可根据输入信号源和负载电路灵活应用。单端输入和双端输入方式虽然接法不同，但性能指标相同。单端输出差分放大电路性能比双端输出差，差模电压放大倍数仅为双端输出的一半，共模抑制比下降。根据单端输出电压取出位置的不同，有同相输出和反相输出之分。

习题四

1. 放大电路如图 4-1 所示，已知 $R_S=510\ \Omega$，$R_{B1}=40\ k\Omega$，$R_{B2}=10\ k\Omega$，$R_{E1}=100\ k\Omega$，$R_{E2}=1\ k\Omega$，$R_C=3\ k\Omega$，$R_L=4.7\ k\Omega$，硅材料三极管 $\beta=100$，试：(1) 画出该电路的直流通路并计算静态工作点 I_{CQ}、I_{EQ}、U_{CEQ}；(2) 画出微变等效交流通路，求解电压放大倍数、输入电阻以及输出电阻。

2. 放大电路如图 4-2 所示，已知 $R_{B1}=R_{B2}=100\ k\Omega$，$R_C=3.9\ k\Omega$，$R_L=10\ k\Omega$，硅材料三极管 $\beta=80$，设备电容对交流的容抗近似为零。试：(1) 画出该电路的直流通路，并求 I_{CQ}、I_{EQ}、U_{CEQ}；(2) 画出交流通路及微变等效电路，求 A_u、R_i、R_o。

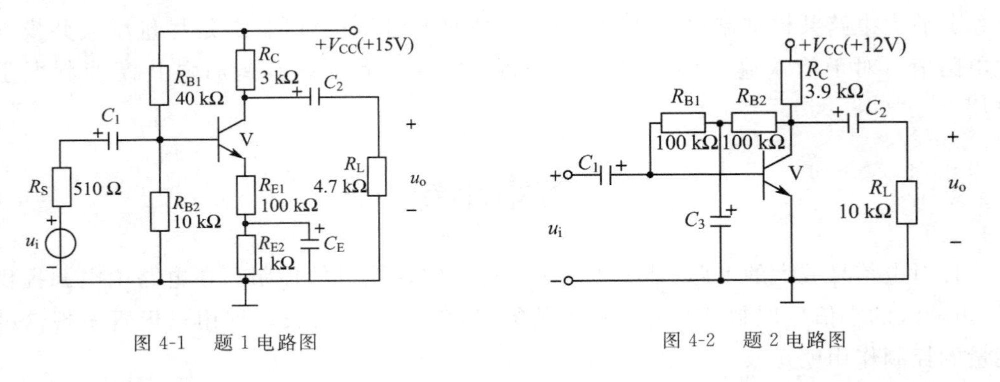

图 4-1　题 1 电路图　　　　图 4-2　题 2 电路图

3. 共集电极放大电路如图 4-3 所示，已知三极管 $\beta=100$，试：(1) 估算静态工作点 I_{CQ}、U_{CEQ}；(2) 求 A_u 和输入电阻 R_i；(3) 若信号源内阻 $R_S=1\ k\Omega$、$u_S=2\ V$，求输出电压 u_o 和

输出电阻 R_o 的大小。

4. 电路如图 4-4 所示，已知硅晶体管的 $\beta_1=\beta_2=100$，试求：(1) 两个晶体管的静态工作点；(2) 差模电压放大倍数 A_{ud}；(3) 差模输入电阻 R_{id} 和输出电阻 R_o。

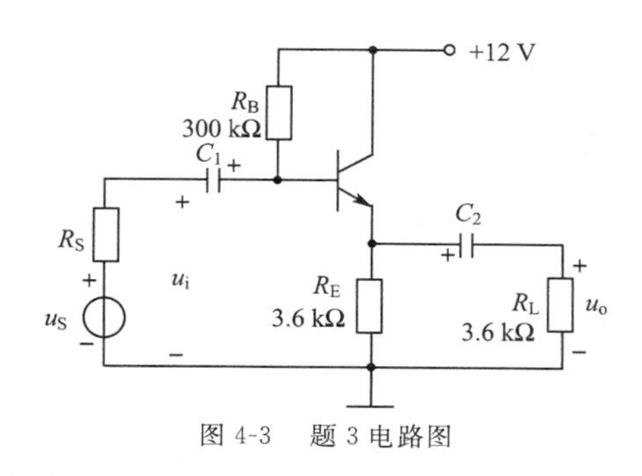

图 4-3　题 3 电路图

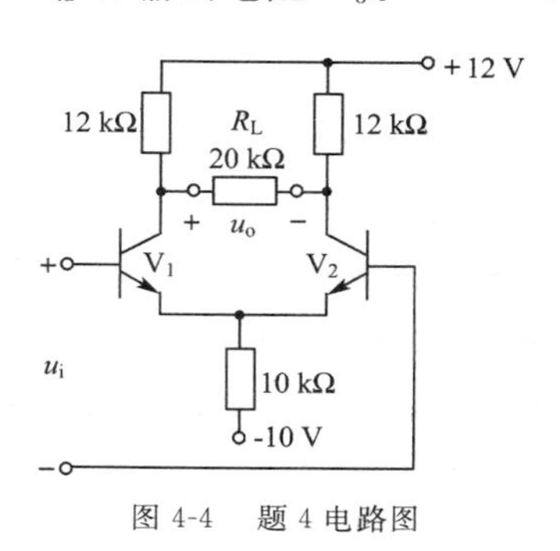

图 4-4　题 4 电路图

第5章 集成运算放大器

本 章 提 要

本章首先介绍了集成运算放大器的基本概念及其基本特点、基本参数、理想运放的分析依据;然后介绍了反馈的基本概念,讨论了反馈的各种类型以及它们的判断方法,电路的各种反馈组态以及它们对电路性能的影响;最后在前面介绍的基础上讨论运放构成的各种运算电路。

三极管构成的分立元件电路,就是由各种单个元件连接起来的电子电路。集成电路是相对于分立电路而言的,就是把整个电路的各个元件以及它们之间的连接集成在一块半导体芯片上,组成一个不可分割的整体。近年来,集成电路正在逐渐取代分立元件电路,实现了材料、元件和电路的统一。它与分立元件电路相比,体积更小,重量更轻,功耗更低,可靠性好,价格便宜。因此集成电路的问世,是电子技术的一个新的飞跃,进入了微电子学时代,从而促进了各个科学技术领域先进技术的发展。

根据集成度大小,集成电路可分为小规模 SSI(Small Scale Integration)、中规模 MSI(Medium Scale Integration)、大规模 LSI(Large Scale Integration)和超大规模 VLSI(Very Large Scale Integration)。目前的超大规模集成电路每块芯片上可集成上亿个元件,而芯片仅有几十平方毫米。根据电路类型,有双极型、单极型(场效应管)和两者兼容的。就功能而言,有数字集成电路和模拟集成电路,而后者又有集成运算放大器、集成功率放大器、集成稳压电源和集成数模与数模转换器等许多种类。

5.1 集成运算放大器简介

运算放大器是具有开环高放大倍数并带有深度负反馈的多级直接耦合放大电路。它首先应用于模拟电子计算机上,作为基本运算单元,完成加减、积分、微分和乘除等数学运算。早期的运算放大器是由电子管组成的,后来被晶体管分立元件运算放大器取代。随着半导体集成工艺的发展,使运算放大器的应用远远超出模拟计算机的范围,在信号运算、信号处理、信号测量及波形产生等方面都获得广泛应用。

集成运算放大器的特点与其制造工艺是紧密相关的,主要有以下几点:

1. 在集成电路工艺中很难制造大容量的电容元件。制造 200 pF 以上的电容比较困难,性能也很不稳定,因此在集成电路中要尽量不使用电容元件。各级放大器之间采用直接耦合来适合集成化的要求。在必须使用电容器的场合,大多采用外接的方法。

2. 运算放大器的输入级都采用差动放大电路,它要求两管的性能相同。在集成电路中的各个晶体管是同一工艺过程制作在同一硅片上的,容易获得特性相近的差分对管。由于管子在同一硅片上,温度性能基本保持一致,故容易制成温度漂移很小的运算放大器。

3. 在集成电路中工艺较适合的电阻为 30 kΩ 以下。高阻值的电阻成本高，体积大，阻值偏差大，故集成运算放大器中常用晶体管恒流源代替电阻。直流高阻值电阻常采用外接方式实现。

4. 集成电路中的二极管都采用晶体三极管代替。

5.1.1　集成运算放大器的结构、管脚和主要技术参数

1. 集成运算放大器的结构

集成运算放大器的电路常分为输入级、中间级、输出级和偏置电路四个基本部分，如图 5.1.1 所示。

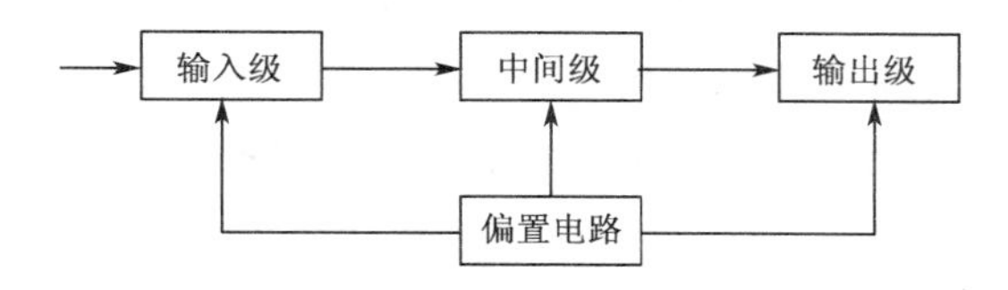

图 5.1.1　运算放大器的方框图

输入级对运算放大器品质是很关键的，要求输入电阻高，能减少零点漂移以及抑制信号干扰。大多采用差动放大电路，它有同相和反相两个输入端。中间级主要进行电压放大，要求高电压放大倍数，一般采用共发射极放大电路。

输出级连接负载，要求电阻低，带负载能力强，输出足够大的电压和电流，一般由互补对称电路或射极输出器组成。

偏置电路的作用是为各级电路提供稳定合适的偏置电流，稳定各级的静态工作点，一般由各种恒流源电路构成。

2. 集成运算放大器的管脚

使用集成运算放大器时，要了解它的管脚的用途以及放大器的主要参数，对于它的内部电路结构一般不需要研究。集成运算放大器习惯用如图 5.1.2 所示的符号来表示。

图 5.1.3 所示的 F007 运算放大器有 7 个管脚，其功能分别为：

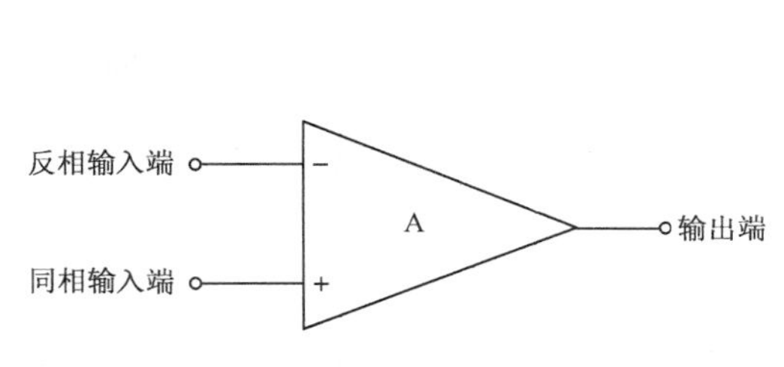

图 5.1.2　运算放大器电气符号

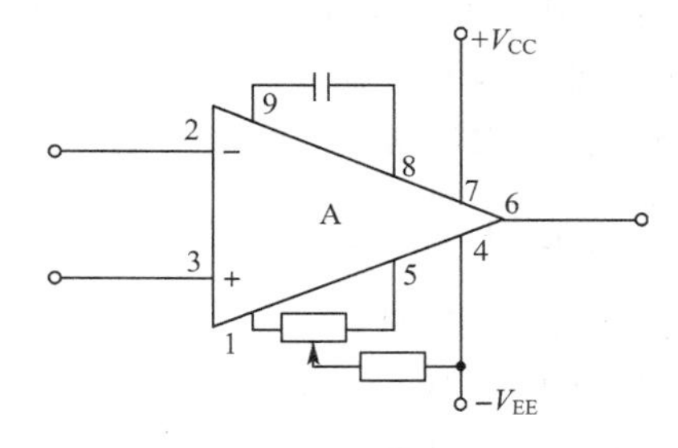

图 5.1.3　F007 集成芯片管脚示意图

管脚 2 为反相输入端，从此端接输入信号，则输出信号和输入信号两者极性相反。

管脚 3 为同相输入端，从此端接输入信号，则输出信号和输入信号两者极性相同。

管脚 4 为负电源端，接 −15 V 稳压电源。

管脚7为正电源端，接+15 V稳压电源。

管脚6为输出端。

管脚1和5通常外接10 kΩ调零电位器。

管脚8和9通常接30 pF的校正电容。

常见的集成运算放大器的封装有双列直插式、圆壳式和扁平式，如图5.1.4所示。

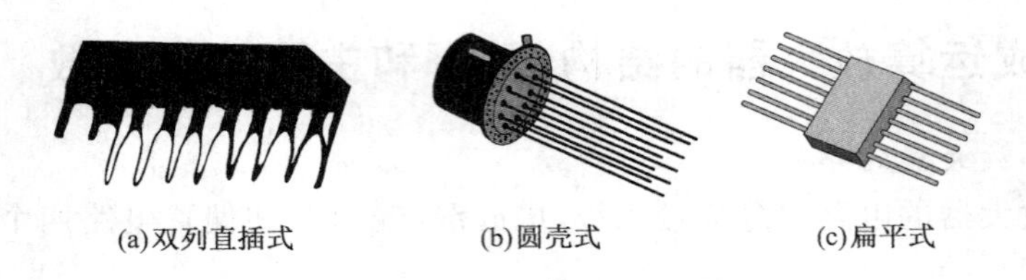

图5.1.4 常见集成运放的封装

3. 集成运算放大器的主要技术参数

集成运算放大器的性能由一些技术参数表示，常用的技术参数有以下几个：

(1) 最大输出电压 U_{opp}

能使输出电压和输入电压保持不失真关系的最大输出电压，称为运算放大器的最大输出电压。F007集成运算放大器的最大输出电压约为±13 V。

(2) 开环电压放大倍数 A_{od}

在没有外接反馈电路时测量出的差模电压放大倍数，称为开环电压放大倍数。A_{od} 越高，所构成的运算电路越稳定，运算精度也越高。A_{od} 一般为 $10^4 \sim 10^7$，即 80 ~ 140 dB。

(3) 输入失调电压 U_{IO}

理想的运算放大器，当输入电压 $u_{i1}=u_{i2}=0$ 时，输出电压 $u_o=0$。但实际上，由于制造中元件参数不对称性等原因，当输入电压为零时，$u_o \neq 0$。反之，如果要使 $u_o=0$，必须在输入端加一个很小的补偿电压，它就是输入失调电压 U_{IO}。U_{IO} 一般为几毫伏，显然它越小越好。

(4) 输入失调电流 I_{IO}

输入失调电流是指输入信号为零时，两个输入端静态基极电流之差，即 $I_{IO}=|I_{B1}-I_{B2}|$。I_{IO} 一般在零点零几微安级，其值愈小愈好。

(5) 输入偏置电流 I_{IB}

输入信号为零时，两个输入端静态基极电流的平均值，称为输入偏置电流，即 $I_{IB}=\frac{I_{B1}+I_{B2}}{2}$。它的大小主要与输入端第一级晶体管的性能有关。这个电流也是愈小愈好，一般在零点几毫安级。

(6) 共模输入电压范围 U_{ICM}

表示集成运放输入端所能承受的最大共模电压，若超出这个电压，其共模抑制性能就大大下降，甚至造成器件损坏。

(7) 差模输入电阻 r_{id}

表示差模输入电压 U_{ID} 与相应的输入电流 I_{ID} 的变化量之比，$r_{id}=\frac{\Delta U_{ID}}{\Delta I_{ID}}$，用来衡量运

放向信号源索取电流的大小。一般的运放差模输入电阻为几兆欧，场效应管的输入极可达 106 MΩ。

(8) 共模抑制比 K_{CMR}

表示开环差模电压增益与开环共模电压增益之比，一般用对数表示，即：$K_{CMR}=20\lg\left|\frac{A_{od}}{A_{oc}}\right|$，衡量运放抑制温漂的能力。大多运放的 K_{CMR} 在 80 dB 以上，高质量的可达160 dB。

总之，集成运算放大器具有开环电压放大倍数高、输入电阻高(约几百千欧)、输出电阻低(约几百欧)、漂移小、可靠性高和体积小等主要特点，已成为一种通用器件，广泛灵活地应用在各种技术领域。在选用集成运算放大器时，就像选用其他电路元件一样，要根据它们的参数说明，选用适当的型号。

5.1.2　理想运算放大器及其分析依据

在分析运算放大器时，一般可将它看成是一个理想运算放大器。理想化的条件主要是：

开环电压放大倍数 $A_{od}\rightarrow\infty$；

差模输入电阻 $r_{id}\rightarrow\infty$；

开环输出电阻 $r_o\rightarrow 0$；

共模抑制比 $K_{CMR}\rightarrow\infty$。

由于实际运算放大器的技术指标接近理想化的条件，因此在分析时用理想运算放大器就使分析过程大大简化。图 5.1.5 是理想运算放大器的中国国家标准的图形符号。它有两个输入端和一个输出端。反相输入端标上“－”号，同相输入端和输出端标上“＋”号。它们对“地”的电压(即各端的电位)分别用 u_-、u_+、u_o 表示。“∞”表示开环电压放大倍数的理想化条件。

如图 5.1.6 所示的特性曲线表示输出电压与输入电压之间关系的传输特性，可分为线性区和饱和区。

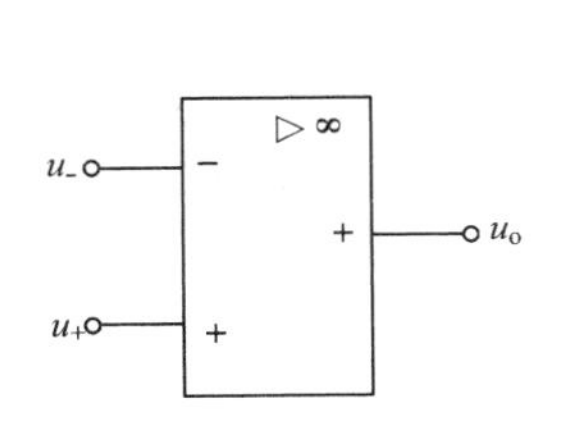

图 5.1.5　运算放大器中国国标符号

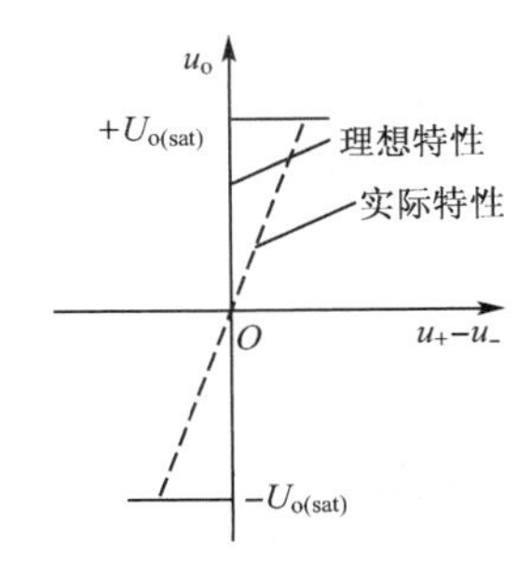

图 5.1.6　运算放大器的传输特性

当运算放大器工作在线性区时，u_o 和(u_+-u_-)是线性关系，即 $u_o=A_{od}(u_+-u_-)$，运算放大器是一个线性放大元件。由于运算放大器的开环电压放大倍数 A_{od} 很高，即使输入毫伏级以下的信号，也足以使输出电压饱和，其饱和值 $+U_{o(sat)}$ 或 $-U_{o(sat)}$ 达到接近正电源电压或负电源电压值，由于干扰，工作很难稳定。所以，要使运算放大器工作在线性区，通常引入深度电压负反馈。

运算放大器工作在线性区时，理想化分析依据：

(1) 由于运算放大器的差模输入电阻 $r_{id} \to \infty$，故可认为两个输入端的输入电流为零，好像两个输入端断开一样，称为虚假断路，简称虚断。

(2) 由于运算放大器的开环电压放大倍数 $A_{od} \to \infty$，而输出电压是一个有限的数值，由 $u_o = A_{od}(u_+ - u_-)$ 可知，$u_+ - u_- = \frac{u_o}{A_{od}} \approx 0$ 即：$u_+ \approx u_-$（同相输入端与反相输入端电位近似相等），也即同相端与反相端好像短路联结，称为虚假短路，简称虚短。特殊地，如果反相端有输入时，同相端接“地”，即 $u_+ = 0$，由上式可知，$u_- \approx 0$。好像反相端与地短接了，称为虚假接地，简称虚地。

运算放大器工作在饱和区时，输出电压 u_o 只有两种可能，或等于 $+U_{o(sat)}$，或等于 $-U_{o(sat)}$，而 u_+ 与 u_- 不一定相等：

当 $u_+ > u_-$ 时，$u_o = +U_{o(sat)}$；

当 $u_+ < u_-$ 时，$u_o = -U_{o(sat)}$。

此外，运算放大器工作在饱和区时，两个输入端的输入电流也等于零。

5.2 反馈

反馈在电子技术中得到广泛的应用。在电子设备中经常采用反馈的方法来改善电路的性能，以达到预定的指标。

5.2.1 反馈的概念与分类

放大电路中的反馈，是指将放大电路输出电量（输出电压或输出电流）的一部分或全部，通过一定的方式，反向送回输入回路中，与原输入信号相叠（与原信号相加或者相减）后，得到净输入量加入输入端，如图 5.2.1 所示。

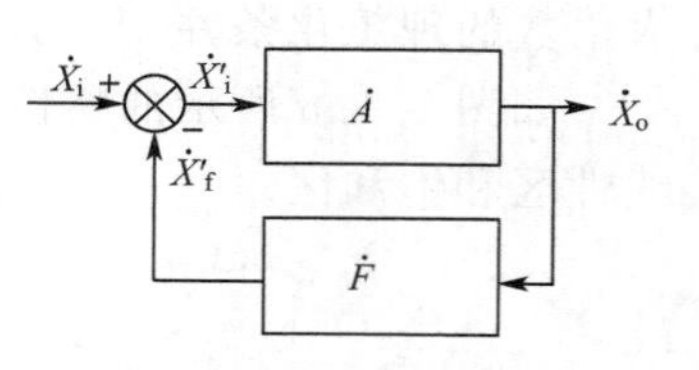

图 5.2.1 反馈放大电路方框图

1. 正反馈和负反馈

根据反馈的效果可以区分反馈的极性，使放大电路净输入量增大的反馈称为正反馈，使放大电路净输入量减小的反馈称为负反馈。由于反馈的结果影响了净输入量，因而必然影响输出量。故也可根据输出量的变化来区分反馈的极性，反馈的结果使输出量的变化增大的为正反馈，使输出量的变化减小的为负反馈。

利用瞬时极性法判断反馈的极性：首先假定某一瞬间输入信号的极性，然后按信号的放大过程，逐级推出输出信号的瞬时极性，最后根据反馈回输入端的信号对原输入信号的作用，判断出反馈的极性。

以图 5.2.2 为例说明瞬时极性法判断反馈的极性。图 5.2.2(a) 中，首先假设反相输入端的瞬时极性为正，则同相输入端瞬时极性为负；输出端 u_o 的瞬时极性为负，电阻 R_2 与 R_3 串联分压 u_o，电阻 R_3 上的分压 u_F 与 u_o 的瞬时极性相同也为负，该电压反馈到同相输入端瞬时极性为负，即反馈信号与输入信号瞬时极性相同，故该电路中的反馈为正反馈。图 5.2.2(b) 中，首先假设同相输入端瞬时极性为正，则反相输入端的瞬时极性为负，输出端的瞬时极性为正，同理，瞬时极性为正的电压 u_F 反馈到反相输入端，即反馈信号与原输入信号瞬时极性相反，故该电路中的反馈为负反馈。

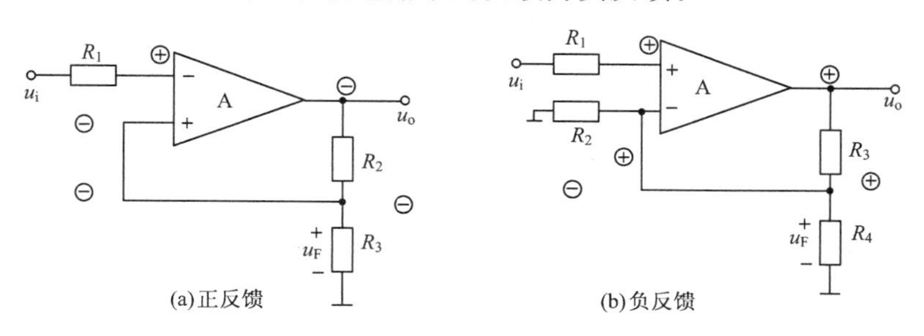

图 5.2.2　反馈极性的判断

结论：在集成运放构成的电路中，反馈信号引回到同相输入端的反馈一般均为正反馈，引回到反相输入端的反馈一般均为负反馈。

2. 直流反馈和交流反馈

如果反馈量只含有直流量，则称为直流反馈；如果反馈量只含有交流量，则称为交流反馈。在很多电路中常常是二者均有。

下面以图 5.2.3 为例说明判断是交流反馈还是直流反馈的方法。图 5.2.3(a) 中的反馈电阻 R_F 从第二级放大电路的发射极引到第一级放大电路的基极，同时第二级放大电路的发射极有一电容 C_E 接地，交流信号通过该电容到地，反馈不到输入端，故该反馈为直流反馈。图 5.2.3(b) 的反馈网络中串接电容 C_F，支路信号反馈不到输入端，故该反馈为交流反馈。

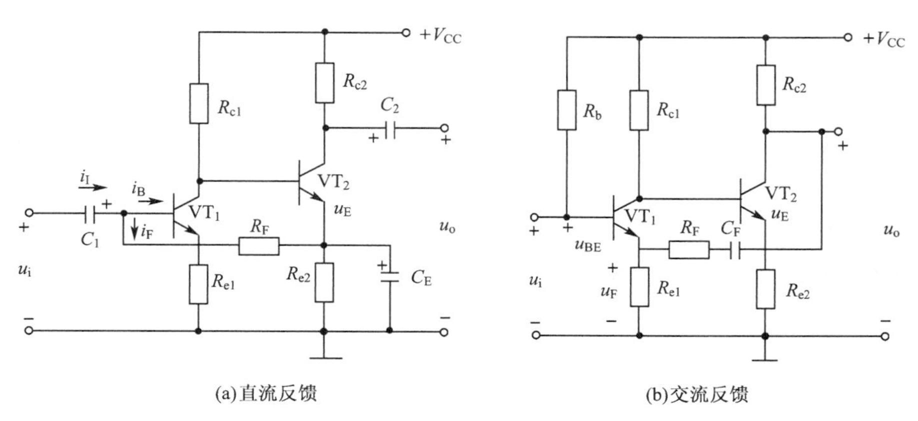

图 5.2.3　直流反馈和交流反馈电路

结论：判断是直流反馈还是交流反馈，主要看电容的连接形式。电容串接在反馈网络中的反馈为交流反馈，若有电容跨接在地与反馈信号之间，则为直流反馈。

3. 电压反馈和电流反馈

如果反馈信号取自输出电压，则为电压反馈。电压负反馈的反馈信号与输出电压成比例。反馈信号取自输出电流，则为电流反馈。电流负反馈的反馈信号与输出电流成比例。

判断方法：假设将输出端短路，如果反馈信号消失，则为电压反馈；否则为电流反馈。在如图 5.2.3(a) 所示的电路若将输出端短路，则反馈信号仍然存在，故该反馈为电流反馈；图 5.2.3(b) 所示的电路若将输出端短路，则反馈信号消失，故该反馈为电压反馈。

4. 串联反馈和并联反馈

反馈信号与输入信号在输入回路中以电压形式求和，为串联反馈；如果二者以电流形式求和，为并联反馈。

判断方法：将输入信号接地，如果反馈信号也接地了，则为电流反馈，反之为电压反馈。如图 5.2.3(a)，将输入信号接地，则反馈信号也接地了，故该反馈为电流反馈；图 5.2.3(b)，将输入信号接地，反馈信号仍然加载在输入端，故该反馈为电压反馈。

5.2.2 负反馈

1. 负反馈的组态

(1) 电压串联负反馈电路

在如图 5.2.4 所示的电路中，将输出电压的全部作为反馈电压，而大多数这种反馈电路均采用电阻分压的方式将输出电压的一部分作为反馈电压。由图可知，反馈量：

$$\dot{U}_f = \frac{R_1}{R_1 + R_F}\dot{U}_o$$

表明反馈量取自输出电压，且正比于输出电压，并将与输入电压求差后放大，故放大电路引入了电压串联负反馈。

(2) 电流串联负反馈电路

在如图 5.2.5 所示电路中，反馈信号与输出电流成正比，净输入电压等于外加输入信号与反馈信号之差，即：

$$\dot{U}'_i = \dot{U}_i - \dot{U}_f \qquad \dot{U}_f = \dot{I}_o R_F$$

表明反馈量取自于输出电流，且转换为反馈电压，并将反馈电压与输入电压求差后放大，故该电路引入了电流串联负反馈。

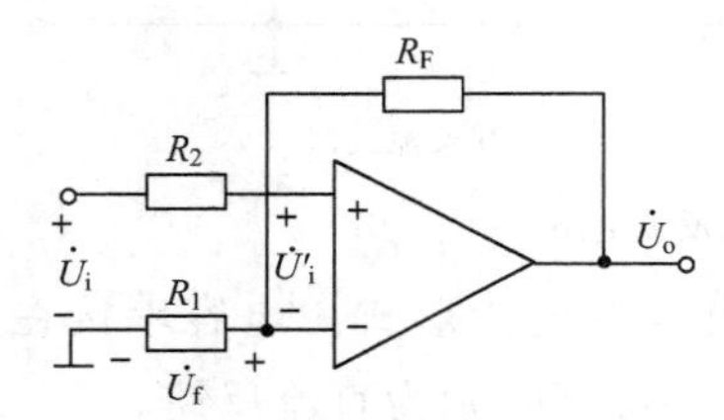

图 5.2.4 电压串联负反馈电路

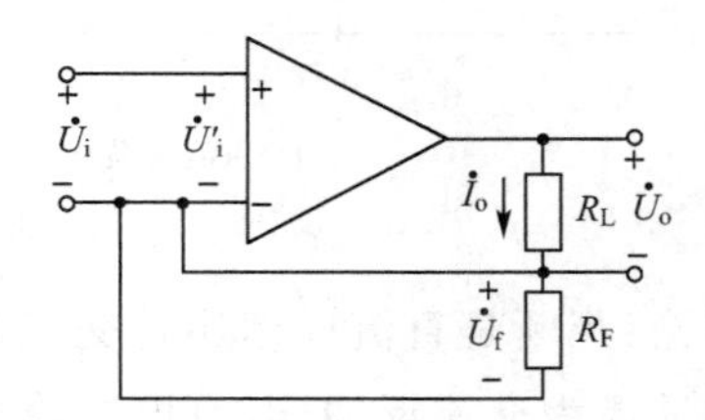

图 5.2.5 电流串联负反馈电路

(3) 电压并联负反馈电路

在如图 5.2.6 所示电路中，反馈信号与输出电压成正比，净输入电流等于外加输入电流与反馈电流之差，即：

$$\dot{I}_i' = \dot{I}_i - \dot{I}_f \qquad \dot{I}_f \approx -\frac{\dot{U}_o}{R_F}$$

表明反馈量取自输出电压，且转换成反馈电流，并与输入电流求差后放大，因而电路引入了电压并联负反馈。

(4) 电流并联负反馈电路

在如图 5.2.7 所示电路中，反馈信号与输出电流成正比，净输入电流等于外加输入信号与反馈信号之差，即：

$$\dot{I}_i' = I_i - \dot{I}_f$$

表明反馈信号取自输出电流，且转换成反馈电流，并与输入电流求差后放大，因而电路引入了电流并联负反馈。

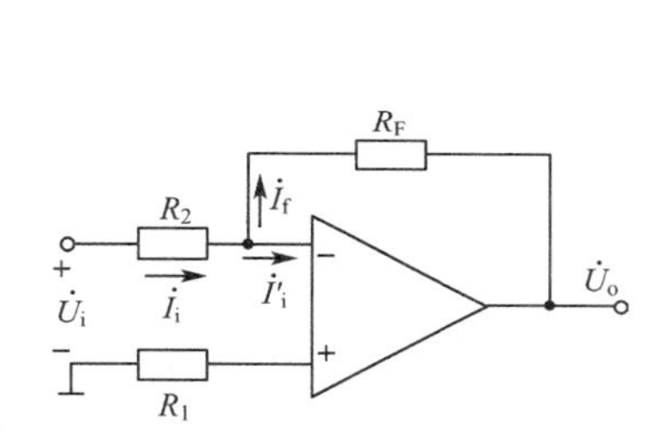

图 5.2.6　电压并联负反馈电路

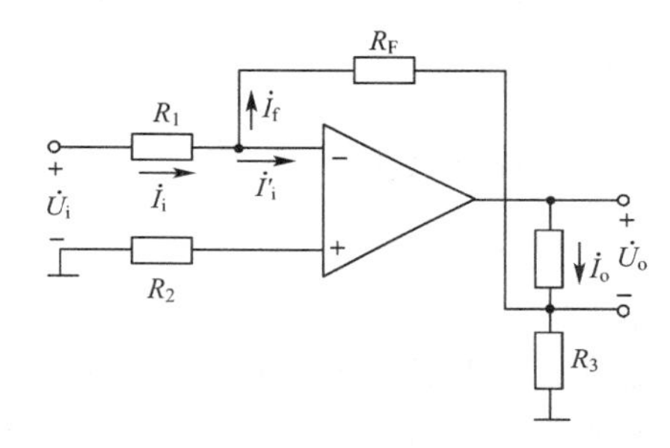

图 5.2.7　电流并联负反馈电路

2. 负反馈对放大电路性能的影响

(1) 反馈的一般表达式。

如图 5.2.1 所示电路中，$\dot{X}_i$,$\dot{X}_o$,$\dot{X}_f$ 分别为输入信号、输出信号和反馈信号；开环放大倍数 $\dot{A}$ 即为无反馈时放大网络的放大倍数，则由 $\dot{A}=\frac{\dot{X}_o}{\dot{X}_i'}$，$\dot{F}=\frac{\dot{X}_f}{\dot{X}_o}$，$\dot{X}_i'=\dot{X}_i-\dot{X}_f$

得：$$\dot{X}_o=\dot{A}\dot{X}_i'=\dot{A}(\dot{X}_i-\dot{X}_f)=\dot{A}(\dot{X}_i-\dot{F}\dot{X}_o)$$

所以闭环放大倍数 $\dot{A}_f=\frac{\dot{X}_o}{\dot{X}_i}=\frac{\dot{A}}{1+\dot{A}\dot{F}}$。

把 $1+\dot{A}\dot{F}$ 定义为反馈深度，表示引入反馈后，放大电路的放大倍数与无反馈时相比所变化的倍数。$|1+\dot{A}\dot{F}|<1$ 时为正反馈，$|1+\dot{A}\dot{F}|>1$ 时为负反馈，当 $1+\dot{A}\dot{F}\gg 1$ 时，称为深度负反馈。

(2) 当 $\dot{A}>\dot{A}_f$ 时，引入了负反馈，降低了放大电路的放大倍数，但是其放大倍数的稳定性和抗干扰性提高了 $1+\dot{A}\dot{F}$ 倍，减小了非线性失真，其通频带宽度拓宽了 $1+\dot{A}\dot{F}$ 倍。

(3) 改变输入电阻和输出电阻。不同类型的负反馈，对输入电阻、输出电阻的影响不同。

① 引入串联负反馈后，输入电阻增大为无反馈时的 $1+\dot{A}\dot{F}$ 倍。

② 引入并联负反馈后，输入电阻减小为无负反馈时的 $1/(1+\dot{A}\dot{F})$。

③ 引入电压负反馈后，放大电路的输出电阻减小到无反馈时的 $1/(1+\dot{A}\dot{F})$。

④ 引入电流负反馈后，放大电路的输出电阻增大到无反馈时的 $1+\dot{A}\dot{F}$ 倍。

也可以将四种负反馈组态对输入输出电阻的影响总结如表 5.2.1 所示。

表 5.2.1　四种负反馈组态与对应的输入输出电阻的变化

	串联电压	串联电流	并联电压	并联电流
r_{in}	增高	增高	减小	减小
r_o	减小	增高	减小	增高

5.3　运算放大器的应用

运算放大器能完成比例、加减、积分与微分、对数与反对数以及乘除等运算，本书只介绍前面几种。

5.3.1　比例运算电路

1. 反相比例运算电路

输入信号从反相输入端输入的运算，就是反相比例运算。图 5.3.1 所示是反相比例运算电路。输入信号 u_i 经输入端电阻 R_1 送到反相输入端，而同相输入端通过电阻 R_2 接地。反馈电阻 R_F 跨接在输出端和反相输入端之间。根据反馈类型判断可知：该电路为电压并联负反馈。依据理想运算放大器工作在线性区分析如下：

由于“虚断”，$i_+=i_-=0$；

由于“虚短”，$u_-=u_+=0$，即“虚地”。

在反相端，根据 KCL 可知：$i_1=i_F$

由图 5.3.1 可列出：

$$i_1=\frac{u_i-u_-}{R_1}=\frac{u_i}{R_1},\ i_F=\frac{u_--u_o}{R_F}=-\frac{u_o}{R_F},\ u_o=-\frac{R_F}{R_1}u_i,$$

故：该电路闭环电压放大倍数：$A_{uf}=\dfrac{u_o}{u_i}=-\dfrac{R_F}{R_1}$。

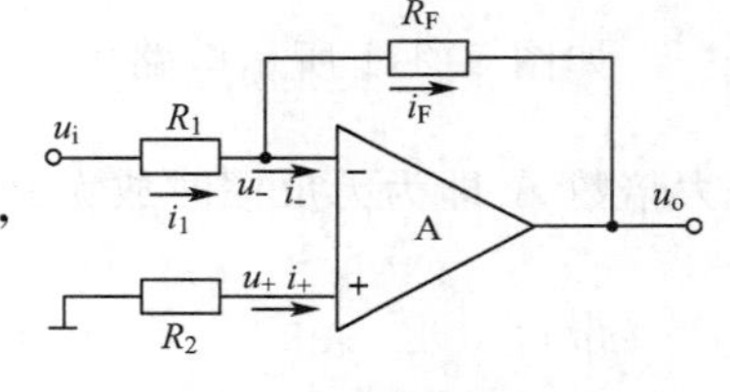

图 5.3.1　反相比例运算电路

该式表明，输入电压与输出电压是比例运算关系，或者说是比例放大的关系。如果 R_1 和 R_F 的阻值足够精确，而且运算放大器的开环电压放大倍数很高，就可以认为 u_o 与 u_i 间的关系只取决于 R_F 与 R_1 的比值而与运算放大器本身的参数无关。这就保证了比例运算的精度和稳定性。式中的负号表示 u_o 与 u_i 反相。

图中的 R_2 是一平衡电阻，$R_2=R_1 /\!/ R_F$，其作用是消除静态基极电流对输出电压的影响。

在图 5.3.1 中，若 $R_F=R_1$，则可得：

$u_o=-u_i$

$A_{uf}=\dfrac{u_o}{u_i}=-1$，即为反相器。

2. 同相比例运算电路

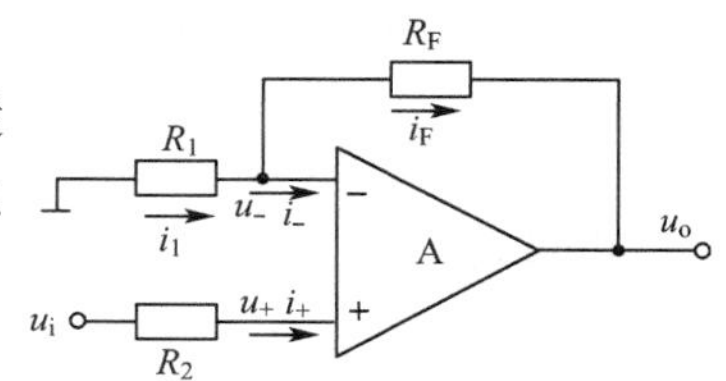

图 5.3.2　同相比例运算电路

输入信号从同相输入端引入的运算，即为同相比例运算。图 5.3.2 是同相比例运算电路，该电路为电压串联负反馈。根据理想运算放大器工作在线性区分析如下：

根据“虚短”和“虚断”的特点，可知：

$$u_- \approx u_+ = u_i \qquad i_+ = i_- = 0$$

根据 KCL 得：

$$i_1 \approx i_F$$

由图 5.3.2 可列出：

$$i_1 = \frac{0 - u_-}{R_1} = -\frac{u_i}{R_1}$$

$$i_F = \frac{u_- - u_o}{R_F} = \frac{u_i - u_o}{R_F}$$

则

$$u_o = \left(1 + \frac{R_F}{R_1}\right) u_i$$

故该电路的闭环电压放大倍数为：$A_{uf} = \frac{u_o}{u_i} = 1 + \frac{R_F}{R_1}$

可见 u_o 与 u_i 间的比例关系也可认为与运算放大器本身的参数无关，其精度和稳定性都很高。式中 A_{uf} 为正值，这表示 u_o 与 u_i 同相，并且 A_{uf} 总是大于或等于 1，不会小于 1，这点和反相比例运算不同。当 $R_1 = \infty$（断开）或 $R_F = 0$ 时，则满足

$$A_{uf} = \frac{u_o}{u_i} = 1$$

即为电压跟随器。

3. 差动比例运算电路

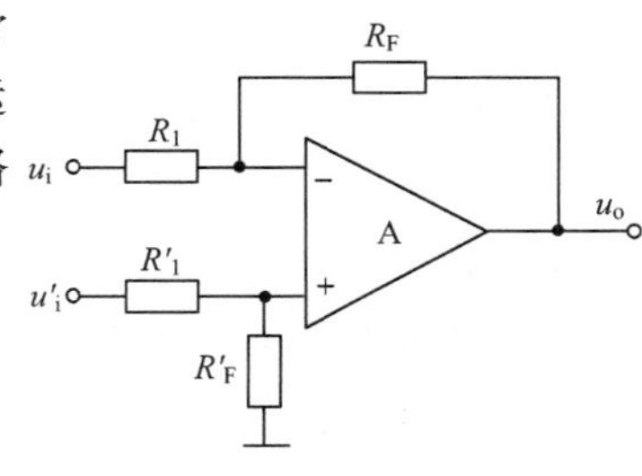

图 5.3.3　差动比例运算电路

如果两个输入端都有信号输入，则为差动输入。通常称为差动比例运算电路，在一定条件下可以构成减法运算。差动运算在测量和控制系统中应用很多，其运算电路如图 5.3.3 所示。

在理想条件下，由于“虚断”，可知：

$$i_+ = i_- = 0$$

$$u_+ = \frac{R'_F}{R'_1 + R'_F} u'_i$$

$$u_- = \frac{R_F}{R_1 + R_F} u_i + \frac{R_1}{R_1 + R_F} u_o$$

由于“虚短”，可知 $u_+ = u_-$

所以：$\frac{R_F}{R_1 + R_F} u_i + \frac{R_1}{R_1 + R_F} u_o = \frac{R'_F}{R'_1 + R'_F} u'_i$

当电路中电阻满足 $R_1 = R'_1$，$R_F = R'_F$ 时

则 $u_o = \frac{R_F}{R_1}(u'_i - u_i)$

由上两式知,输出电压 u_O 与两个输入电压的差值成正比,所以当 $R_F=R_1$ 时可实现减法运算,即:$u_o=u'_i-u_i$

也可得出电压放大倍数:$A_{uf}=\dfrac{u_o}{u'_i-u_i}=\dfrac{R_F}{R_1}$

试思考:根据5.3.1节中学习的两种比例放大运算电路的结论,利用叠加定理换一种分析过程。

5.3.2 加法运算电路

如果在反相输入端增加若干输入电压,则构成反相加法运算电路,如图5.3.4所示。由于"虚断",$i_-=0$,

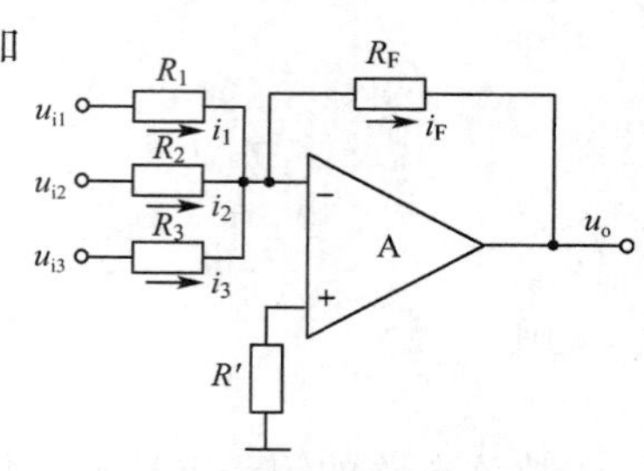

图 5.3.4 反相加法运算电路

根据KCL得:

$$i_1+i_2+i_3=i_F$$

由图可列出:

$$i_1=\frac{u_{i1}}{R_1},i_2=\frac{u_{i2}}{R_2},i_3=\frac{u_{i3}}{R_3}$$

$$i_F=\frac{0-u_o}{R_F}$$

由上列各式可得:

$$\frac{u_{i1}}{R_1}+\frac{u_{i2}}{R_2}+\frac{u_{i3}}{R_3}=-\frac{u_o}{R_F},\text{则}:u_o=-\left(\frac{R_F}{R_1}u_{i1}+\frac{R_F}{R_2}u_{i2}+\frac{R_F}{R_3}u_{i3}\right)$$

当 $R_1=R_2=R_3$ 时,则上式为

$$u_o=-\frac{R_F}{R_1}(u_{i1}+u_{i2}+u_{i3})$$

当 $R_1=R_F$ 时,则

$$u_o=-(u_{i1}+u_{i2}+u_{i3})$$

由上列三式可见,加法运算电路也与运算放大器本身的参数无关,只要电阻阻值足够精确,就可保证加法运算的精度和稳定性。

外围平衡电阻满足:$R'=R_1 // R_2 // R_3 // R_F$。

5.3.3 微积分运算

1. 积分运算电路

与反相比例运算电路相比,用电容 C_F 代替 R_F 作为反馈元件,就成为积分运算电路,如图5.3.5所示。

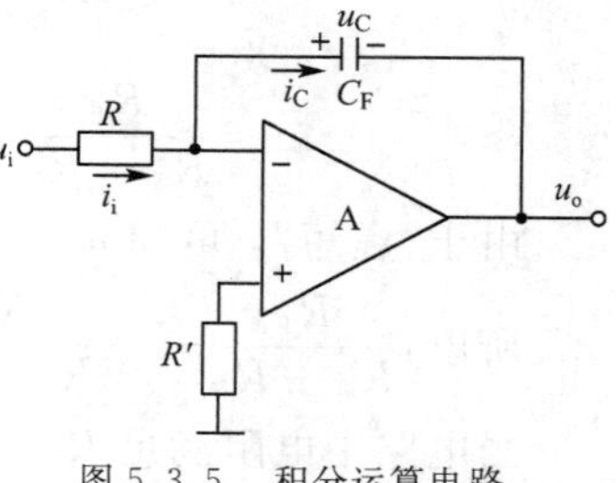

图 5.3.5 积分运算电路

由于"虚地",$u_-=0$,

故 $u_o=-u_C$;

又由于"虚断",$i_i=i_C$,

故 $u_i = i_i R = i_C R$；

$$u_o = -u_C = -\frac{1}{C}\int i_C \mathrm{d}t = -\frac{1}{RC}\int u_i \mathrm{d}t。$$

积分时间常数 $\tau = RC$。

2. 微分运算电路

微分运算是积分运算的逆运算，只需将反相输入端的电阻和反馈电容调换位置，就构成微分运算电路，如图 5.3.6 所示。

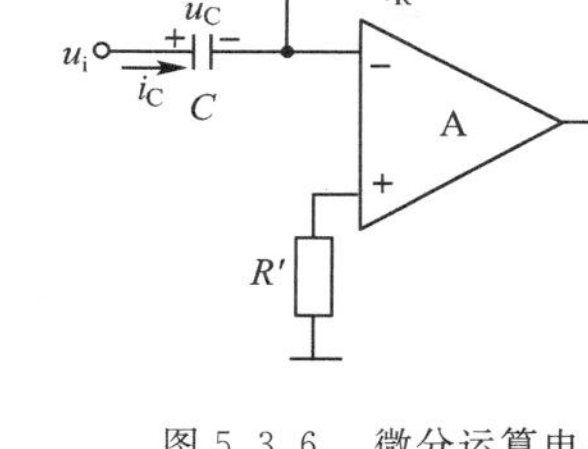

图 5.3.6　微分运算电路

由于“虚断”，$i_- = 0$，

故 $i_C = i_R$；

又由于“虚地”，$u_+ = u_- = 0$，

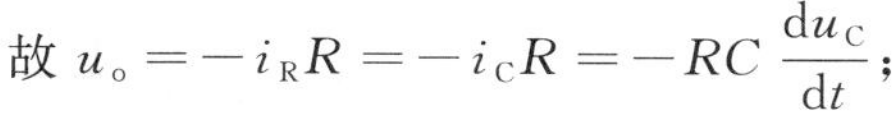
故 $u_o = -i_R R = -i_C R = -RC\dfrac{\mathrm{d}u_C}{\mathrm{d}t}$；

可见，输出电压正比于输入电压对时间的微分。

5.3.4　使用注意事项

1. 选用元件

集成运算放大器按其技术指标可分为通用型、高速型、高阻型、低功耗型、大功率型、高精度型等；按其内部电路可分为双极型（由晶体管组成）和单极型（由场效应管组成）；按每一集成片中运算放大器的数目可分为单运放、双运放和四运放。

通常是根据实际要求来选用运算放大器。如有些放大器的输入信号微弱，它的第一级应选用高输入电阻、高共模抑制比、高开环电压放大倍数、低失调电压及低温度漂移的运算放大器。选好后，根据管脚图和符号图连接外部电路，包括电源、外接偏置电阻、消振电路及调零电路等。

2. 消振

由于运算放大器内部晶体管的极间电容和其他寄生参数的影响，很容易产生自激振荡，破坏正常工作。为此，在使用时要注意消振。通常是外接 RC 消振电路或消振电容，用它来破坏产生自激振荡的条件。是否已消振，可将输入端接“地”，用示波器观察输出端有无自激振荡。目前由于集成工艺水平的提高，运算放大器内部已有消振元件，无须外部消振。

3. 调零

由于运算放大器的内部参数不可能完全对称，以致当输入信号为零时，仍有输出信号。为此，在使用时要外接调零电路。例如 F007 运算放大器，它的调零电路由 −15 V，1 kΩ 和调零电位器组成。先消振，再调零，调零时应将电路接成闭环。一种是在无输入时调零，即将两个输入端接“地”，调节调零电位器，使输出电压为零。另一种是在有输入时调零，即按已知输入信号电压计算输出电压，而后将实际值调整到计算值。

4. 保护

(1) 输入端保护

当输入端所加的差模或共模电压过高时会损坏输入端的晶体管。为此，在输入端接入反向并联的二极管，如图 5.3.7 所示，将输入电压限制在二极管的正向压降以下。

(2) 输出端保护

为了防止输出电压过大，可利用稳压管来保护，如图 5.3.8 所示，将两个稳压管反向串联，将输出电压限制在(U_Z+U_D)的范围内。U_Z 是稳压管的稳定电压，U_D 是它的正向压降。

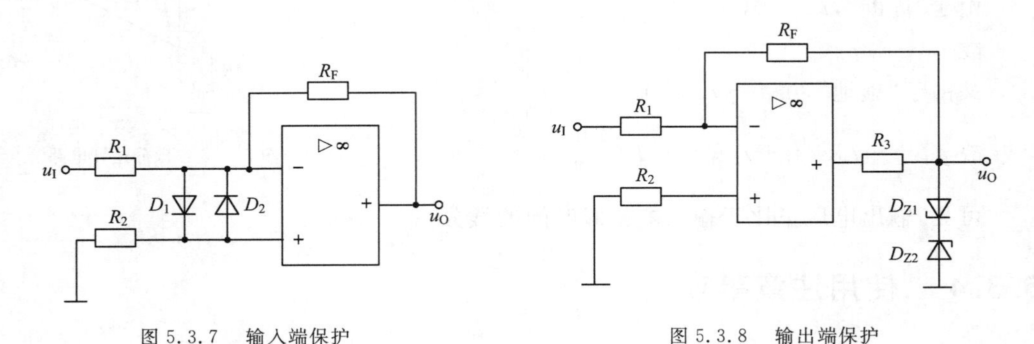

图 5.3.7 输入端保护 图 5.3.8 输出端保护

(3) 电源保护

为了防止正、负电源接反，可用二极管来保护，如图 5.3.9 所示。

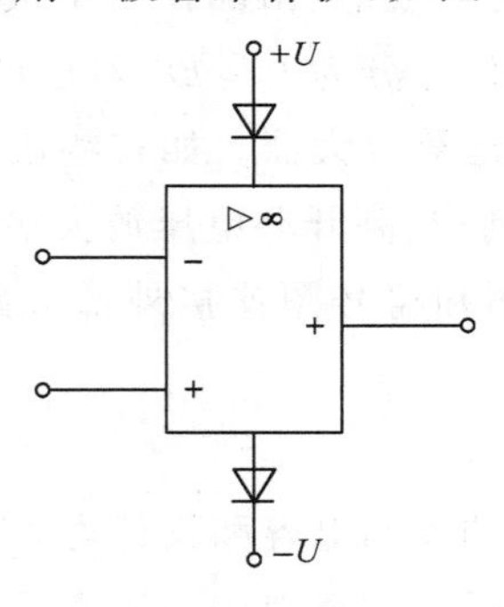

图 5.3.9 电源保护

本章小结

1. 理想的集成运算放大器，满足虚假断路和虚假短路的特性，该特性是分析理想运放的基本依据。

2. 把输出信号的一部分或全部通过一定的方式引回到输入端的过程称为反馈。反馈放大电路由基本放大电路和反馈网络组成。判断一个电路有无反馈，只需看它有无反馈网络。反馈网络指将输出回路与输入回路联系起来的电路，构成反馈网络的元件称为反馈元件。反馈有正、负之分，可采用瞬时极性法加以判断：先假设输入信号的瞬时极性，然后顺着信号传输方向逐步推出有关量的瞬时极性，最后得到反馈信号的瞬时极性，若反馈信号为削弱净输入信号的，则为负反馈，若为加强净输入信号的，则为正反馈。反馈还有直流反馈和交流反馈之分。若反馈电路中参与反馈的各个电量均为直流量，则称为直流反馈，直流负反馈影响放大电路的直流性能，常用以稳定静态工作点。若参与反馈的各个电量均为交流量，则称为交流反馈，交流负反馈用来改善放大电路的交流性能。

3. 负反馈放大电路有四种基本类型：电压串联负反馈、电流串联负反馈、电压并联负反馈和电流并联负反馈。反馈信号取自输出电压的，称为电压反馈，取自输出电流的，则称为电流反馈。若反馈网络与信号源、基本放大电路串联连接，则称为串联反馈；若反馈网络与信号源、基本放大电路并联连接，则称为并联反馈。

4. 交流负反馈虽然降低了放大电路的放大倍数，但可稳定放大倍数、减小非线性失真、拓宽通频带宽。电压负反馈能减小输出电阻、稳定输出电压，从而提高带负载能力；电流负反馈能增大输出电阻、稳定输出电流。串联负反馈能增大输入电阻，并联负反馈能减小输入电阻。应用中常根据欲稳定的量、对输入输出电阻的要求和信号源及负载情况等选择反馈类型。

5. 利用负反馈概念，根据外接线性反馈元件的不同，可用集成运放构成比例、加法减法、微分和积分等运算电路。基本运算电路有同相输入和反相输入两种连接方式。反相输入运算电路的特点是：运放共模输入信号为零，但输入电阻较低，其值决定于反相输入端所接元件。同相输入运算电路的特点是：运放两个输入端对地电压等于输入电压，故有较大的共模输入信号，但它的输入电阻可趋于无穷大。基本运算电路中反馈电路都必须接到反相输入端以构成负反馈，使运放工作在线性状态。本章介绍的基本运算电路的功能及分析方法应熟练掌握，它可用来分析各种由集成运放构成的处于线性工作状态下的应用电路。

习题五

1. 如何判断放大电路中是否存在反馈？如何确定反馈元件？

2. 什么是正反馈和负反馈？如何判别？

3. 什么是直流反馈和交流反馈？如何判别？

4. 什么是串联负反馈和并联负反馈？如何判别？

5. 什么是电压负反馈和电流负反馈？如何判别？它们对放大电路输出电压和电流的稳定性各有何影响？ 反馈放大电路如图 5-1 所示，试指出各电路的反馈元件，并说明是交流反馈还是直流反馈？（设图中所有电容对交流信号均可视为短路）。

6. 运放应用电路如图 5-2 所示，试分别求出各电路的输出电压 U_o 值。

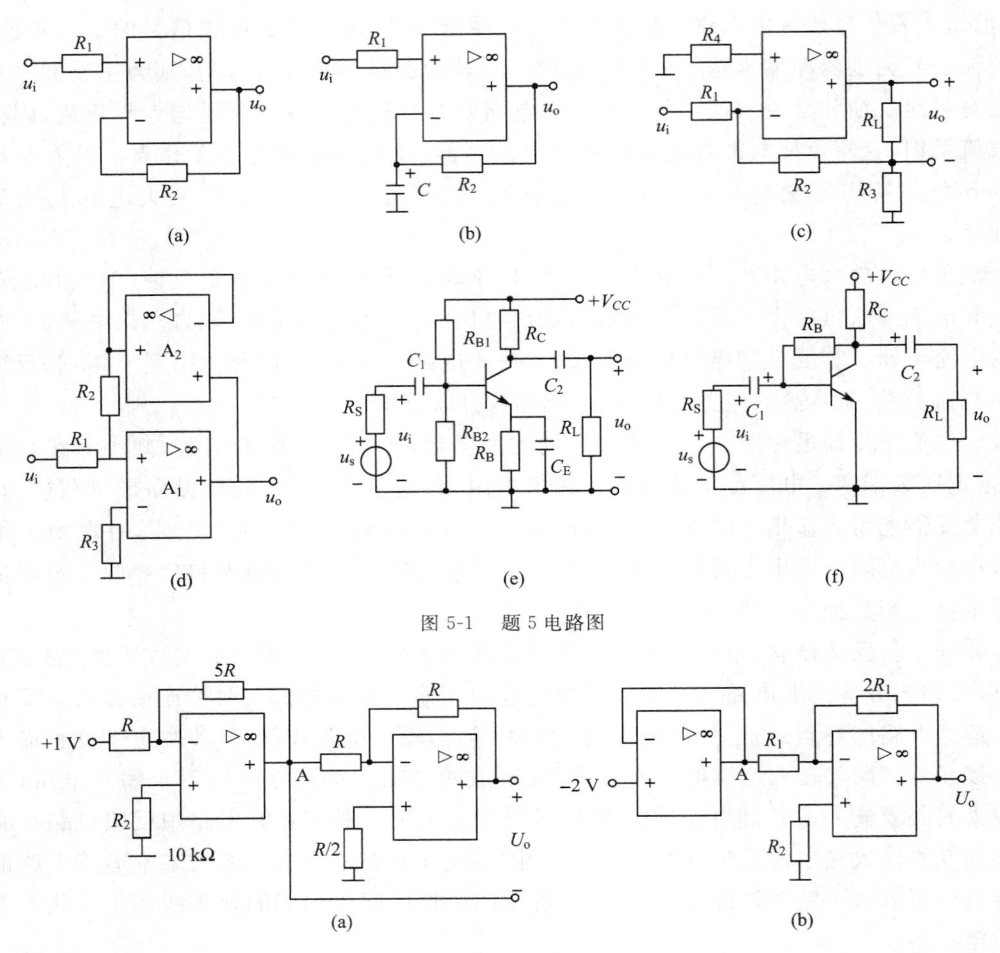

图 5-1 题 5 电路图

图 5-2 题 6 电路图

第6章 直流电源与安全用电常识

本 章 提 要

在电子电路及设备中，一般都需要稳定的直流电源供电。本章介绍直流电源和安全用电常识。直流电源为单相小功率电源，它将频率为 50 Hz、有效值为 220 V 的单相交流电压转换为幅值稳定、输出电流为几十安培以下的直流电压。单相交流电压经过电源变压器、整流电路、滤波电路和稳压电路转换成稳定的直流电压，下面就各部分的作用加以介绍。

6.1 直流电源

6.1.1 整流电路

直流电源的输入为220 V的电网电压，一般情况下，所需直流电压的数值和电网电压的有效值相差较大，因而需要通过电源变压器降压后，再对交流电压进行处理。变压器次边电压有效值决定于后面电路的需要。变压器次边电压通过整流电路从交流电压转换为直流电压，即将正弦波电压转换为单一方向的脉动电压，半波整流电路和全波整流电路的输出波形，它们均含有较大的交流分量，会影响负载电路的正常工作；为了减小电压的脉动，需通过低通滤波电路滤波，使输出电压平滑。对于稳定性要求不高的电子电路，整流、滤波后的直流电压可以作为供电电源。

1. 单相半波整流电路

如图 6.1.1 所示，单相半波整流电路是最简单的整流电路，由整流变压器、二极管整流元件及负载电阻组成。设整流变压器二次侧的电压为：

$$\mu = \sqrt{2} U_2 \sin\omega t$$

其对应的波形如图 6.1.2 所示。

由于二极管 VD 具有单向导电性，只有当它的阳极电位高于阴极电位时才能导通。在变压器次边电压的正半周时，其极性为上正下负（图 6.1.1），二极管因承受正向电压而导通。这时负载电阻 R_L 上的电压为 u_O，通过的电流为 i_O。在电压的负半周时，下正上负，二极管因承受反向电压而截止，负载电阻 R_L 上没有电压。因此，在负载电阻上得到的是半波整流电压 u_O。在导通时，二极管的正向压降很小，可以忽略不计。因此，可以认为 u_O 的这半个波和 u_2 的正半波是相同的。

负载上得到的整流电压虽然是单方向的（极性一定），但其大小是变化的。这种单向脉冲电压，常用一个周期的平均值来说明它的大小。单相半波整流电压的平均值为：

$$U_O=\frac{1}{2\pi}\int_0^{\pi}\sqrt{2}U_2\sin\omega t\,d(\omega t)=\frac{\sqrt{2}}{\pi}U_2=0.45U_2$$

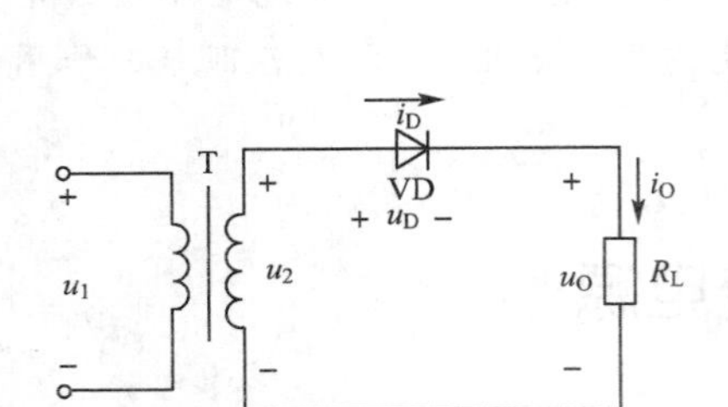

图 6.1.1 单相半波整流电路示意图

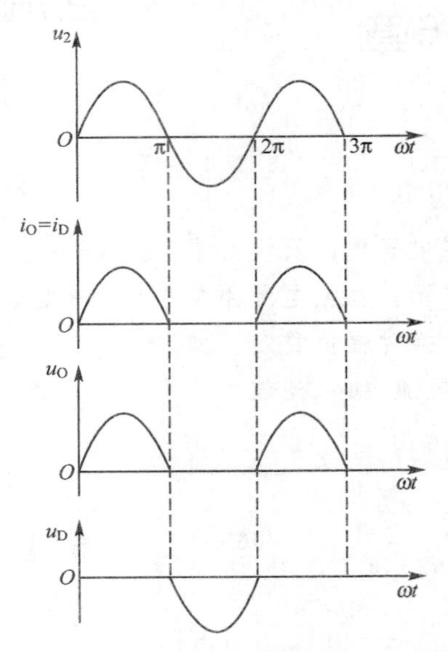

图 6.1.2 半波整流电路波形示意图

此式表示单相半波整流电压平均值与交流电压有效值之间的关系。由此得出整流电流的平均值：

$$I_O=\frac{U_O}{R_L}=0.45U_2/R_L$$

除根据负载所需要的直流电压（即整流电压 U_O）和直流电流（即 I_O）选择整流元件外，还要考虑整流元件截止时所承受的最高反向电压 U_{RM}。显然，在单相半波整流电路中，二极管未导通时承受的最高反向电压就是变压器次边交流电压 u_2 的最大值 U_{2M} 即：

$$U_{RM}=U_{2M}=\sqrt{2}U_2$$

我们可以根据输出电压、输出电流以及最高反向电压选择合适的整流元件。一般其安全反向工作峰值电压要比 U_{RM} 大一倍左右。虽然该整流电路结构简单，但是输出波形脉动成分大，直流成分少，变压器利用率低。

2. 单相桥式整流电路

为了克服单相半波整流电路的缺点，常采用全波整流电路，其中最常用的是单相桥式整流电路。它是由四个二极管连接成电桥的形式而构成的，如图 6.1.3(a) 所示，图 6.1.3(b) 是其简化画法。下面我们来分析其工作原理。

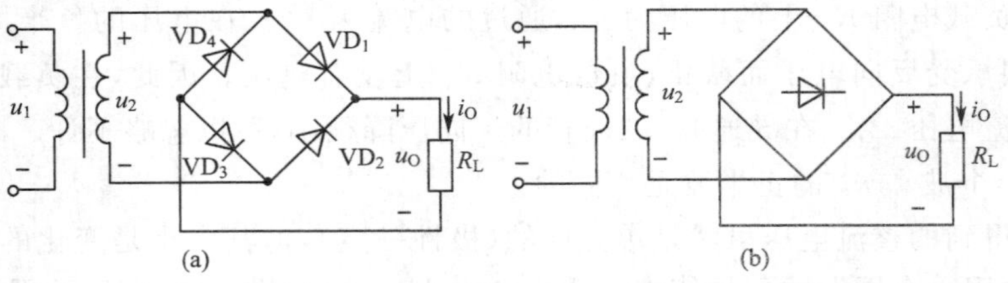

图 6.1.3 单相桥式整流电路示意图

在变压器二次侧电压的正半周时，其极性为上正下负（图 6.1.3）。二极管 VD_1 和 VD_3 导通，VD_2 和 VD_4 截止。这时，负载电阻 R_L 上得到一个半波电压，各种波形如图 6.1.4 中的 $0 \sim \pi$ 区间所示。在电压的负半周时，变压器二次侧的极性为上负下正，因此，VD_2 和 VD_4 导通，VD_1 和 VD_3 截止，同样，在负载电阻上得到一个半波电压，各种波形如图 6.1.4 中的 $\pi \sim 2\pi$ 区间所示。

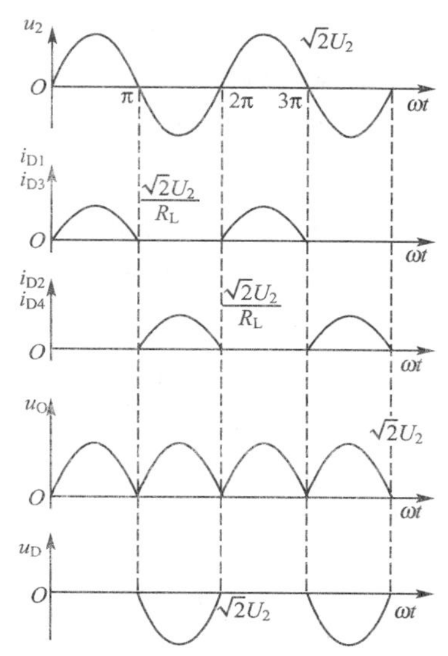

图 6.1.4　单相桥式全波整流波形示意图

显然，全波整流电路的整流电压的平均值比半波整流时增加了一倍，即：

$$U_O = 2 \times 0.45U_2 = 0.9U_2$$

负载电阻中的直流电流当然也增加了一倍，每两个二极管串联导电半个周期，因此，每个二极管中流过的平均电流只有负载电流的一半。至于二极管截止时所承受的最高反向电压，从图 6.1.4 中可以看出。当 VD_1 和 VD_3 导通时，如果忽略二极管的正向压降，截止管 VD_2 和 VD_4 的阴极电位就等于电源电压的最大值，即：

$$U_{RM} = U_{2M} = \sqrt{2}U_2$$

这一点与半波整流电路相同。

6.1.2　滤波电路

前面分析的几种整流电路虽然都可以把交流电转换为直流电，但是所得到的输出电压是单向脉动电压。但是在大多数电子设备中，整流电路都要加接滤波器，以改善输出电压的脉动程度。下面介绍最常用的电容滤波器。

1. 电容滤波器

图 6.1.5 中与负载并联的电容器就是一个最简单的滤波器。在整流电路的输出端（即负载电阻两端）并联一个电容即构成电容滤波电路，滤波电容容量较大，一般均采用电解电容，在接线时要注意电解电容的正、负极性。电容滤波电路利用电容的充放电作

用,使输出电压趋于平滑。

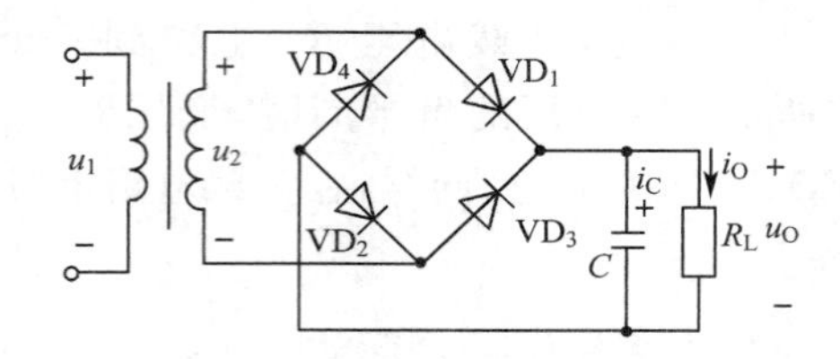

图 6.1.5 带电容滤波的单相桥式全波整流示意图

滤波原理:当变压器副边电压 u_2 处在正半周并且数值大于电容两端电压 u_C 时,二极管 VD_1、VD_2 导通,电流一路流经负载电阻 R_L,另一路对电容 C 充电。因为在理想情况下,变压器副边无损耗,二极管导通电压为零,所以电容两端电压 u_C 与 u_O 相等,如图 6.1.6 中曲线的下图所示。当 u_C 升到峰值后开始下降,电容通过负载电阻 R_L 放电,其电压也开始下降,趋势与副边电压基本相同。由于电容按指数规律放电,所以当输出电压下降到一定数值后,其下降速度小于副边电压的下降速度,使 u_C 大于副边电压,从而导致 VD_1、VD_2 反向偏置而截止。此后,电容 C 继续通过 R_L 放电,输出电压按指数规律缓慢下降。

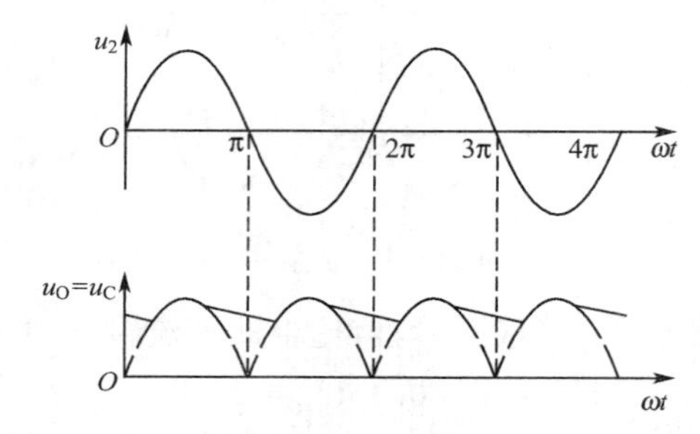

图 6.1.6 带电容滤波的单相桥式全波整流波形示意图

当 u_2 的负半周幅值变化到恰好大于 u_C 时,VD_3、VD_4 因加正向电压变为导通状态,u_2 再次对电容 C 充电,u_C 升到次边电压的峰值后又开始下降;下降到一定数值时 VD_3、VD_4 变为截止,C 对 R_L 放电,u_C 按指数规律下降;放电到一定数值时 VD_1、VD_2 变为导通,重复上述过程。

当 $R_LC \geqslant (3 \sim 5)\dfrac{T}{2}$

其输出直流电压为:$U_{O(AV)} \approx 1.2U_2$

脉动系数 S 约为 $10\% \sim 20\%$

从图 6.1.6 所示波形可以看出,经滤波后的输出电压不仅变得平滑,而且平均值也得到提高。总之,电容滤波电路简单,输出电压较高,脉动也较小;但是外特性较差,只有电流冲击。因此,电容滤波器一般用于要求输出电压较高,负载电流较小并且变化也较小的场合。滤波电容的数值一般在几十微法到几千微法,视负载电流的大小而定,其耐压应大于输出电压的最大值,通常都采用极性电容器。

2. 复式滤波

当单独使用电容或电感进行滤波,效果仍不理想时,可以采用复式滤波电路。电容和电感是基本的滤波元件，利用它们对直流量和交流量呈现不同阻抗的特点，只要合理地接入电路都可以达到滤波的目的。如图6.1.7所示，(a)图为LC滤波电路，(b)图为电阻电容构成的π型滤波电路，(c)图为电感电容构成的π型滤波电路。

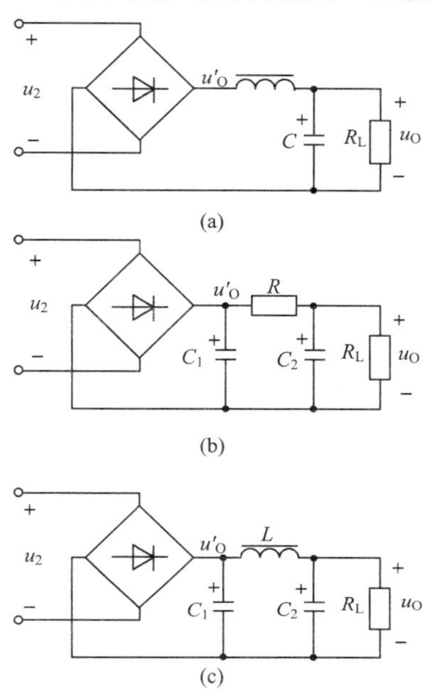

图6.1.7　各种形式的复式滤波器

表6.1.1中列出了各种滤波电路的性能，并进行了比较。

表6.1.1　各种滤波电路的性能比较

性能类型	U_O/U_2	适用场合	整流管的冲击电流
电容滤波	≈1.2	小电流	大
π型滤波(RC)	≈1.2	小电流	大
π型滤波(LC)	≈1.2	小电流	大
电感滤波	0.9	大电流	小
LC滤波	0.9	适应性较强	小

6.1.3　稳压电路

1.稳压二极管稳压电路

稳压二极管的伏安特性曲线如图6.1.8所示，在二极管反向击穿时，流过稳压管的电流ΔI发生很大变化，而二极管两端电压变化量ΔU相对电流的变化量而言是很小的。

最简单的直流稳压电源是采用稳压二极管来稳定电压的。图6.1.9是一种稳压二极管稳压电路，经过整流电路整流和滤波器滤波得到直流电压U_I，再经过限流电阻R和稳压二极管VD_Z组成的稳压电路接到负载电阻R_L上。这样，负载上得到的就是一个比较稳定的电压。

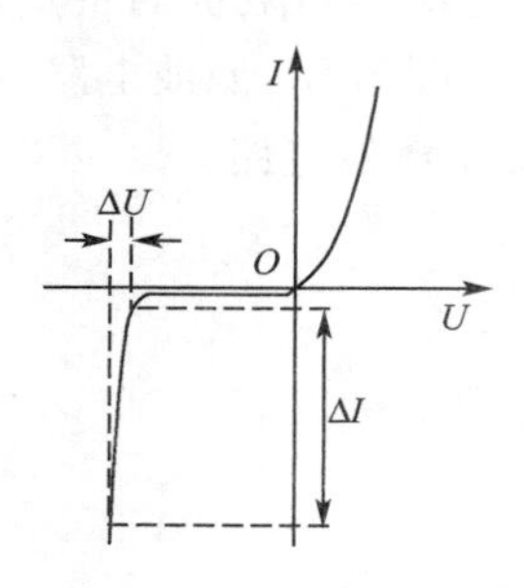

图 6.1.8 硅稳压管的伏安特性

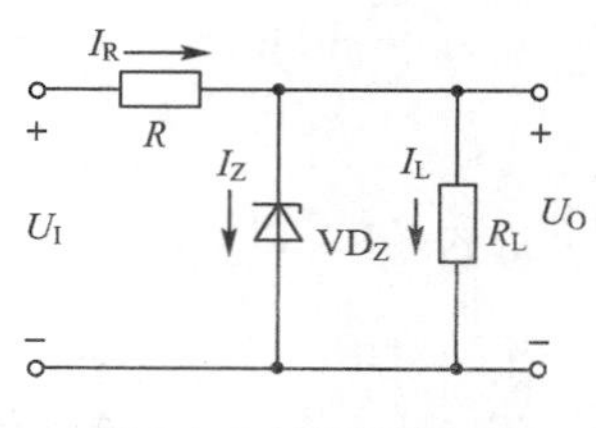

图 6.1.9 稳压管电路

在稳压二极管所组成的稳压电路中利用稳压管所起的电流调节作用，通过限流电阻 R 上电压或电流的变化进行补偿，来达到稳压的目的。限流电阻 R 是必不可少的元件，它既限制稳压管中的电流使其正常工作，又与稳压管相配合以达到稳压的目的，一般情况下，在电路中如果有稳压管存在，就必然有与之匹配的限流电阻。

引起电压不稳定的原因主要是交流电源电压的波动和负载电流的变化。下面分析在这两种情况下稳压电路的作用。

比如当交流电源电压增加而使整流输出电压 U_I 随着增加时，负载电压 U_O 也要增加。U_O 即为稳压二极管两端的反向电压。当负载电压 U_O 稍有增加时，稳压二极管的电流 I_Z 就显著增加，因此电阻 R 上的压降增加，以抵偿 U_I 的增加，从而使负载电压 U_O 近似保持不变。相反，如果交流电源电压降低而使 U_I 降低时，负载电压 U_O 也要降低，因而稳压二极管电流 I_Z 显著减小，电阻 R 上的压降也减小，仍然保持负载电压 U_O 近似不变。类似地，如果电源电压保持不变，而负载电流变化引起负载电压 U_O 改变时，上述稳压电路仍能起到稳压的作用，读者可类似的推出相关过程。

选择稳压二极管时，一般取 $I_{ZM}=(1.5\sim5)I_{LM}$，$U_I=(2\sim3)U_L$。

2. 串联型稳压电路

为了扩大运算放大器输出电流的变化范围，将它的输出端连接到大电流晶体管 VT 的基极，而从发射极输出。这样，同相输入恒压源就变为如图 6.1.10 所示的串联型稳压电路，其稳压工作原理如下所述。假设由于电源电压或负载电阻的变化而使输出电压 U_O 升高时，由图 6.1.10 可得：

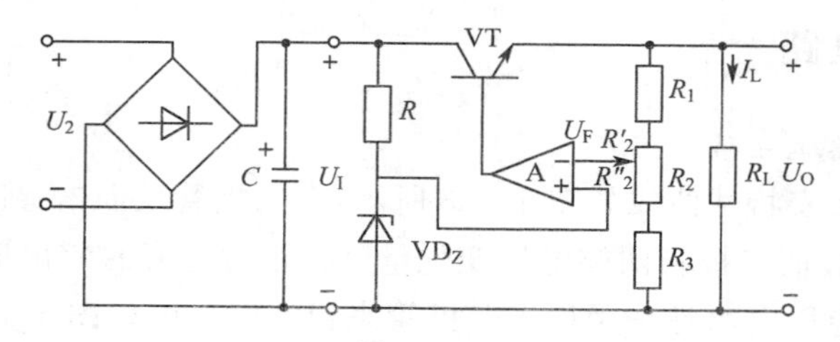

图 6.1.10 串联型稳压电路示意图

$$U_+=U_F=\frac{R''_2+R_3}{R_1+R_2+R_3}U_O$$

故 U_F 也升高。

$$U_O=\frac{R_1+R_2+R_3}{R_2''+R_3}U_F$$

该电路的稳压过程原理分析为：

$$U_I\uparrow(I_L\downarrow)\rightarrow U_O\uparrow\rightarrow U_F\rightarrow U_{ID}\downarrow\rightarrow U_{BE}\downarrow\rightarrow I_C\downarrow\rightarrow U_{CE}\uparrow\rightarrow U_O\downarrow$$

因此，通过稳压电路的自调节过程可以使稳压电路的输出恢复到原来的数值。

6.1.4　三端集成稳压器

即使采用运算放大器的串联型稳压电路，仍然需要一些外接元件，还要注意共模电压的允许值和输入端的保护，使用比较复杂。当前广泛使用单片集成稳压器，该器件具有体积小、可靠性高、使用灵活和价格低廉等优点。

其中最常用的是 W7800 系列(输出正电压)和 W7900 系列(输出负电压)稳压器。图 6.1.11 是 W7800 系列稳压器的外形、管脚和接线固，其内部电路也是串联型稳压电路。这种稳压器只有输入端1、输出端2和公共端3三个引出端，因此也称为三端稳压器。

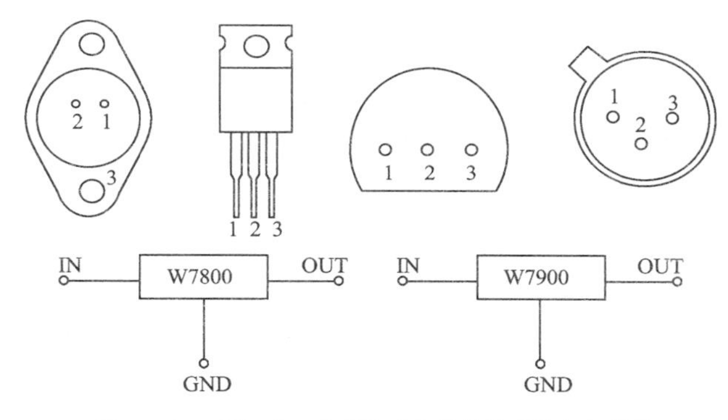

图 6.1.11　W78/79 系列集成稳压器外形及电气符号

其典型的电路连接如图 6.1.12 所示。使用时只需在其输入端和输出端与公共端之间各并联一个电容即可。C_i 用以抵消输入端较长接线的电感效应，防止产生自激振荡。

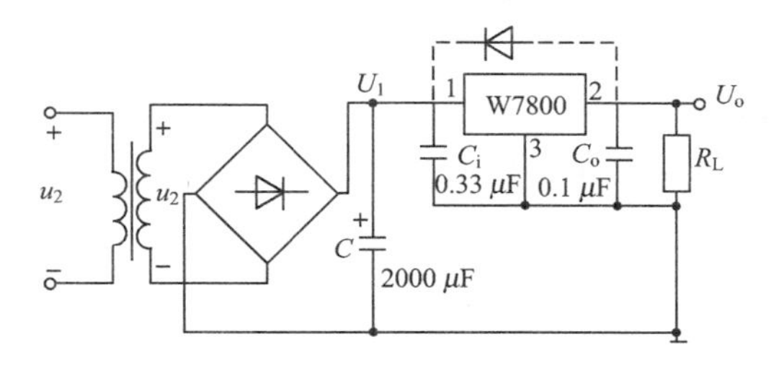

图 6.1.12　W78 系列集成稳压器件工作电路示意图

接线不长时也可不用电容，该电容是为了保证瞬时增减负载电流时不致引起输出电压有较大的波动，电容 C_i 一般在 0.1～1 μF 之间，如图 6.4.2 所示接入的是 0.33 μF；C_o 主要用于消除输出电压中的高频噪声，可取小于 1 μF 的电容，也可取几微法甚至几十微法的电容,以便输出较大的脉冲电流。但是若 C_o 容量较大,一旦输入端断开,C_o 将从稳压器输出端向稳压器放电,易使稳压器损坏。因此可在稳压器的输入端和输出端之间跨接一个二极管,如图 6.4.2 中虚线所画,起保护作用。

W7800 系列固定的输出正电压有 5 V、8 V、12 V、15 V、18 V、24 V 等多种。比如 W7815 的输出电压为 15 V,其最高输入电压为 35 V,最大输出电流为 2.2 A,输出电阻为 0.03～0.15 Ω,电压变化率为 0.1%～0.2%。W7900 系列输出固定的负电压,其参数与 W7800 基本相同。

6.2 安全用电常识

6.2.1 触电形式与触电急救

1. 电流对人体的伤害

人体接触或接近带电体所引起的人体局部受伤或伤亡的现象称为触电。根据人体受到伤害程度的不同,触电分为电伤和电击两种。

(1) 电伤

电伤是指电流的热效应、化学效应和机械效应对人体外部的伤害。如电弧灼伤,熔化的金属飞溅到皮肤上造成烧伤等。

(2) 电击

电击是指电流通过人体内部而造成的伤害。电流通过人体时会有热效应、化学效应和机械效应对人体造成伤害。根据大量触电事故资料的分析和实验证明,电击伤人的程度,由通过人体的电流强度、电流频率,通过人体的途径,作用于人体的电压,持续时间的长短及触电本人的健康状况来决定。

若电流通过大脑,会对大脑造成严重的损伤;电流通过脊椎,会造成瘫痪;电流通过心脏,会引起心室颤动甚至心跳停止跳动。总之,以电流通过或接近心脏和脑部最为危险。通电时间越长,触电造成的危害就越严重。

2. 安全电流及有关因素

实践证明,常见的 50 Hz 至 60 Hz 工频电流的危害最大,高频电流的危害较小。

其危害程度取决于通过人体的电流大小与通电时间。通过人体的电流虽小但时间过长也有危险。人体通过工频电流 1 mA 时就会有麻木的感觉,10 mA 为摆脱电流;人体通过 50 mA 的工频电流并经过一定时间就可致命。

3. 安全电压和人体电阻

人体电阻主要集中在皮肤,一般在 40 ～ 80 千欧姆,皮肤干燥时电阻较大,而皮肤湿润或皮肤破损时人体电阻可下降到几十到几百欧姆。根据触电危险电流和人体电阻,可计算出安全电压为 36 V。但电气设备环境越潮湿,安全电压就越低。

GB3805—1983标准规定安全电压等级为42 V、36 V、6 V，可供不同条件下使用的电气设备选用。一般36 V以下电压不会造成伤亡，故称36 V为安全电压。通常机床上照明用电为36 V，船舶、坦克、汽车电源为24 V或12 V。

4. 触电形式

人体触电形式有单相触电、两相触电和电气设备外壳漏电等多种形式。

（1）单相触电

人体的某一部位接触一根火线，另一部位接触大地。输电线路越长，则对地电容越大，对人体的危害也就越大。

（2）两相触电

当人的双手或人体的某两部位分别接触三相电中的两根火线时，就会有一个较大的电流通过人体。这种触电形式是最危险的。

发生触电的一般原因是：

① 人们在工作场合没有遵守安全操作规程，直接接触或过分靠近电气设备的带电部分。

② 不懂电气技术或对电气技术一知半解的人，到处乱拉电线或电灯而造成的触电。

③ 人们接触到因绝缘损坏而漏电的电气设备外壳或与之相连的金属构架。

④ 电气设备安装不符合规程的要求。

5. 触电急救

当发现有人触电时，应及时抢救。方法是首先迅速切断电源，或采用绝缘物品如干木棒等迅速使电源线断开，使触电者脱离电源。

当触电者脱离电源被救下以后，如果处于昏迷状态但尚未失去知觉，应使触电者在空气流通的地方静卧休息，同时请医生前来或送医院诊治；如果触电者有心跳但呼吸停止时，需用人工呼吸的方法进行抢救；触电者既无心跳又无呼吸时，应采用胸外挤压与人工呼吸同时进行的方法抢救。

6.2.2　保护接地和保护接零

电气设备由于绝缘老化、磨损或被过电击穿，致使电气设备的金属外壳带电，就有可能引起人身触电事故。为了防止这类事故的发生，最常用的防护措施是接地与接零。电源中性点不直接接地的三相三线制供电系统，电气设备宜采用保护接地；电源中性点直接接地的三相四线制供电系统，电气设备宜采用保护接零。

1. 工作接地

为了保证用电安全，电力系统通常将中性点经一定方式接地，称之为工作接地。

2. 保护接地

在无工作接地的系统（即中性点不接地系统）中，为了保证人身安全，将正常情况下不带电、而在故障时有可能带电的电气设备的金属外壳及其构架等通过接地装置与大地可靠地连接起来，就叫做保护接地。

3. 保护接零

在有工作接地的供电系统中将电气设备的金属外壳及其构架部分与零线相连接，就叫做保护接零。

在采用保护接地和保护接零时，必须注意以下几点：

① 在同一个供电系统，不允许电气设备一部分采用接零保护，另一部分采用接地保护。

② 在采用保护接零时，接零的导线必须接牢固，以防脱线。在零线上不允许装熔断器和开关。

③ 接零、接地保护的导线要粗，阻抗不能太大，接地电阻一般规定不超过 4 欧姆。

④ 中性点直接接地的供电系统采用保护接零，中性点不直接接地的供电系统采用保护接地，不能弄错。

6.2.3 电气防雷、防火和防爆

1. 雷电的防护

(1) 雷电及其危害

雷电是一种大气中带有大量电荷的雷云放电现象。这种放电，有时发生在云层与云层之间，有时发生在云层与大地之间(称为直击雷)。雷电的时间很短，一般仅 30 ～ 100 μs，冲击电压高达数十至数百万伏，放电电流高达数百千安，放电温度可达 20000 度，放电瞬间出现耀眼的闪光和震耳的轰鸣。

雷电对电气设备和建筑物有很大的危害。

① 电磁效应的危害：雷电的高电压、大电流将毁坏电气设备的绝缘部分，造成大面积、长时间的停电，引起火灾和爆炸，造成人身触电伤亡事故。

② 热效应的危害：雷电流通过导体，在极短的时间内产生巨大的热量，将烧熔导体，使线路断股或断开，可能引起火灾或爆炸。

③ 机械效应的危害：雷电的静电作用力、电动力，雷击时的冲击波都有破坏作用。

(2) 直击雷的防护

由于直击雷具有极大的破坏力，因此国家的重要设施，如电力系统(如控制室、机房、配电电站、高压线路等) 等等，都必须采取防护措施。

防护直击雷的主要措施是安装避雷针、避雷线、避雷网、避雷带。这些避雷装置由接闪器、引下线和接地装置组成。接闪器承受直接雷击，巨大的雷电流通过阻值很小的引下线和接地装置($\leqslant$ 10 欧姆) 导入大地，使被保护设施免受直击雷的直接影响。

(3) 雷电感应的防护

雷云放电时会在架空线路上或其他地面凸出物上产生幅值可达 300 ～ 500 kV 的感应过电压。对雷电感应的防护，在电力系统中应像其他过电压一样给予同样考虑。具有

爆炸危险的建筑物也应特别注意。

对于钢筋混凝土屋顶，应将屋面钢筋焊成适当规格的网格，连成通路并接地；对于非金属屋顶，应将屋顶加装一定规格的金属网格并接地。建筑物内的电气设备、金属管道、结构钢筋等，均应接地，接地装置可与其他的接地装置共用，接地电阻应小于10欧姆。

(4) 雷电入侵波的防护

当架空线路或管道遭受雷击时，将产生高电压。高电压将以波的形式沿着线路或管道传到与之连接的设备上，危及设备与人身安全。

雷电入侵波的主要防护措施是装设避雷器。避雷器装于被保护设施的引入端，避雷器上端接线路，下端接地。正常时，避雷器保持绝缘状态，不影响系统的运行，当雷电入侵波袭来时，避雷器的间隙击穿而接地，起保护作用。雷电入侵波通过后，避雷器的间隙又恢复绝缘状态。

2. 电气防护和防爆

当电气设备发生事故时很容易引起火灾，甚至爆炸。因此要积极预防。

引起电气设备火灾或爆炸的原因很多，主要有：

(1) 电网中的火灾大都是短路引起的，短路时导线中的电流剧增，产生大量的热量引起燃烧，甚至熔化金属导线。短路一般发生在绝缘层被破坏的地方。绝缘层易损的地方多在两导线接触点、导线穿墙部分，用金属器件连接的导线接头等。

(2) 线路或电气设备长期过负荷运行，电流长期超过允许电流，可能使线路上的导线绝缘层燃烧，还可能使变压器及油断路器的油温过高，在电火花或电弧的作用下燃烧并爆炸。

(3) 导线接头处接触电阻过大，电路中的开关及触点接触不良，电气设备连续运行或过载时，该处过热引起燃烧。如电动机的启动机、储蓄池、家用电器及电表等的导线与接线柱接触不良或虚接，时间一长该处不断打火，严重时烧毁绝缘层、熔化接线柱引起火灾。

(4) 周围空间有爆炸性混合物或气体时，直流电动机换向器上的火花或静电火花都有可能引起火灾和爆炸。

(5) 使用电气设备时违反操作规定，例如电炉、电烙等使用后忘记切断电源，时间长了就有可能引起火灾。

预防电火灾时，还要妥善处理电力网和电气设备周围的易燃易爆物品，使它们远离可能引起火灾的火源，有针对性地加以防范。其主要措施是：

(1) 根据使用场所的条件合理选择电气设备的类型，对于容易引起火灾或有爆炸危险的场所，使用和安装电气设备时，应选用防爆型、密封型等类型。

(2) 电力网合理布线，采用规定的导线，规定的布线方法（明装、暗装）等，严格遵守规定的导线距离、穿墙方式、绝缘瓷瓶或套管等。

(3) 采用正确的继电保护措施，如短路保护、过流保护等。

(4) 监视电气设备运行情况,防止过负荷运行。

(5) 定期检查,保持电气设备通风良好,及时排除事故隐患。

(6) 严格遵守安全操作规程和有关规定。

万一发生了电火灾,首先要切断电源,然后灭火并及时报警。若不切断电源会扩大事故并造成救火者触电。

6.2.4 静电的防护

1. 静电感应

将一导体放在电场中,导体中的自由电荷将做定向移动,然后达到平衡,导体两端各带等量异性电荷,这种现象称为静电感应。

静电是普遍存在的物理现象。其产生的原因有:两物体之间互相摩擦产生静电;处在电场内的金属物体感应静电;施加过电压的绝缘导体残留静电。

2. 静电屏蔽

金属导体和金属网能够把外界的电场遮挡住,使其内部不受外界的影响,这种现象称之为静电屏蔽。

应用静电屏蔽可以保护仪器、设备免受外界电场影响。如某些精密仪器为了免受外界电场的干扰而将其置于金属罩内,某些电子设备、通信电缆电源部分采用的屏蔽线,在超高压作业时利用均压服等都是静电屏蔽的具体应用。

3. 防止静电危害的措施

(1) 从工艺上控制静电的产生

其方法就是减少摩擦。如防止传送皮带打滑,降低气体、粉尘和液体的流速等。

(2) 接地和泄漏

为防止静电的积累,可经过静电接地装置将静电电荷及时导入大地。例如,将有爆炸危险的建筑物安装接地极,生产可燃性粉尘的设备以及可燃性气体的导管接地,以除去设备上的静电荷;提高空气湿度,以消除绝缘体的静电;还可以在绝缘体上采用静电屏蔽罩上接地的方法来防止电荷的积累等等。这种方法最常见的运用是,运输易燃液体的贮罐车上挂接一根铁链。

本章小结

1. 直流稳压电源是电子设备中的重要组成部分,用来将交流电网电压变为稳定的直流电压。一般小功率直流电源由电源变压器、整流滤波电路和稳压电路等部分组成。对直流稳压电源主要的要求是:输入电压变化以及负载变化时,输出电压应保持稳定,此外,还要求纹波电压要小。

2. 整流电路的作用是利用二极管的单向导电特性，将交流电压变成单方向的脉动直流电压，目前广泛采用整流桥构成桥式整流电路。为了消除脉动电压的纹波电压需采用滤波电路，单相小功率电源常采用电容滤波。

3. 稳压电路用来在交流电源电压波动或负载变化时，稳定直流输出电压。目前广泛采用集成稳压器，在小功率供电系统中多采用线性集成稳压器。

4. 线性集成稳压器中调整管与负载相串联，且工作在线性放大状态，它由调整管、基准电压、取样电路、比较放大电路以及保护电路等组成。

习题六

1. 简述串联型稳压电路的工作原理。

2. 画出桥式整流电路结构图。

3. 电路如图 6-1 所示，试说明各元器件的作用，并指出电路在正常工作时的输出电压值。

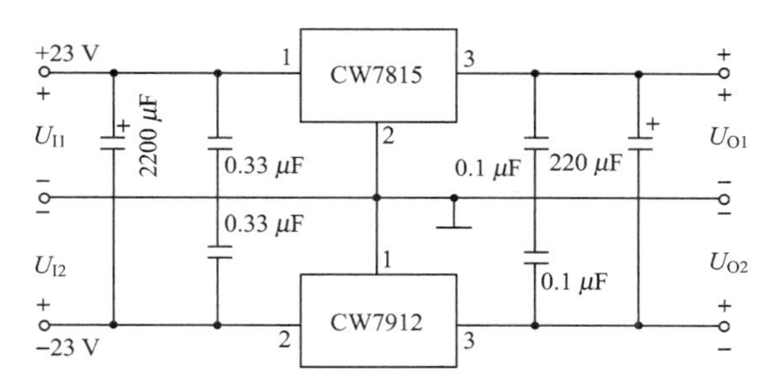

图 6-1　题 3 电路图

第7章 门电路和数字逻辑基础

本 章 提 要

本章首先介绍了逻辑门电路的基本概念、分立元件基本逻辑门电路，然后讲述了几种 TTL 门电路、CMOS 门电路，最后介绍逻辑代数的运算法则、逻辑函数的表示方法和逻辑函数的化简等逻辑代数基础知识。

7.1 基本逻辑关系及其门电路

7.1.1 数制与数制的转换

所谓数制就是计数的方法，它是进位计数制的简称。在数字电路中，常用的有十进制、二进制、八进制和十六进制。

1. 十进制

十进制是以 10 为基数的计数体制。在十进制中，每一位有 0、1、2、3、4、5、6、7、8、9 十个数码，它的进位规律是逢十进一，即 $1+9=10$。在十进制数中，数码所处的位置不同时，它所代表的数值是不同的，如：

$$(246.134)_{10}=2\times10^{2}+4\times10^{1}+6\times10^{0}+1\times10^{-1}+3\times10^{-2}+4\times10^{-3}$$

上式称为十进制数的按权展开式。式中 10^{2}、10^{1}、10^{0} 为整数部分百位、十位、个位的权，而 10^{-1}、10^{-2}、10^{-3} 为小数部分十分位、百分位和千分位的权，它们都是 10 的幂。数码与权的乘积，称为加权系数，因此，十进制数的数值为各位加权系数之和。

2. 二进制、八进制和十六进制

(1) 二进制

二进制是以 2 为基数的计数体制。在二进制中，每位只有 0 和 1 两个数码，它的进位规律是逢二进一，即 $1+1=10$。在二进制数中，各位的权都是 2 的幂，如：

$$(1001.01)_{2}=1\times2^{3}+0\times2^{2}+0\times2^{1}+1\times2^{0}+0\times2^{-1}+1\times2^{-2}=(9.25)_{10}$$

式中整数部分的权分别为 2^{3}、2^{2}、2^{1}、2^{0}，小数部分的权分别为 2^{-1}、2^{-2}。

(2) 八进制

八进制是以 8 为基数的计数体制，在八进制中，每位有 0、1、2、3、4、5、6、7 八个数码，它的进位规律是逢八进一，各位的权为 8 的幂。如八进制数$(425.25)_{8}$可表示为

$$(425.25)_{8}=4\times8^{2}+2\times8^{1}+5\times8^{0}+2\times8^{-1}+5\times8^{-2}=(277.328\ 125)_{10}$$

式中 8^{2}、8^{1}、8^{0}、8^{-1}、8^{-2}分别为八进制数各位的权。

(3) 十六进制

十六进制是以 16 为基数的计数体制，在十六进制中，每位有 0、1、2、3、4、5、6、7、8、9、A(10)、B(11)、C(12)、D(13)、E(14)、F(15) 十六个数码，它的进位规律是逢十六进一，各位的权为 16 的幂。如十六进制数 $(3C1.C4)_{16}$ 可表示为

$$(3C1.C4)_{16} = 3\times16^2+12\times16^1+1\times16^0+12\times16^{-1}+4\times16^{-2}=(961.765625)_{10}$$

式中 16^2、16^1、16^0、16^{-1}、16^{-2} 分别为十六进制数各位的权。

表 7.1.1 列出了十进制、二进制、八进制、十六进制之间的对照关系。

表 7.1.1　　**十进制、二进制、八进制、十六进制对照表**

十进制	二进制	八进制	十六进制	十进制	二进制	八进制	十六进制
0	0000	0	0	8	1000	10	8
1	0001	1	1	9	1001	11	9
2	0010	2	2	10	1010	12	A
3	0011	3	3	11	1011	13	B
4	0100	4	4	12	1100	14	C
5	0101	5	5	13	1101	15	D
6	0110	6	6	14	1110	16	E
7	0111	7	7	15	1111	17	F

3. 不同进制间数的转换

(1) 将 R 进制数转换成十进制数

方法：将 R 进制数按位权展开。

【例 7.1】　将二进制数 $(11010.011)_2$ 转换成十进制数。

解：
$$\begin{aligned}(11010.011)_2 &= 1\times2^4+1\times2^3+0\times2^2+1\times2^1+0\times2^0+0\times2^{-1}+1\times2^{-2}\\&\quad+1\times2^{-3}\\&=16+8+0+2+0+0.25+0.125=(26.375)_{10}\end{aligned}$$

【例 7.2】　将八进制数 $(137.504)_8$ 转换成十进制数。

解：
$$\begin{aligned}(137.504)_8 &= 1\times8^2+3\times8^1+7\times8^0+5\times8^{-1}+0\times8^{-2}+4\times8^{-3}\\&=64+24+7+0.625+0+0.0078125=(95.6328125)_{10}\end{aligned}$$

【例 7.3】　将十六进制数 $(12AF.B4)_{16}$ 转换成十进制数。

解：
$$\begin{aligned}(12AF.B4)_{16} &= 1\times16^3+2\times16^2+10\times16^1+15\times16^0+11\times16^{-1}+4\times16^{-2}\\&=4096+512+160+15+0.6875+0.015625=(4783.703125)_{10}\end{aligned}$$

(2) 将十进制数转换成 R 进制数

将十进制数转换为 R 进制数，需将十进制数的整数部分和小数部分分别进行转换，然后将它们合并起来。

整数部分的转换是采用逐次除以 R 取余的方法，步骤如下：

① 将给定的十进制整数除以 R，余数作为 R 进制数小数点前的最低位；

② 把前一步的商再除以 R，余数作为次低位；

③ 重复步骤 ②，记下余数，直至商为 0，最后的余数即为 R 进制的最高位。

小数部分的转换是采用逐次乘以 R 取整的方法,步骤如下:

① 将给定的十进制小数乘以 R,整数作为 R 进制数小数点后的最高位;

② 把前一步的积的小数再乘以 R,余数作为次高位;

③ 重复步骤 ②,记下整数,直至最后积为 0 或达到一定的精度。

【例 7.4】 把十进制数 $(26)_{10}$ 转换为二进制数。

解:因为二进制数基数 $R=2$,$(26)_{10}$ 是整数,所以转换步骤是逐次除 2 取余。

商	0	1	3	6	13	26
余数	1	1	0	1	0	÷2

↑MSB ↑LSB

所以 $(26)_{10}=(11010)_2$

【例 7.5】 把十进制数 $(26)_{10}$ 转换为八进制数。

解:因为八进制数基数 $R=8$,$(26)_{10}$ 是整数,所以转换步骤是逐次除 8 取余。

商	0	3	26
余数	3	2	÷8

↑MSB ↑LSB

所以,$(26)_{10}=(32)_8$

【例 7.6】 把十进制数 $(0.875)_{10}$ 转换为二进制数。

解:$0.875\times 2=1.750$ ……1 ← MSB

$0.750\times 2=1.500$……1

$0.500\times 2=1.000$……1 ← LSB

所以,$(0.875)_{10}=(0.111)_2$

(3) 基数 R 为 2^K 的各进制之间的互相转换

由于八进制的基数 $8=2^3$,十六进制的基数 $16=2^4$,故每位八进制数码都可以用 3 位二进制数来表示;每位十六进制数码都可以用 4 位二进制数来表示。

二进制与八进制的转换:整数部分从低位开始每 3 位一组,最后不足 3 位的则在高位加 0 补足 3 位为止;小数部分则从小数点后的高位开始,每 3 位二进制数为一组,最后不足 3 位的,则在低位加 0 补足 3 位;然后写出每组对应的八进制数,按顺序排列即为所转换的八进制数。

二进制与十六进制的转换:转换方法同上,不同的是每 4 位一组。

【例 7.7】 把下列二进制数分别转换为八进制数和十六进制数。

解:

$(10100110.1110101)_2=(010\ 100\ 110.111\ 010\ 100)_2=(246.724)_8$

$(10010100111.11001)_2=(0100\ 1010\ 0111.1100\ 1000)_2=(4A7.C8)_{16}$

反过来,将八进制数的每一位写成 3 位二进制数,十六进制数的每一位写成 4 位二进制数,左右顺序不变,就能从八进制、十六进制直接转化为二进制。

【例 7.8】 把下列数化为二进制数。

解：

$(537.361)_8 = (101\ 011\ 111.011\ 110\ 001)_2 = (101011111.011110001)_2$

$(4B5D.97D)_{16} = (0100\ 1011\ 0101\ 1101.1001\ 0111\ 1101)_2$

$= (100101101011101.100101111101)_2$

7.1.2 基本逻辑关系

在二值逻辑中，最基本的逻辑有与逻辑、或逻辑、非逻辑三种，与之对应的逻辑运算为与运算（逻辑乘）、或运算（逻辑加）、非运算（逻辑非）。相应的门电路为“与”门、“或”门和“非”门。

下面以简单的例子来说明逻辑电路的概念以及“与”、“或”和“非”的意义。

在分析逻辑电路时采用两种相反的工作状态，并用“1”和“0”来代表。例如：开关接通为“1”，断开为“0”；电灯亮为“1”，灭为“0”；晶体管截止为“1”，饱和为“0”；信号的高电平为“1”，低电平为“0”等等。“1”是“0”的反面，“0”也是“1”的反面。用逻辑关系式表示，则为：

$$1 = \overline{0} \text{ 或 } 0 = \overline{1} \qquad \text{（式 7.1）}$$

在如图 7.1.1 所示的照明电路中，开关 A 和 B 串联，只有当 A“与”B 同时接通时（条件），电灯才亮（结果）。这两个串联开关所组成的就是一个“与”门电路，“与”逻辑关系可用下式表示：

$$A \cdot B = Y \qquad \text{（式 7.2）}$$

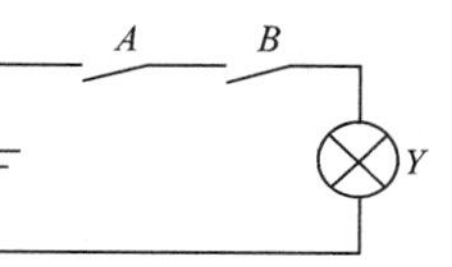

图 7.1.1　开关串联电路

它的意义如表 7.1.2 所示：

表 7.1.2(b) 就表示逻辑“与”运算或称逻辑乘法运算，实现“与”运算的电路称作与门。

表 7.1.2(a)　开关串联电路功能表

开关 A	开关 B	灯 Y
断开	断开	灭
断开	闭合	灭
闭合	断开	灭
闭合	闭合	亮

表 7.1.2(b)　“与”运算

A	B	Y
0	0	0
0	1	0
1	0	0
1	1	1

在如图 7.1.2 所示的电路中，开关 A 和 B 并联。当 A 接通“或”B 接通，“或”A 和 B 都接通时，电灯就亮。这两个并联开关所组成的就是一个“或”门电路，“或”逻辑关系可用下式表示：

$$A + B = Y \qquad \text{（式 7.3）}$$

它的意义如表 7.1.3 所示：

表 7.1.3(a)　开关并联电路功能表

开关 A	开关 B	灯 Y
断开	断开	灭
断开	闭合	亮
闭合	断开	亮
闭合	闭合	亮

表 7.1.3(b)　“或”运算

A	B	Y
0	0	0
0	1	1
1	0	1
1	1	1

表 7.1.3(b) 就表示逻辑"或"运算或称逻辑加法运算，实现"或"运算的电路称作或门。

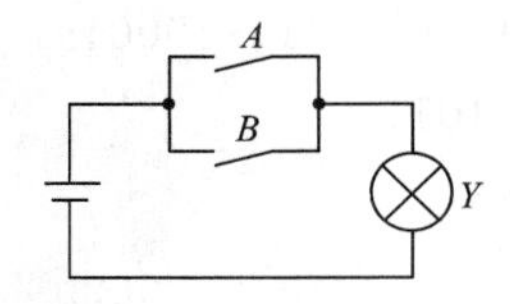

图 7.1.2 开关并联电路

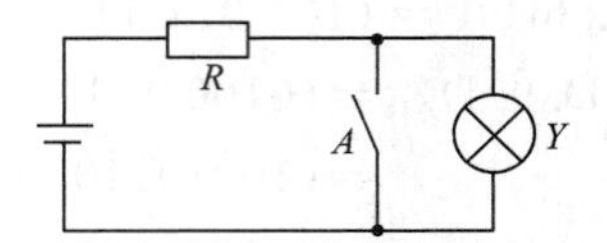

图 7.1.3 开关与电灯并联电路

图 7.1.3 的电路中，开关 A 和电灯并联。当 A 接通时，由于电灯被短路，所以电灯不亮；若 A 断开，则电灯就亮。这个开关所组成的电路就是一个"非"门电路，"非"逻辑关系可用下式表示：

$$\overline{A} = Y \quad \text{(式 7.4)}$$

它的意义如表 7.1.4 所示：

表 7.1.4(a) 开关与电灯并联电路功能表

开关 A	灯 Y
断开	亮
闭合	灭

表 7.1.4(b) "非"运算

A	Y
0	1
1	0

表 7.1.4(b) 就表示逻辑"非"运算，实现"非"运算的电路称作非门，"非"门又称为反相器。

在数字逻辑系统中，门电路不是用有触点的开关，而是用二极管和晶体管等分立元件组成的，但常用的是各种集成门电路。门电路的输入和输出信号都是用电位(或叫电平)的高低来表示的，而电位的高低则用"1"和"0"两种状态来区别。若规定高电位为"1"，低电位为"0"，称为正逻辑系统。若规定低电位为"1"，高电位为"0"，则称为负逻辑系统。当我们分析一个逻辑电路之前，首先要弄明白采用的是正逻辑还是负逻辑，否则将无法分析。在本书中，如果没有特殊注明，采用的都是正逻辑。

7.1.3 分立元件基本逻辑门电路

分立元件基本逻辑门电路就是用分立的元件和导线连接起来构成的门电路。这种门电路具有简单、经济、功耗低、负载差等特点。

1. 二极管"与"门电路

图 7.1.4(a) 所示的是二极管"与"门电路，A，B，C 是它的三个输入端，Y 是输出端。图 7.1.4(b) 是它的图形符号。

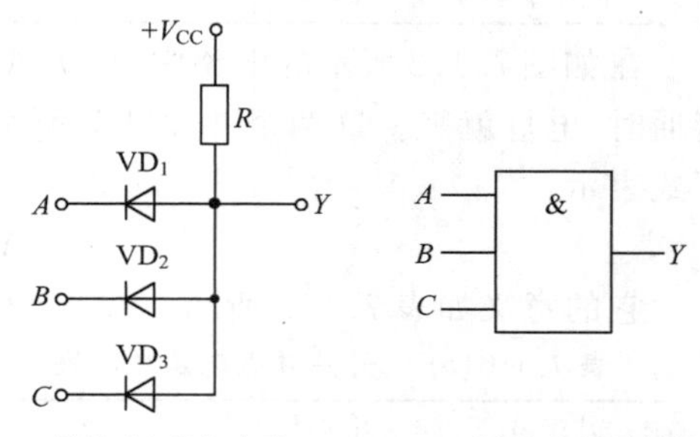

图 7.1.4 二极管"与"门电路及其图形符号

在采用正逻辑时，高电位(高电平)为"1"，低电位(低电平)为"0"。多少伏算高电平，多少伏算低电平，不同场合，规定也不同。

当输入端 A“与”B“与”C 全为“1”时，设三者电位均为 3 V，电源 V_{CC} 的正端经电阻 R 向这三个输入端流入电流，三管都导通，输出端 Y 的电位比 3 V 略高。因为二极管的正向压降有零点几伏(硅管约 0.7 V，锗管约 0.3 V，此处一般采用锗管)，比 3 V 略高，仍属于“3 V 左右”这一个范围，因此输出端 Y 为“1”，即其电位被钳制在 3 V 左右。

当输入端不全为“1”，而有一个或两个为“0”时，即电位在 0 V 附近，例如 A 端为“0”，因为“0”电位比“1”电位低，电源正端将经电阻 R 向处于“0”态的 A 端流入电流，VD_1 优先导通。这样，二极管 VD_1 导通后，输出端 Y 的电位比处于“0”态的 A 端高出零点几伏，但仍在 0 V 附近，因此 Y 端为“0”。二极管 VD_2 和 VD_3 因承受反向电压而截止，把 B、C 端的高电位和输出端 Y 隔离开了。

只有当输入端 A“与”B“与”C 全为“1”时，输出端 Y 才为“1”，这合乎“与”门的要求。“与”逻辑关系可用下式表示：

$$Y = A \cdot B \cdot C \tag{式 7.5}$$

图 7.1.4 中有三个输入端，输入信号有“1”和“0”两种状态，共有八种组合，因此可用表 7.1.5 列出八种组合，完整地表达所有可能的逻辑状态。

表 7.1.5　“与”门逻辑状态表

A	B	C	Y
0	0	0	0
0	0	1	0
0	1	0	0
0	1	1	0
1	0	0	0
1	0	1	0
1	1	0	0
1	1	1	1

2. 二极管“或”门电路

图 7.1.5 所示的是二极管“或”门电路及其图形符号。比较一下图 7.1.4(a) 和图 7.1.5(a) 就可以看到，后者二极管的极性和前者接得相反，并采用了负电源，即电源的正端接“地”，其负端经电阻 R 接二极管的阴极。

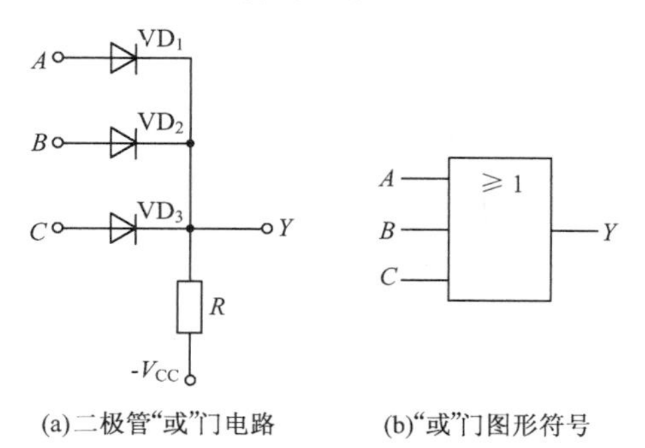

(a)二极管“或”门电路　(b)“或”门图形符号

图 7.1.5　二极管“或”门电路及其图形符号

“或”门的输入端只要有一个为“1”,输出就为“1”。例如只有 A 端为“1”(设其电位为 3 V),则 A 端的电位比 B 和 C 高,电流从 A 经 VD_1 和 R 流向电源负端,VD_1 优先导通,Y 端电位比 A 端略低(VD_1 正向压降约为 0.3 V)。比 3 V 低零点几伏,仍属于“3 V 左右”这个范围,所以此时输出端 Y 为“1”。Y 端的电位比输入端 B 和 C 高,VD_2 和 VD_3 因承受反向电压而截止,VD_2 和 VD_3 起隔离作用。

如果有一个以上的输入端为“1”,输出端 Y 也为“1”。只有当三个输入端全为“0”时,输出端 Y 才为“0”,此时三管都导通。

“或”逻辑关系可用下式表示(“或”门逻辑状态表如表 7.1.6 所示):

$$Y = A + B + C \quad \text{(式 7.6)}$$

表 7.1.6 “或”门逻辑状态表

A	B	C	Y
0	0	0	0
0	0	1	1
0	1	0	1
0	1	1	1
1	0	0	1
1	0	1	1
1	1	0	1
1	1	1	1

3. 晶体管“非”门电路

图 7.1.6 所示的是晶体管“非”门电路及其图形符号。晶体管“非”门电路不同于放大电路,管子的工作状态或从截止转为饱和,或从饱和转为截止。“非”门电路只有一个输入端 A。当 A 为“1”(设其电位为 3 V)时,晶体管饱和,其集电极,即输出端 Y 为“0”(其电位在 0 V 附近);当 A 为“0”时,晶体管截止,输出端 Y 为“1”(其电位近似等于 V_{CC})。所以“非”门电路也称为反相器。加负电源 V_{BB} 是为了使晶体管可靠截止。

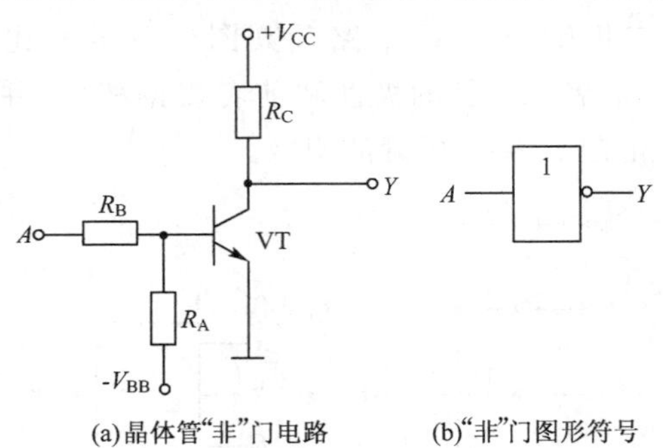

(a)晶体管“非”门电路 (b)“非”门图形符号

图 7.1.6 晶体管“非”门电路及其图形符号

非逻辑关系可用下式表示:

$$Y = \overline{A} \quad \text{(式 7.7)}$$

表 7.1.7 是“非”门逻辑状态表。

表 7.1.7　　“非”门逻辑状态表

A	Y
0	1
1	0

上述三种是基本逻辑门电路，有时还可以把它们组合成为组合门电路，以丰富逻辑功能。常用的一种是“与非”门电路，即二极管“与”门和晶体管“非”门连接而成，如图 7.1.7 所示。

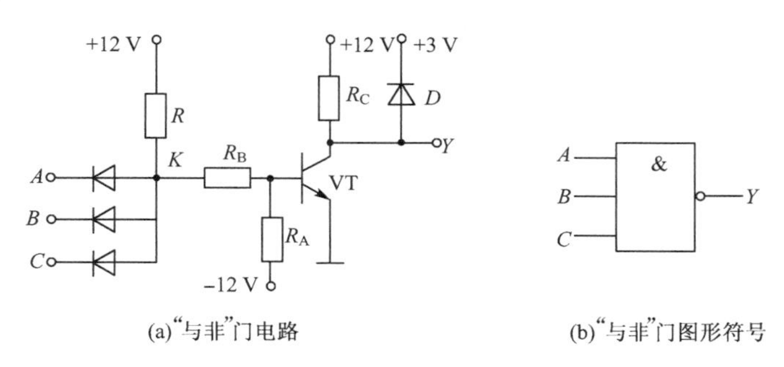

(a)“与非”门电路　　(b)“与非”门图形符号

图 7.1.7　晶体管“与非”门电路及其图形符号

“与非”门的逻辑功能为：当输入端全为“1”时，输出为“0”；当输入端有一个或几个为“0”时，输出为“1”。简而言之，即全“1”输出为“0”，有“0”输出为“1”。“与非”逻辑关系可用下式表示：

$$Y=\overline{A\cdot B\cdot C} \tag{式 7.8}$$

表 7.1.8 是“与非”门逻辑状态表。

表 7.1.8　　“与非”门逻辑状态表

A	B	C	Y
0	0	0	1
0	0	1	1
0	1	0	1
0	1	1	1
1	0	0	1
1	0	1	1
1	1	0	1
1	1	1	0

图 7.1.7 所示“与非”门的输出端与 +3 V 相连的二极管 D 在晶体管截止时起箝位作用，保证此时输出端的电位约为 3 V 多一些，使输出、输入的“1”电平一致。

7.2　逻辑代数

7.2.1　逻辑代数运算法则

逻辑代数也称布尔代数，它是分析与设计逻辑电路的数学工具。它虽然和普通代数一样也用字母(A,B,C,…)表示变量,但变量的取值只有“1”和“0”两种,所谓逻辑“1”和逻辑“0”。它们不是数字符号,而是代表两种相反的逻辑状态。逻辑代数所表示的是逻辑关系,不是数量关系,这是它与普通代数本质上的区别。

在逻辑代数中只有逻辑乘(“与”运算)、逻辑加(“或”运算)和求反(“非”运算)三种基本运算。根据这三种基本运算可以推导出逻辑运算的一些法则,就是下面列出的逻辑代数运算法则。

1. 基本公式

(1) 常量之间的关系(如表 7.2.1 所示)

表 7.2.1 常量之间的关系公式

$0 \cdot 0 = 0$	$0 + 0 = 0$
$0 \cdot 1 = 0$	$0 + 1 = 1$
$1 \cdot 0 = 0$	$1 + 0 = 1$
$1 \cdot 1 = 1$	$1 + 1 = 1$
$\overline{0} = 1$	$\overline{1} = 0$

这些常量之间的关系,同时也体现了逻辑代数中的基本运算规则,也叫做公理,它是人为规定的,这样规定,既与逻辑思维的推理一致,又与人们已经习惯了的普通代数的运算规则相似。

(2) 常量与变量之间的关系(如表 7.2.2 所示)

表 7.2.2 常量与变量之间的关系公式

0-1 律	$A \cdot 0 = 0$	$A \cdot 1 = A$
	$A + 0 = A$	$A + 1 = 1$
同一律	$A \cdot A = A$	$A + A = A$
互补律	$A \cdot \overline{A} = 0$	$A + \overline{A} = 1$

(3) 与普通代数相似的定理(如表 7.2.3 所示)

表 7.2.3 与普通代数相似的定理

交换律	$A \cdot B = B \cdot A$	$A + B = B + A$
结合律	$A \cdot (B \cdot C) = (A \cdot B) \cdot C$	$A + (B + C) = (A + B) + C$
分配律	$A \cdot (B + C) = A \cdot B + A \cdot C$	$A + (B \cdot C) = (A + B) \cdot (A + C)$

其中分配律的第二个公式证明如下:

$$(A + B)(A + C) = AA + AC + AB + BC = A + A(B + C) + BC$$
$$= A[1 + (B + C)] + BC = A + BC$$

(4) 特殊的定理(如表 7.2.4 所示)

表 7.2.4 特殊的定理

反演律(摩根定律)	$\overline{A \cdot B} = \overline{A} + \overline{B}$	$\overline{A + B} = \overline{A} \cdot \overline{B}$
还原律	$\overline{\overline{A}} = A$	

其中反演律的两个公式证明如表 7.2.5 所示:

表 7.2.5　　反演律公式证明

A	B	$\overline{A}$	$\overline{B}$	$\overline{A \cdot B}$	$\overline{A}+\overline{B}$	$\overline{A+B}$	$\overline{A} \cdot \overline{B}$
0	0	1	1	1	1	1	1
0	1	1	0	1	1	0	0
1	0	0	1	1	1	0	0
1	1	0	0	0	0	0	0

2. 常用公式(吸收律公式,如表 7.2.6 所示)

表 7.2.6　　常用吸收律公式

编号	吸收律公式	证明
1	$A(A+B)=A$	$A(A+B)=AA+AB=A+AB=A(1+B)=A$
2	$A(\overline{A}+B)=AB$	$A(\overline{A}+B)=A\overline{A}+AB=0+AB=AB$
3	$A+AB=A$	$A+AB=A(1+B)=A$
4	$A+\overline{A}B=A+B$	$A+\overline{A}B=(A+\overline{A})(A+B)=A+B$
5	$AB+A\overline{B}=A$	$AB+A\overline{B}=A(B+\overline{B})=A$
6	$(A+B)(A+\overline{B})=A$	$(A+B)(A+\overline{B})=AA+A\overline{B}+AB+B\overline{B}=A+A(B+\overline{B})=A$
7	$AB+\overline{A}C+BC=AB+\overline{A}C$	$AB+\overline{A}C+BC=AB+\overline{A}C+BC(A+\overline{A})=AB+\overline{A}C+ABC+\overline{A}BC$ $=AB(1+C)+\overline{A}C(1+B)=AB+\overline{A}C$

7.2.2　逻辑函数及其表示方法

对于前面提到的各种基本逻辑运算和复合逻辑运算,若将逻辑变量看作输入,将运算结果看作输出,则输出的结果由输入的取值来决定。这种输出和输入之间的因果关系实际上就是一种函数关系,可用下面的函数式表示

$$Y=f(A,B,C,\cdots) \tag{式 7.9}$$

其中 $A,B,C\cdots$ 称为输入逻辑变量,简称变量;Y 称为输出逻辑函数(输出变量),简称函数。而式 7.9 称为逻辑函数式,简称逻辑式。

逻辑函数常用真值表、逻辑表达式、逻辑图和卡诺图四种方法表示,它们之间可以相互转化。下面将举例对这几种方法加以介绍。

有一 T 形走廊,在相会处有一路灯,在进入走廊的 A,B,C 三地各有控制开关,都能独立进行控制。任意闭合一个开关,灯亮;任意闭合两个开关,灯灭;三个开关同时闭合,灯亮。设 A,B,C 代表三个开关(输入变量),开关闭合其状态为"1",断开为"0";灯亮 Y(输出变量)为"1",灯灭为"0"。可以用以下几种方法表示逻辑函数 Y。

1. 真值表

按照上述逻辑要求,可以列出真值表 7.2.7。真值表是用输入、输出变量的逻辑状态("1"或"0")以表格形式来表示逻辑函数的,十分直观明了。

输入变量有各种组合:二变量有四种;三变量有八种;四变量有十六种。如果有 n 个输入变量,则有 2^n 种组合。

表 7.2.7 三地控制一灯的真值表

A	B	C	Y
0	0	0	0
0	0	1	1
0	1	0	1
0	1	1	0
1	0	0	1
1	0	1	0
1	1	0	0
1	1	1	1

2. 逻辑表达式

逻辑表达式是用“与”、“或”、“非”等运算来表达逻辑函数的方式。

(1) 由真值表写出逻辑表达式

① 取 $Y=1$(或 $Y=0$) 列出逻辑表达式。

② 对一种组合而言,输入变量之间是“与”的逻辑关系。对应于 $Y=1$,如果输入变量为“1”,则取其原变量(如 A);如果输入变量为“0”,则取其反变量(如 $\overline{A}$),而后取乘积项。

③ 各种组合之间,是“或”的逻辑关系,故取以上乘积项之和。

由此,从表 7.2.7 的真值表写出相应的三地控制一灯的逻辑表达式为:

$$Y=\overline{A}\,\overline{B}C+\overline{A}\,B\,\overline{C}+A\,\overline{B}\,\overline{C}+ABC \qquad (式 7.10)$$

反之,也可以由逻辑表达式列出真值表。例如逻辑表达式为:

$$Y=AB+BC+CA \qquad (式 7.11)$$

有三个输入变量,共有八种组合,把各种组合的取值分别代入逻辑表达式中进行运算,求出相应的逻辑函数值,即可列出真值表,见表 7.2.8。

表 7.2.8 $Y=AB+BC+CA$ 的真值表

A	B	C	Y
0	0	0	0
0	0	1	0
0	1	0	0
0	1	1	1
1	0	0	0
1	0	1	1
1	1	0	1
1	1	1	1

(2) 最小项

设 A,B,C 是三个输入变量,有八种组合,相应的乘积项也有八个:$\overline{A}\,\overline{B}\,\overline{C}$、$\overline{A}\,\overline{B}\,C$、$\overline{A}\,B\overline{C}$、$\overline{A}\,BC$、$A\overline{B}\,\overline{C}$、$A\overline{B}C$、$AB\overline{C}$、$ABC$。它们的特点是:

① 每项都含有三个输入变量,每个变量是它的一个因子;

② 每项中每个因子或以原变量(A,B,C) 的形式或以反变量($\overline{A},\overline{B},\overline{C}$) 的形式出现一次。

这样，这八个乘积项是输入变量的最小项（n 个输入变量有 2^n 个最小项）。式 7.10 中是对应于 $Y=1$ 的四个最小项。式 7.11 中的 AB、BC、CA 显然不是最小项，但该式也可用最小项表示。

【例 7.9】 写出 $Y=AB+BC+CA$ 的最小项逻辑表达式。

解：$Y=AB+BC+CA=AB(C+\overline{C})+BC(A+\overline{A})+CA(B+\overline{B})$

$=ABC+AB\overline{C}+ABC+\overline{A}BC+ABC+A\overline{B}C$

$=ABC+AB\overline{C}+\overline{A}BC+A\overline{B}C$

这与由表 7.2.7 取 $Y=1$ 的逻辑表达式是一致的。可见，同一个逻辑函数可以用不同的逻辑表达式来表达，但由最小项组成的"与或"逻辑表达式则是唯一的，而真值表是用最小项表示的，因此也是唯一的。

3. 逻辑图

一般由逻辑表达式画出逻辑图。逻辑乘用"与"门实现，逻辑加用"或"门实现，求反用"非"门实现。式 7.10 就可用三个"非"门、四个"与"门和一个"或"门来实现，见图 7.2.1。

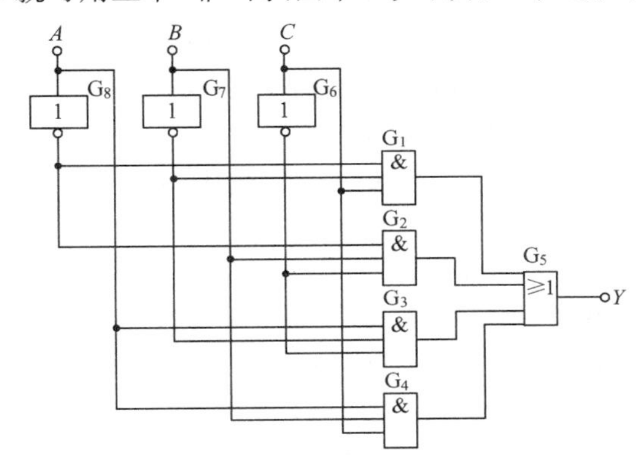

图 7.2.1　三地控制一灯的逻辑图

因为逻辑表达式不是唯一的，所以逻辑图也不是唯一的。反之，有逻辑图也可以写出逻辑表达式。关于卡诺图，将在下节讨论。

7.3　逻辑函数的化简

由真值表写出的逻辑表达式，以及由此而画出的逻辑图，往往比较复杂。如果经过化简，就可以少用元件，可靠性也因而提高。

7.3.1　公式化简法

1. 并项法

应用 $A+\overline{A}=1$，将两项合并为一项，并可消去一个或两个变量。如：

$$\begin{aligned}Y&=ABC+A\overline{B}\,\overline{C}+AB\overline{C}+A\overline{B}C\\&=AB(C+\overline{C})+A\overline{B}(C+\overline{C})\\&=AB+A\overline{B}=A(B+\overline{B})=A\end{aligned}$$

2. 配项法

应用 $B=B(A+\overline{A})$，将 $(A+\overline{A})$ 与某乘积项相乘，而后展开、合并化简。如：

$$\begin{aligned} Y&=AB+\overline{A}\,\overline{C}+B\,\overline{C}\\ &=AB+\overline{A}\,\overline{C}+B\,\overline{C}(A+\overline{A})\\ &=AB+\overline{A}\,\overline{C}+AB\,\overline{C}+\overline{A}\,B\,\overline{C}\\ &=AB(1+\overline{C})+\overline{A}\,\overline{C}(1+B)=AB+\overline{A}\,\overline{C} \end{aligned}$$

3. 加项法

应用 $A+A=A$，在逻辑式中加相同的项，而后合并化简。如：

$$\begin{aligned} Y&=ABC+\overline{A}BC+A\,\overline{B}C\\ &=ABC+\overline{A}BC+A\,\overline{B}C+ABC\\ &=BC(A+\overline{A})+AC(B+\overline{B})=BC+AC \end{aligned}$$

4. 吸收法

应用 $A+AB=A$，消去多余因子。如：

$$Y=\overline{B}C+A\overline{B}\,C=\overline{B}C$$

【例 7.10】 应用逻辑代数运算法则化简下列逻辑式：

$$Y=ABC+ABD+\overline{A}\,B\overline{C}+CD+B\overline{D}$$

解：化简得 $\quad Y=ABC+\overline{A}\,B\overline{C}+CD+B(\overline{D}+DA)$

由法则 $A+\overline{A}\,B=A+B$ 得 $\overline{D}+DA=\overline{D}+A$ 所以：

$$\begin{aligned} Y&=ABC+\overline{A}\,B\overline{C}+CD+B\,\overline{D}+AB\\ &=AB(1+C)+\overline{A}\,B\overline{C}+CD+B\overline{D}\\ &=AB+\overline{A}\,B\overline{C}+CD+B\overline{D}\\ &=B(A+\overline{A}\,\overline{C})+CD+B\overline{D}\\ &=AB+B\overline{C}+CD+B\overline{D}\\ &=AB+B(\overline{C}+\overline{D})+CD \end{aligned}$$

由法则 $\overline{A}+\overline{B}=\overline{AB}$ 得 $\overline{C}+\overline{D}=\overline{CD}$ 所以：

$$\begin{aligned} Y&=AB+B\overline{CD}+CD\\ &=AB+B+CD\\ &=B(1+A)+CD\\ &=B+CD \end{aligned}$$

7.3.2 卡诺图表示逻辑函数

1. 最小项在卡诺图上的位置

将逻辑函数真值表中的最小项按格雷码的规律排列成的方块图称为卡诺图。

n 个变量有 2^n 种组合，最小项就有 2^n 个，卡诺图也相应有 2^n 个小方格。图 7.3.1 分别为二变量、三变量和四变量卡诺图。在卡诺图的行和列分别标出变量及其状态。变量状态的次序是 00,01,11,10，而不是二进制递增的次序 00,01,10,11。这样排列是为了使任意两个相邻最小项之间只有一个变量改变。小方格也可用二进制数对应于十进制数编号，如图中的四变量卡诺图，也就是变量的最小项可用 m_0,m_1,m_2…… 来编号。

卡诺图的特点是：任意两个相邻的最小项在图中几何位置和对称位置上都是相邻的。即卡诺图中最左列的最小项与最右列的相应最小项是相邻的，最上面一行的最小项与最下面一行的相应最小项也是相邻的。

逻辑函数的卡诺图也是唯一的，它和真值表、最小项表达式都是一一对应的。卡诺图能直观地反映最小项之间的相邻关系，有利于逻辑函数的化简。

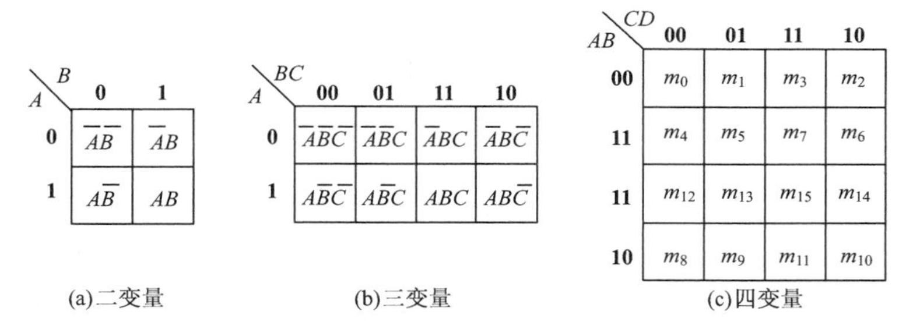

图 7.3.1　卡诺图

2. 逻辑函数的卡诺图表示

(1) 已知某逻辑函数的真值表或者最小项表达式，只要在卡诺图上将该逻辑函数对应的最小项相对应的方格内填入 1，其余的方格内填入 0，即得到该函数的卡诺图。

【例 7.11】　用卡诺图表示表 7.3.1 所示的逻辑函数。

解：对于如表 7.3.1 所示的函数 Y，在卡诺图中对应于 ABC 取值分别为 000、011、100 和 110 的方格内填入 1，其余填入 0，即得到如图 7.3.2 所示的卡诺图。

表 7.3.1　逻辑函数的真值表

A	B	C	Y
0	0	0	1
0	0	1	0
0	1	0	0
0	1	1	1
1	0	0	1
1	0	1	0
1	1	0	1
1	1	1	0

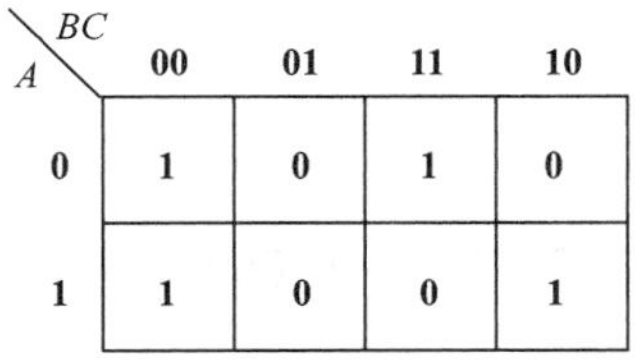

A \ BC	00	01	11	10
0	1	0	1	0
1	1	0	0	1

图 7.3.2　例 7.11 的卡诺图

【例 7.12】　用卡诺图表示逻辑函数

$$Y(A,B,C,D)=\sum m(1,3,4,6,7,11,14,15)$$

解：在与最小项 m_1、m_3、m_4、m_6、m_7、m_{11}、m_{14}、m_{15} 相对应的方格内填入 1，其余填入 0，即得该函数的卡诺图，如图 7.3.3 所示。

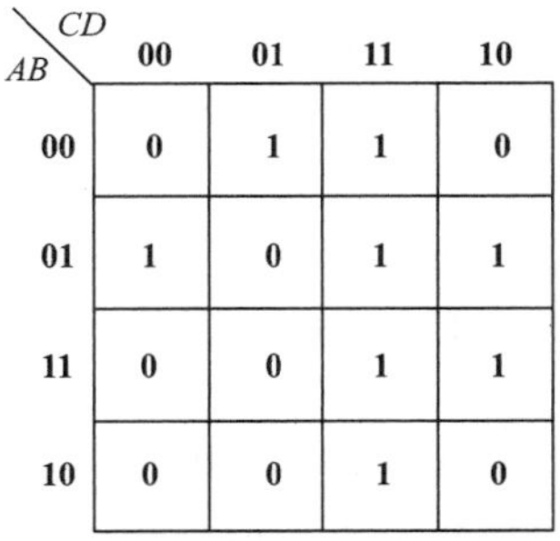

AB \ CD	00	01	11	10
00	0	1	1	0
01	1	0	1	1
11	0	0	1	1
10	0	0	1	0

图 7.3.3　例 7.12 的卡诺图

(2) 已知逻辑函数的一般逻辑表达式，可先将该函数变换为“与或”表达式（不必变换为最小项之和的形式），然后找出函数的每一个乘积项所包含的最小项（该乘积项就是这些最小项的公因子)，再在与这些最小项对应的方格内填入 1，其余填入 0，即得到该函数的卡诺图。

【例 7.13】 用卡诺图表示逻辑函数

$$Y(A,B,C,D)=\overline{(A+C)(B+\overline{D})}$$

解:方法一:对于函数 Y，首先将其变换为"与或"表达式 $Y=\overline{A}\,\overline{C}+\overline{B}\,D$，$Y$ 中的乘积项 $\overline{A}\,\overline{C}=\overline{A}\,\overline{C}(\overline{B}\,\overline{D}+\overline{B}\,D+B\overline{D}+BD)=\overline{A}\,\overline{B}\,\overline{C}\,\overline{D}+\overline{A}\,\overline{B}\,\overline{C}\,D+\overline{A}\,B\overline{C}\,\overline{D}+\overline{A}\,B\overline{C}\,D$，所以该乘积项包含有 m_0、m_1、m_4、m_5 四个最小项;同理，乘积项 $\overline{B}\,D$ 包含有 m_1、m_3、m_9、m_{11} 四个最小项。在与这些最小项对应的方格中填入 1，其余的填入 0，即得到该函数的卡诺图，如图 7.3.4(c) 所示。

方法二:先将函数变换为"与或"表达式 $Y=\overline{A}\,\overline{C}+\overline{B}D$，在卡诺图上找出 $\overline{A}\,\overline{C}$ 对应最小项同时满足 $A=0$ 和 $C=0$ 的方格，如图 7.3.4(a) 所示;再找出 $\overline{B}\,D$ 对应最小项同时满足 $B=0$ 和 $D=1$ 的方格，如图 7.3.4(b) 所示;将这些方格填入 1，其余方格填入 0，即可得到该函数的卡诺图，如图 7.3.4(c) 所示。

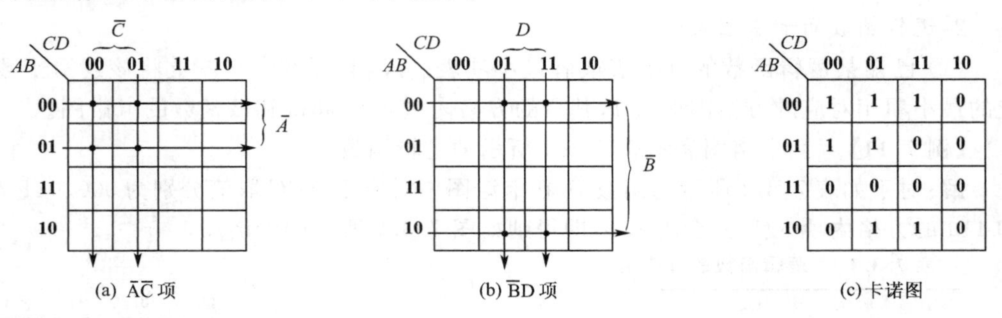

图 7.3.4 例 7.13 的卡诺图

7.3.3 卡诺图化简法

应用卡诺图化简逻辑函数时，先将逻辑表达式中的最小项(或真值表中取值为"1"的最小项)分别用"1"填入相应的小方格内，如果逻辑表达式中的最小项不全，则填写"0"或空着不填。如果逻辑表达式不是由最小项构成，一般应先化为最小项(或列其真值表)。

应用卡诺图化简逻辑函数时，应了解下列几点:

(1) 将取值为"1"的相邻小方格圈成矩形或方形，相邻小方格包括最上行与最下行及最左列与最右列同列或同行两端的两个小方格。

所圈取值为"1"的相邻小方格的个数应为 $2^n(n=0,1,2,3\cdots\cdots)$，即 1,2,4,8…… 不允许有 3,6,10,12 等。

(2) 圈的个数应最少，圈内小方格个数应尽可能多。每圈一个新圈时，必须包含至少一个在已圈过的圈中未出现的最小项，否则重复而得不到最简式。

每一个取值为"1"的小方格可被圈多次，但不能遗漏。

(3) 相邻的两项可合并为一项，并消去一个因子;相邻的四项可合并为一项，并消去两个因子;以此类推，相邻的 2^n 项可合并为一项，并消去 n 个因子。

将合并的结果相加，即为所求的最简“与或”式。

最小圈可只含一个小方格，不能化简。

【例 7.14】　将 $Y=ABC+AB\overline{C}+\overline{A}BC+A\overline{B}C$ 用卡诺图表示并化简。

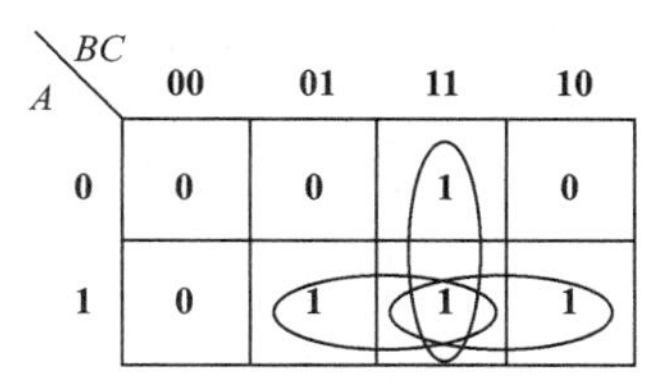

图 7.3.5　例 7.14 的卡诺图

解：卡诺图如图 7.3.5 所示。将相邻的两个“1”圈在一起，共可圈成三个圈。三个圈的最小项分别为：

$$ABC+AB\overline{C}=AB(C+\overline{C})=AB$$

$$ABC+\overline{A}BC=BC(A+\overline{A})=BC$$

$$ABC+A\overline{B}C=AC(B+\overline{B})=AC$$

于是得出化简后的逻辑式为：$Y=AB+BC+AC$

由上可知，卡诺图化简法就是保留一个圈内最小项的相同变量，而除去不同的变量。

【例 7.15】　应用卡诺图化简逻辑函数 $Y=\overline{A}\,\overline{B}\,\overline{C}+\overline{A}\,\overline{B}C+\overline{A}BC+A\overline{B}\,\overline{C}$

解：卡诺图如图 7.3.6 所示。根据图中三个圈可得出 $Y=\overline{B}\,\overline{C}+\overline{A}C+\overline{A}\,\overline{B}$

但上式并非最简式，因为：

$$Y=\overline{B}\,\overline{C}+\overline{A}C+\overline{A}\,\overline{B}=\overline{B}\,\overline{C}+\overline{A}C+\overline{A}\,\overline{B}(C+\overline{C})=\overline{B}\,\overline{C}+\overline{A}C+\overline{A}\,\overline{B}C+\overline{A}\,\overline{B}\,\overline{C}$$
$$=\overline{B}\,\overline{C}(1+\overline{A})+\overline{A}C(1+\overline{B})=\overline{B}\,\overline{C}+\overline{A}C$$

上式才是最简的，问题在于圈法不对。如果先圈两个实线圈，所有的“1”都被圈过，再圈虚线圈，必然多出一项 $\overline{A}\,\overline{B}$。因此，每圈一个圈，不但要有未圈过的“1”，而且圈数要尽可能少，以避免出现多余项。

【例 7.16】　应用卡诺图化简 $Y=\overline{A}\,\overline{B}\,\overline{C}\,\overline{D}+A\overline{B}C\overline{D}+A\overline{B}\,\overline{C}\,\overline{D}+\overline{A}\,\overline{B}C\overline{D}$。

解：卡诺图如图 7.3.7 所示。可将最上行两角的“1”和最下行两角的“1”，共四个“1”圈在一起，其相同变量为 $\overline{B}\,\overline{D}$，故直接得出 $Y=\overline{B}\,\overline{D}$。

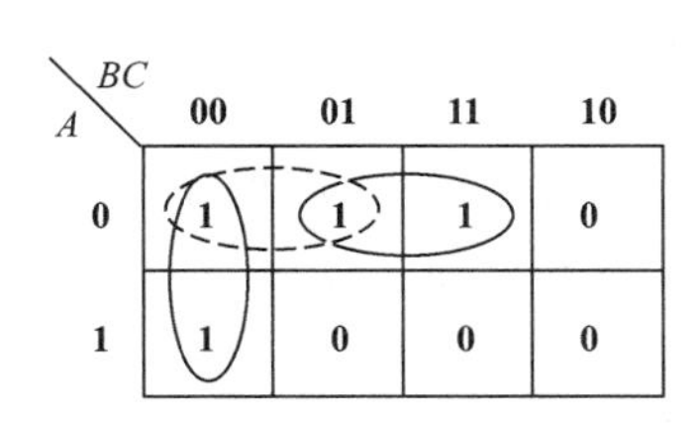

图 7.3.6　例 7.15 的卡诺图

AB \ CD	00	01	11	10
00	1	0	0	1
01	0	0	0	0
11	0	0	0	0
10	1	0	0	1

图 7.3.7　例 7.16 的卡诺图

【例 7.17】　应用卡诺图化简 $Y=\overline{A}+\overline{A}\,\overline{B}+BC\overline{D}+B\overline{D}$。

解：首先画出四变量的卡诺图，如图 7.3.8 所示，将式中各项在对应的卡诺图小方格内填入 1。在本例中，每一项并非只对应一个小方格。如 $\overline{A}$ 项，应在含有 $\overline{A}$ 的所有小方格内都填入 1（与其他变量为何值无关），即图中上面八个小方格。含有 $\overline{A}\,\overline{B}$ 的小方格有最上面四个，已含在 $\overline{A}$ 项内。同理，可在 $BC\overline{D}$ 和 $B\overline{D}$ 所对应的小方格内也填入 1，而后圈成两个圈，相邻项合并，得出 $Y=\overline{A}+AB\overline{D}=\overline{A}+B\overline{D}$。

【例 7.18】 应用卡诺图化简 $Y=\overline{A}\,\overline{B}C+\overline{A}BC+A\overline{B}\,\overline{C}+A\overline{B}C+ABC+AB\overline{C}$。

解：卡诺图如图 7.3.9 所示。

AB \ CD	00	01	11	10
00	1	1	1	1
01	1	1	1	1
11	1	0	0	1
10	0	0	0	0

图 7.3.8　例 7.17 的卡诺图

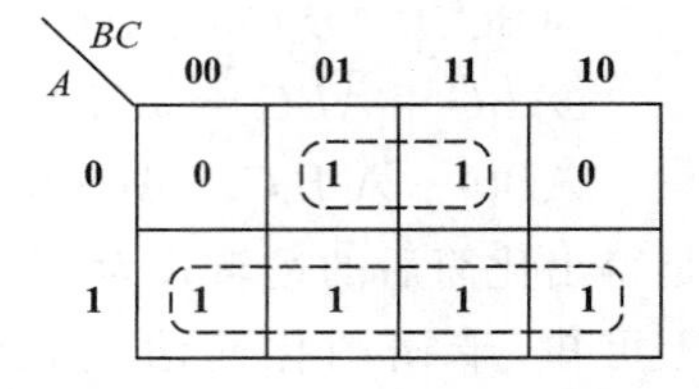

图 7.3.9　例 7.18 的卡诺图

(1) 将取值为“1”的小方格圈成两个圈，得出 $Y=A+\overline{A}C=A+C$

(2) 也可将取值为“0”的两个小方格圈成一个圈，得出：

$$\overline{Y}=\overline{A}\,\overline{B}\,\overline{C}+\overline{A}B\overline{C}=\overline{A}\,\overline{C}$$

$$Y=\overline{\overline{A}\,\overline{C}}=A+C$$

如果卡诺图中“0”的小方格较“1”的小方格少得多，则圈“0”更为简便。

本章小结

这一章所讲的主要内容是逻辑门电路的基本概念、分立元件基本逻辑门电路，几种 TTL 门电路、CMOS 门电路，逻辑代数的运算法则、逻辑函数的表示方法及逻辑函数的化简这三部分知识。

1. 所谓“门”就是一种开关，在条件满足时它允许信号通过，条件不满足时，信号就通不过。因此，门电路的输入信号与输出信号之间存在一定的逻辑关系，所以门电路又称为逻辑门电路。基本逻辑门电路有“与”门、“或”门和“非”门。用以实现基本逻辑运算和复合逻辑运算的单元电路称为门电路。

2. 分立元件门电路，介绍了“与”门、“或”门和“非”门，通过它们可以具体地体会到与、或、非三种最基本的逻辑运算是怎样与半导体电子线路联系起来的，即用电子电路是怎样实现与、或、非运算的。

3. 为了进行逻辑运算，必须熟练掌握逻辑代数的基本公式。

4. 在逻辑函数的表示方法中一共介绍了四种方法，即真值表、逻辑表达式、逻辑图和卡诺图，这四种方法之间可以互相转换。在实际使用中，根据具体情况可以选择最适当的方法来表示。

5. 本章的重点之一是逻辑函数的化简方法，在本章中讲了两种化简方法：公式化简法和卡诺图化简法。公式化简法要求使用者熟练掌握基本定理和常用公式，而且有一定的运算技巧和经验；卡诺图化简法则简单明了，而且有一定的规律可循，但是它只适用于变量数较少的逻辑函数。

习题七

一、填空题

1. 逻辑函数的4种表达形式为________、________、________和________。

2. 逻辑函数的吸收律是$A+AB=$________，$A+\overline{A}B=$________；摩根定理（又称反演律）是$\overline{A+B}=$________，$\overline{AB}=$________。

3. 两变量逻辑函数的最小项是________、________、________和________。

二、选择题

1. 函数$Y=A+BC$的反函数为________，对偶函数为________。

A. $Y'=A+(B+C)$　　B. $Y'=\overline{A}\cdot(\overline{B}+\overline{C})$

C. $Y'=\overline{A}+\overline{B}\cdot\overline{C}$　　D. $Y'=A\cdot(B+C)$

2. 函数$Y(A,B)=A+B$的最小项表达式为________。

A. $Y(A,B)=\sum m(1,2,3)$　　B. $Y(A,B)=\sum m(0,1,3)$

C. $Y(A,B)=\sum m(0,1,2)$　　D. $Y(A,B)=\sum m(2,3)$

3. 卡诺图逻辑变量的取值是按________的顺序排列的。

A. 8421码　　B. 余3码　　C. 格雷码　　D. BCD码

4. 卡诺图上任何2^n个相邻的最小项，可以合并为一项，并消去________变量。

A. 1个　　B. n个　　C. 2个　　D. $(n-1)$个

三、练习题

1. 计算

(1)写出下列各数的按权展开式：

$(3027)_{10}$；$(827)_{10}$；$(1001)_2$；$(11101)_2$；$(273)_{16}$；$(4B5)_{16}$

(2)将下列各数转换为十进制数：

$(1011)_2$；$(11011)_2$；$(4A)_{16}$；$(37)_{16}$

(3)将下列各数转换为二进制、八进制和十六进制数：

$(41)_{10}$；$(372.84)_{10}$；$(127)_8$；$(78)_{16}$；$(3B.7C)_{16}$

2. 列出下列函数的真值表，画出相应的卡诺图：

(1)$Y(A,B,C)=AB+BC+CA$　　(2)$Y(A,B,C)=\overline{\overline{A}BC(B+\overline{C})}$

(3)$Y(A,B,C,D)=\overline{AB+AD+\overline{B}C}$

3. 由逻辑表达式画出逻辑图：

(1)$Y=AB+\overline{C}D+BC$　　(2)$Y=\overline{\overline{AB}+(C\oplus D)}$

4. 用公式化简法化简下列逻辑函数：

(1)$Z(A,B,C)=A\overline{B}+B+\overline{A}B$　　(2)$Z(A,B,C)=A\overline{B}C+\overline{A}+B+C$

(3)$Z(A,B,C,D)=A\overline{B}CD+ABD+A\overline{C}D$

(4)$Z(A,B,C)=(A+B+C)(\overline{A}+\overline{B}+\overline{C})$

5.用卡诺图法将下列函数化为最简"与或"式:

(1)$Z(A,B,C)=\overline{A}+A\overline{B}C+A\overline{C}$

(2)$Z(A,B,C)=\overline{A}+\overline{B}+\overline{A}\,\overline{B}+ABC+B\overline{C}$

(3)$Z(A,B,C,D)=A\overline{B}\,\overline{C}+\overline{A}\,\overline{B}+\overline{A}D+C+BD$

(4)$Z(A,B,C,D)=A\overline{B}+C\overline{D}+ABD+\overline{A}BD$

(5)$Z(A、B、C)=\sum m(0,1,2,5,6,7)$

(6)$Z(A、B、C、D)=\sum m(0,1,3,6,7,9,10,11,14)$

(7)$Z(A、B、C)=\sum m(0,1,2,4)+\sum d(3,5)$

(8)$Z(A、B、C、D)=\sum m(2,3,7,8,11,14)+\sum d(0,5,10,15)$

第8章 组合逻辑电路

本 章 提 要

在数字系统中，根据逻辑功能特点的不同，数字电路可分为两大类：一类是组合逻辑电路(简称组合电路)，另一类是时序逻辑电路(简称时序电路)。所谓组合电路是指电路在任一时刻的输出状态只与同一时刻各输入状态的组合有关，而与前一时刻的输出状态无关。如图 8.0 所示，组合逻辑电路的特点是：

(1)输出、输入之间没有反馈延迟通路；

(2)电路中不含记忆元件。

本章主要介绍组合逻辑电路的分析和设计方法，常用的几种组合逻辑电路，如加法器、编码器、译码器、数据分配器和数据选择器等及其应用。

图 8.0 组合逻辑电路示意图

8.1 组合逻辑电路的分析和设计

8.1.1 组合逻辑电路的分析

分析组合逻辑电路的步骤大致如下：

已知逻辑图→写逻辑表达式→运用逻辑代数化简或变换→列真值表→分析逻辑功能。

【例 8.1】 分析如图 8.1.1 所示的逻辑图。

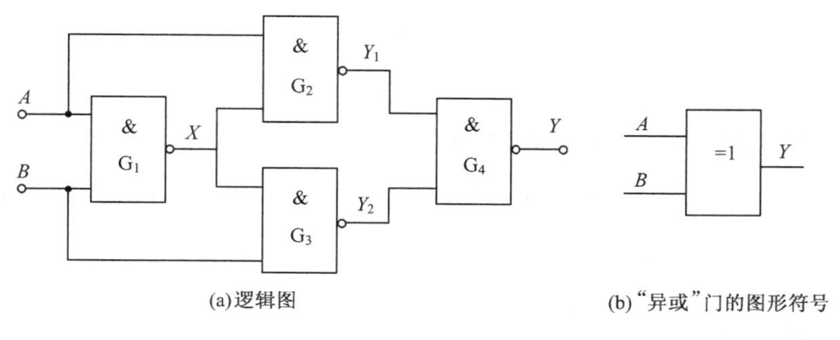

(a)逻辑图 (b)“异或”门的图形符号

图 8.1.1 例 8.1 的逻辑图

解：

(1)由逻辑图写出逻辑表达式；

从输入端到输出端，依次写出各个门的逻辑表达式，最后写出输出变量 Y 的逻辑表达式：

G1 门　$X=\overline{AB}$

G2 门　$Y_1=\overline{AX}=\overline{A\cdot\overline{AB}}$

G3 门　$Y_2=\overline{BX}=\overline{B\cdot\overline{AB}}$

G4 门　$Y=\overline{Y_1Y_2}=\overline{\overline{A\cdot\overline{AB}}\cdot\overline{B\cdot\overline{AB}}}=\overline{\overline{A\cdot\overline{AB}}}+\overline{\overline{B\cdot\overline{AB}}}=A\cdot\overline{AB}+B\cdot\overline{AB}$

$=A(\overline{A}+\overline{B})+B(\overline{A}+\overline{B})=A\overline{A}+A\overline{B}+B\overline{A}+B\overline{B}=A\overline{B}+\overline{A}B$

(2)由逻辑表达式列出真值表，如表 8.1.1 所示；

(3)分析逻辑功能。

当输入端 A 和 B 不是同为“1”或“0”时，输出为“1”；否则，输出为“0”。这种电路称为“异或”门电路，其图形符号如图 8.1.1(b)所示。逻辑式也可写成：

$$Y=A\overline{B}+\overline{A}B=A\oplus B \quad \text{(式 8.1)}$$

表 8.1.1　例 8.1 的真值表

A	B	Y
0	0	0
0	1	1
1	0	1
1	1	0

【例 8.2】 某一组合逻辑电路如图 8.1.2 所示，试分析其逻辑功能。

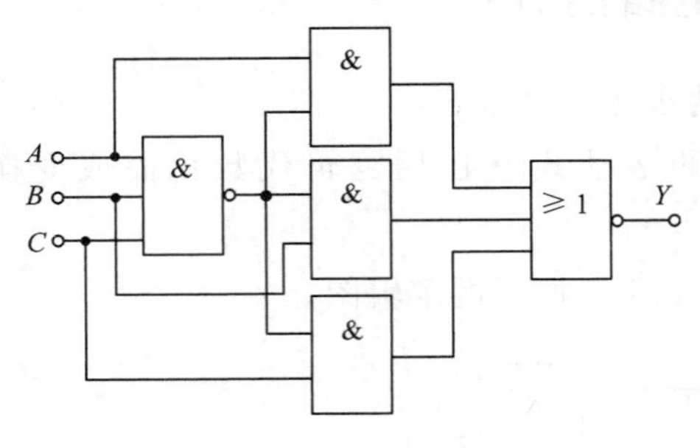

图 8.1.2　例 8.2 的逻辑图

解：(1)由逻辑图写出逻辑表达式，并化简；

$$Y=\overline{\overline{ABC}\cdot A+\overline{ABC}\cdot B+\overline{ABC}\cdot C}=\overline{\overline{ABC}(A+B+C)}$$

$$=\overline{\overline{ABC}}+\overline{(A+B+C)}=ABC+\overline{A}\,\overline{B}\,\overline{C}$$

(2)由逻辑表达式列出真值表，如表 8.1.2 所示；

(3)分析逻辑功能。

当输入端 A、B、C 全为“0”或全为“1”时，输出 Y 才为“1”，否则为“0”。这种电路称为“判一致电路”，可用于判断三个输入端的状态是否一致。

表 8.1.2　例 8.2 的真值表

A	B	C	Y
0	0	0	1
0	0	1	0
0	1	0	0
0	1	1	0
1	0	0	0
1	0	1	0
1	1	0	0
1	1	1	1

8.1.2　组合逻辑电路的设计

设计组合逻辑电路的步骤大致如下：

已知逻辑要求→列真值表→写逻辑表达式→化简或变换→画逻辑图。

【例 8.3】　试设计一逻辑电路供三人（A、B、C）表决使用。每人有一按键，如果赞成，就按按键，表示“1”；如果不赞成，不按按键，表示“0”。表决结果用指示灯来表示，如果多数赞成，则指示灯亮，$Y=1$；反之则不亮，$Y=0$。

解：(1)由题意列出真值表；

共有 8 种组合，$Y=1$ 的只有四种。真值表如表 8.1.3 所示。

表 8.1.3　例 8.3 的真值表

A	B	C	Y
0	0	0	0
0	0	1	0
0	1	0	0
0	1	1	1
1	0	0	0
1	0	1	1
1	1	0	1
1	1	1	1

(2)由真值表写出逻辑表达式；

$$Y=AB\overline{C}+A\overline{B}C+\overline{A}BC+ABC$$

(3)变换和化简逻辑表达式；

对上式应用逻辑代数运算法则进行变换和化简：

$$\begin{aligned}Y&=AB\overline{C}+A\overline{B}C+\overline{A}BC+ABC+ABC+ABC\\&=AB(C+\overline{C})+BC(A+\overline{A})+CA(B+\overline{B})\\&=AB+BC+CA=AB+C(A+B)\end{aligned}$$

(4)由逻辑表达式画出逻辑图。

由上式画出的逻辑图，如图 8.1.3 所示。

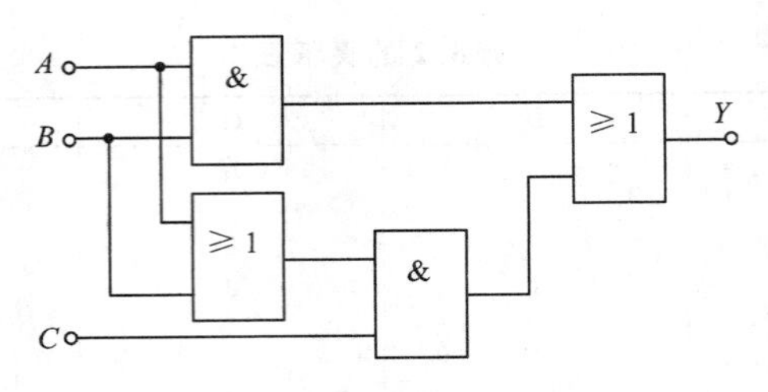

图 8.1.3　例 8.3 的逻辑图

【例 8.4】　有三个班学生上自习，大教室能容纳两个班学生，小教室能容纳一个班学生，设计两个教室是否开灯的逻辑控制电路，要求如下：

一个班学生上自习，开小教室的灯；

两个班上自习，开大教室的灯；

三个班上自习，两个教室都开灯。

解：(1)确定输入、输出变量的个数。根据电路要求，设输入变量为 A、B、C，分别表示三个班学生是否上自习，1 表示上自习，0 表示不上自习；输出变量 L 和 S 分别表示大教室、小教室的灯是否亮，1 表示亮，0 表示不亮。

(2)列真值表，如表 8.1.4 所示。

表 8.1.4　　例 8.4 的真值表

A	B	C	L	S
0	0	0	0	0
0	0	1	0	1
0	1	0	0	1
0	1	1	1	0
1	0	0	0	1
1	0	1	1	0
1	1	0	1	0
1	1	1	1	1

(3)利用卡诺图化简，如图 8.1.4(a)所示，得到最简逻辑表达式为

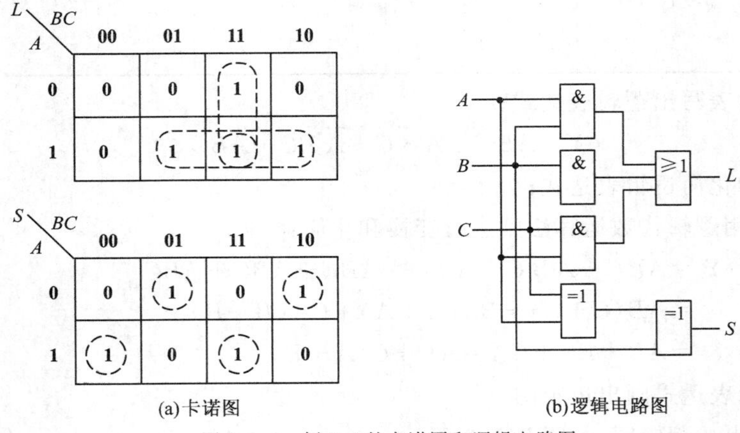

(a)卡诺图　　(b)逻辑电路图

图 8.1.4　例 8.4 的卡诺图和逻辑电路图

$$L=BC+AC+AB+ABC$$
$$S=\overline{A}\,\overline{B}C+\overline{A}B\overline{C}+A\overline{B}\,\overline{C}+ABC$$
$$=(\overline{A}\,\overline{B}+AB)C+(\overline{A}B+A\overline{B})\overline{C}$$
$$=\overline{A\oplus B}\cdot C+A\oplus B\cdot\overline{C}=A\oplus B\oplus C$$

(4)由逻辑表达式画出逻辑图，如图 8.1.4(b)所示。

8.2　加法器

在数字系统，尤其是在计算机的数字系统中，二进制加法器是最基本的部件之一。

8.2.1　半加器

所谓“半加”，就是只求本位的和，暂不管低位送来的进位数，半加器的真值表如表 8.2.1 所示。

其中，A 和 B 是两个加数，S 是半加和数，C 是进位数。

由真值表可写出逻辑式：

$$S=A\overline{B}+B\overline{A}=A\oplus B$$

$$C=AB=\overline{\overline{AB}}$$

表 8.2.1　　半加器真值表

A	B	C	S
0	0	0	0
0	1	0	1
1	0	0	1
1	1	1	0

由逻辑表达式就可画出逻辑图，如图 8.2.1(a)和图 8.2.1(b)所示，由一个“异或”门(即图 8.1.1)和一个“与”门组成。半加器是一种组合逻辑电路，其图形符号如图 8.2.1(c)所示。

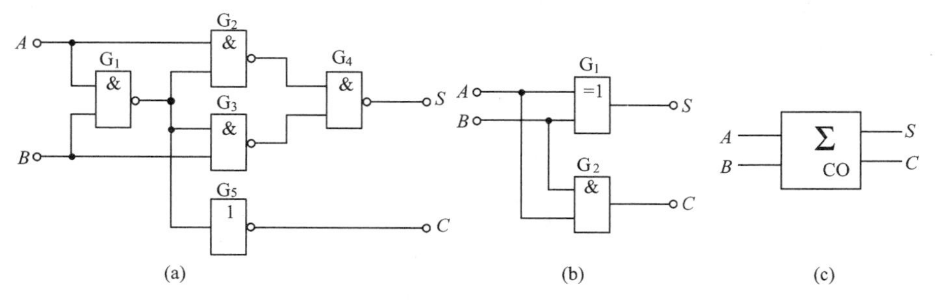

图 8.2.1　半加器逻辑图及其图形符号

8.2.2　全加器

当多位数相加时，半加器可用于最低位求和，并给出进位数。第二位的相加有两个

待加数 A_i 和 B_i，还有一个来自前面低位送来的进位数 C_{i-1}。这三个数相加，得出本位和数(全加和数)S_i 和进位数 C_i。这种就是“全加”，表 8.2.2 是全加器的真值表。

表 8.2.2　　全加器真值表

A_i	B_i	C_{i-1}	C_i	S_i
0	0	0	0	0
0	0	1	0	1
0	1	0	0	1
0	1	1	1	0
1	0	0	0	1
1	0	1	1	0
1	1	0	1	0
1	1	1	1	1

全加器可用两个半加器和一个“或”门组成，如图 8.2.2(a)所示。A_i 和 B_i 在第一个半加器中相加，得出的结果再和 C_{i-1} 在第二个半加器中相加，即得出全加和数 S_i。两个半加器的进位数通过“或”门输出作为本位的进位数 C_i。全加器也是一种组合逻辑电路，其图形符号如图 8.2.2(b)所示。

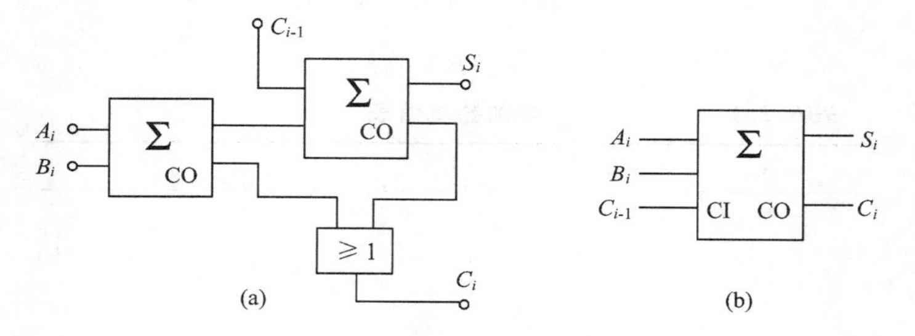

图 8.2.2　全加器逻辑图及其图形符号

【例 8.5】 用四个全加器组成一个逻辑电路以实现两个四位的二进制数 A——1101(十进制为 13)和 B——1011(十进制为 11)的加法运算。

解：逻辑电路如图 8.2.3 所示，和数是 S——11000(十进制为 24)。根据全加器的逻辑状态表自行分析。

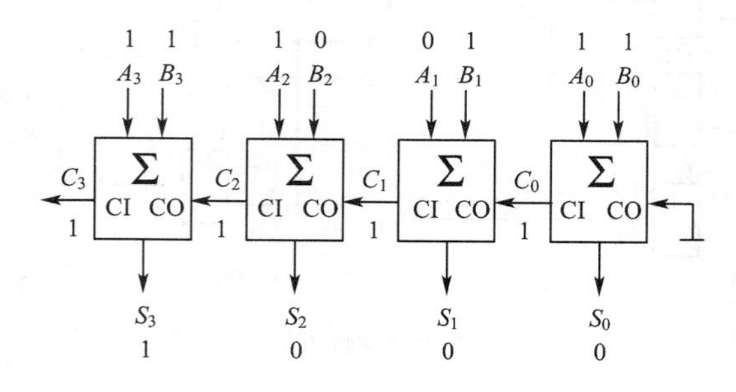

图 8.2.3　例 8.5 的逻辑图

这种全加器的任意一位的加法运算，都必须等到低位加法完成，送来进位时才能进行，这种进位方式称为串行进位，但和数是并行相加的。这种串行加法器的缺点是运算速度慢，但电路比较简单，因此在对运算速度要求不高的设备中，仍不失为一种可取的全加器。T692 集成加法器就是这种串行加法器。

8.3　编码器

一般来讲，用数字或某种文字和符号来表示某一对象或信号的过程，称为编码。例如装电话要给个电话号码，寄信要有邮政编码等，都是编码。

十进制编码或某种文字和符号的编码难于用电路来实现。在数字电路中，一般用的是二进制编码。二进制只有 0 和 1 两个数码，可以把若干个 0 和 1 按一定规律编排起来组成不同的代码(二进制数)来表示某一对象或信号。一位二进制代码有 0 和 1 两种，可以表示两个信号；两位二进制代码有 00、01、10、11 四种，可以表示四个信号；n 位二进制代码有 2^n 种，可以表示 2^n 个信号。这种二进制编码在电路上容易实现，下面讨论三种编码器。

8.3.1　二进制编码器

二进制编码器是将某种信号编成二进制代码的电路。例如，要把 I_0，I_1，I_2，I_3，I_4，I_5，I_6，I_7 八个输入信号编成对应的二进制代码而输出，其编码过程如下：

1. 确定二进制代码的位数

因为输入有八个信号，所以输出的是三位($2^n=8$，$n=3$)二进制代码，这种编码器通常称为 8 线-3 线编码器。

2. 列编码表

编码表是待编码的八个信号和对应的二进制代码列成的表格。这种对应关系是人为的。用三位二进制代码表示八个信号的方案很多，表 8.3.1 所列的是其中一种，每种方案都有一定的规律性，便于记忆。

表 8.3.1　三位二进制编码器的编码表

输　入	输　出		
	Y_2	Y_1	Y_0
I_0	0	0	0
I_1	0	0	1
I_2	0	1	0
I_3	0	1	1
I_4	1	0	0
I_5	1	0	1
I_6	1	1	0
I_7	1	1	1

3. 由编码表写出逻辑式

$$Y_2=I_4+I_5+I_6+I_7=\overline{\overline{I_4+I_5+I_6+I_7}}=\overline{\overline{I_4}\cdot\overline{I_5}\cdot\overline{I_6}\cdot\overline{I_7}}$$

$$Y_1=I_2+I_3+I_6+I_7=\overline{\overline{I_2+I_3+I_6+I_7}}=\overline{\overline{I_2}\cdot\overline{I_3}\cdot\overline{I_6}\cdot\overline{I_7}}$$

$$Y_0=I_1+I_3+I_5+I_7=\overline{\overline{I_1+I_3+I_5+I_7}}=\overline{\overline{I_1}\cdot\overline{I_3}\cdot\overline{I_5}\cdot\overline{I_7}}$$

4. 由逻辑式画出逻辑图

逻辑图如图 8.3.1 所示，输入信号一般不允许出现两个或两个以上同时输入。例如，当 $I_1=1$，其余为 0 时，则输出为 001；当 $I_6=1$，其余为 0 时，则输出为 110；二进制代码 001 和 110 分别表示输入信号 I_1 和 I_6；当 $I_1\sim I_7$ 均为 0 时，输出为 000，即表示 I_0。

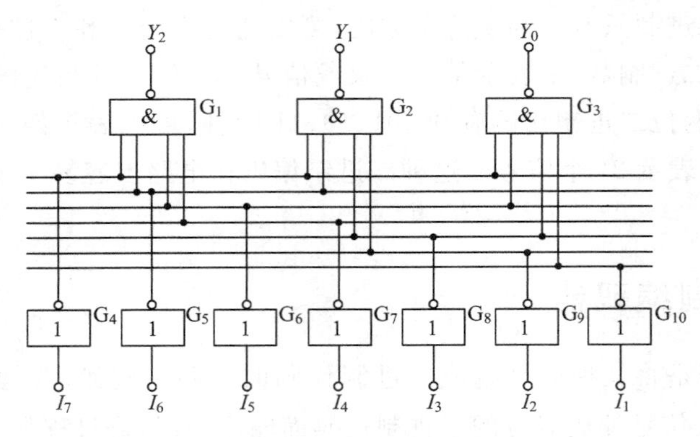

图 8.3.1 三位二进制编码器的逻辑图

8.3.2 二-十进制编码器

二-十进制编码器是将十进制的十个数码 0、1、2、3、4、5、6、7、8、9 编成二进制代码的电路，输入的是 0～9 十个数码，输出的是对应的二进制代码。这种二进制代码又称为二-十进制代码，简称 BCD 码。

1. 确定二进制代码的位数

因为输入有十个数码，所以输出的应是四位（$2^n>10$，取 $n=4$）二进制代码。这种编码器通常称为 10 线-4 线编码器。

2. 列编码表

四位二进制代码共有十六种状态，其中任何十种状态都可表示 0～9 十个数码，方案很多。最常用的是 8421 编码方式，就是在四位二进制代码的十六种状态中取出前面十种状态，表示 0～9 十个数码，后面六种状态去掉，见表 8.3.2。二进制代码各位的 1 所代表的十进制数从高位到低位依次为 8、4、2、1，称之为“权”，而后把每个数码乘以各位的“权”，相加，即得出该二进制代码所表示的一位十进制数。例如“1001”，这个二进制代码就是表示：

$$1\times8+0\times4+0\times2+1=8+0+0+1=9$$

表 8.3.2　　　　8421 码编码表

输　入	输　出			
十进制数	Y_3	Y_2	Y_1	Y_0
$0(I_0)$	0	0	0	0
$1(I_1)$	0	0	0	1
$2(I_2)$	0	0	1	0
$3(I_3)$	0	0	1	1
$4(I_4)$	0	1	0	0
$5(I_5)$	0	1	0	1
$6(I_6)$	0	1	1	0
$7(I_7)$	0	1	1	1
$8(I_8)$	1	0	0	0
$9(I_9)$	1	0	0	1

3. 由编码表写出逻辑式

$$Y_3 = I_8 + I_9 = \overline{\overline{I_8} \cdot \overline{I_9}}$$

$$Y_2 = I_4 + I_5 + I_6 + I_7 = \overline{\overline{I_4} \cdot \overline{I_5} \cdot \overline{I_6} \cdot \overline{I_7}}$$

$$Y_1 = I_2 + I_3 + I_6 + I_7 = \overline{\overline{I_2} \cdot \overline{I_3} \cdot \overline{I_6} \cdot \overline{I_7}}$$

$$Y_0 = I_1 + I_3 + I_5 + I_7 + I_9 = \overline{\overline{I_1} \cdot \overline{I_3} \cdot \overline{I_5} \cdot \overline{I_7} \cdot \overline{I_9}}$$

4. 由逻辑式画出逻辑图

计算机的键盘输入电路就是由编码器组成的。图 8.3.2 是有十个按键的 8421 码编码器的逻辑图。按下某个按键，输入相应的一个十进制数码。例如，按下 S_5 键，输入 5，即 $I_5=1$，$\overline{I_5}=0$，输出为 0101，即将十进制数码 5 编成二进制代码 0101；按下 S_0 键，则输出为 0000。

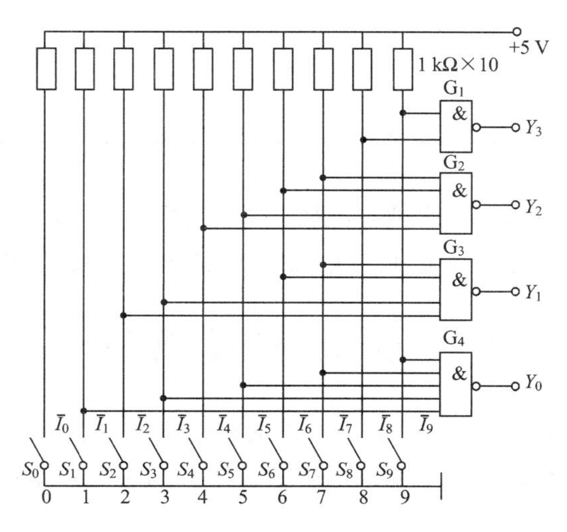

图 8.3.2　十键 8421 码编码器的逻辑图

8.3.3 集成优先编码器

集成优先编码器的常见型号为：10 线-4 线的有 74/54147、74/54LS147；8 线-3 线的有 74/54148、74/54LS148。

图 8.3.3(a)、(b)所示分别为 74LS147 的符号图和引脚图，其功能表如表 8.3.3 所示。

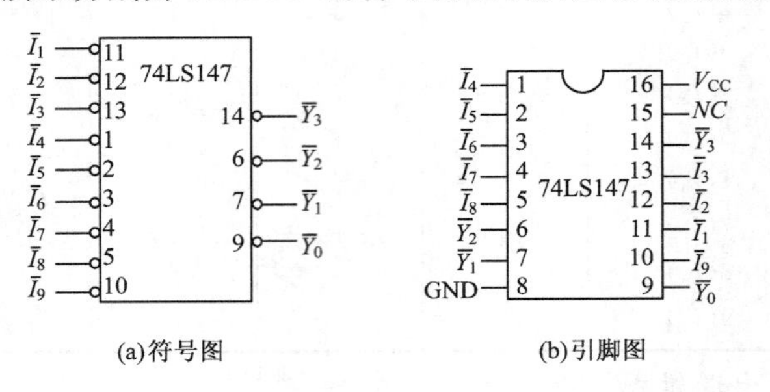

图 8.3.3 74LS147 优先编码器

表 8.3.3 74LS147 的功能表

输入									输出			
$\overline{I_9}$	$\overline{I_8}$	$\overline{I_7}$	$\overline{I_6}$	$\overline{I_5}$	$\overline{I_4}$	$\overline{I_3}$	$\overline{I_2}$	$\overline{I_1}$	$\overline{Y_3}$	$\overline{Y_2}$	$\overline{Y_1}$	$\overline{Y_0}$
1	1	1	1	1	1	1	1	1	1	1	1	1
0	×	×	×	×	×	×	×	×	0	1	1	0
1	0	×	×	×	×	×	×	×	0	1	1	1
1	1	0	×	×	×	×	×	×	1	0	0	0
1	1	1	0	×	×	×	×	×	1	0	0	1
1	1	1	1	0	×	×	×	×	1	0	1	0
1	1	1	1	1	0	×	×	×	1	0	1	1
1	1	1	1	1	1	0	×	×	1	1	0	0
1	1	1	1	1	1	1	0	×	1	1	0	1
1	1	1	1	1	1	1	1	0	1	1	1	0

在表 8.3.3 中，输入低电平有效，$\overline{I_9}$ 为最高优先级，$\overline{I_1}$ 为最低优先级。即只要 $\overline{I_9}$ 为低电平，不管其他输入端是 0 还是 1，输出只对 $\overline{I_9}$ 编码，输出为 8421BCD 码的反码。

8.4 译码器和数字显示

译码和编码的过程正好相反。编码是将某种信号或十进制的十个数码（输入）编成二进制代码（输出），译码是将二进制代码（输入）按其编码时的原意译成对应的信号或十进制数码（输出）。

8.4.1　二进制译码器

例如，要把输入的一组三位二进制代码译成对应的八个输出信号，其译码过程如下：

1. 列出译码器的状态表

设输入的三位二进制代码为 ABC，输出八个信号，低电平有效，设为 $\overline{Y}_0 \sim \overline{Y}_7$。每个输出代表输入的一种组合，并设 $ABC=000$ 时，$\overline{Y}_0=0$，其余输出为 1；$ABC=001$ 时，$\overline{Y}_1=0$，其余输出为 1……$ABC=111$ 时，$\overline{Y}_7=0$，其余输出为 1，则列出的状态表如表 8.4.1 所示。

表 8.4.1　　三位二进制译码器的状态表

输入			输出							
A	B	C	$\overline{Y}_0$	$\overline{Y}_1$	$\overline{Y}_2$	$\overline{Y}_3$	$\overline{Y}_4$	$\overline{Y}_5$	$\overline{Y}_6$	$\overline{Y}_7$
0	0	0	0	1	1	1	1	1	1	1
0	0	1	1	0	1	1	1	1	1	1
0	1	0	1	1	0	1	1	1	1	1
0	1	1	1	1	1	0	1	1	1	1
1	0	0	1	1	1	1	0	1	1	1
1	0	1	1	1	1	1	1	0	1	1
1	1	0	1	1	1	1	1	1	0	1
1	1	1	1	1	1	1	1	1	1	0

2. 由状态表写出逻辑式

$$\overline{Y}_0=\overline{\overline{A}\,\overline{B}\,\overline{C}} \quad \overline{Y}_1=\overline{\overline{A}\,\overline{B}\,C} \quad \overline{Y}_2=\overline{\overline{A}\,B\,\overline{C}} \quad \overline{Y}_3=\overline{\overline{A}\,BC}$$

$$\overline{Y}_4=\overline{A\,\overline{B}\,\overline{C}} \quad \overline{Y}_5=\overline{A\,\overline{B}\,C} \quad \overline{Y}_6=\overline{AB\overline{C}} \quad \overline{Y}_7=\overline{ABC}$$

3. 由逻辑式画出逻辑图（见图 8.4.1）

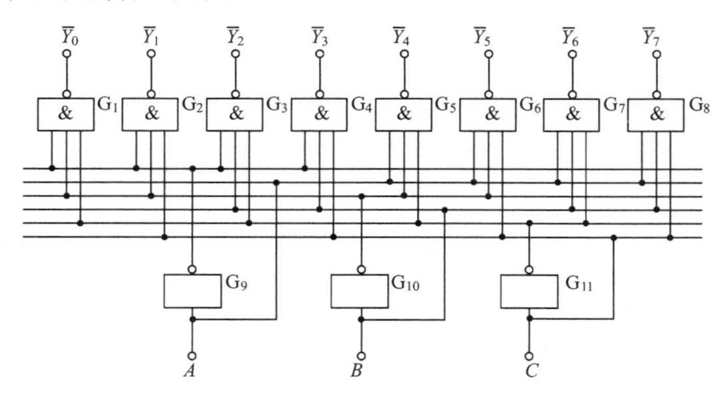

图 8.4.1　三位二进制译码器

这种三位二进制译码器也称为 3 线-8 线译码器。二进制译码器除 3 线-8 线译码器外，还有 2 线-4 线译码器和 4 线-16 线译码器。

图 8.4.2(a)、(b)所示分别为 74LS138 的符号图和引脚图，其逻辑功能表如表 8.4.2 所示。该译码器设置了 ST_A、$\overline{ST}_B$、$\overline{ST}_C$ 三个使能端，当 $ST_A=1$，$\overline{ST}_B=\overline{ST}_C=0$ 时，译码器处于工作状态。

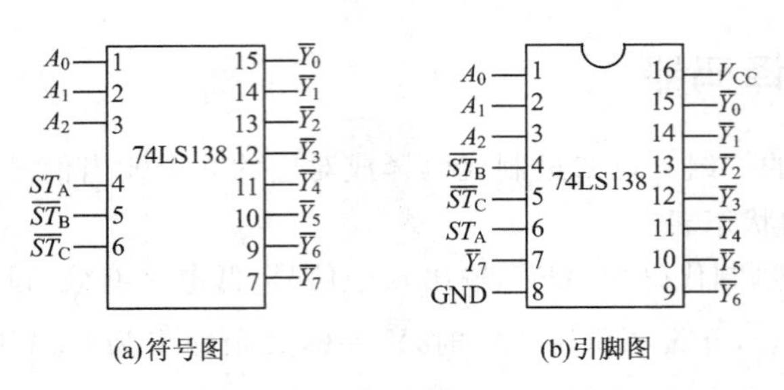

(a)符号图　(b)引脚图

图 8.4.2　74LS138 符号图和引脚图

表 8.4.2　　74LS138 的逻辑功能表

输入					输出							
ST_A	$\overline{ST}_B+\overline{ST}_C$	A_2	A_1	A_0	$\overline{Y}_7$	$\overline{Y}_6$	$\overline{Y}_5$	$\overline{Y}_4$	$\overline{Y}_3$	$\overline{Y}_2$	$\overline{Y}_1$	$\overline{Y}_0$
×	1	×	×	×	1	1	1	1	1	1	1	1
0	×	×	×	×	1	1	1	1	1	1	1	1
1	0	0	0	0	1	1	1	1	1	1	1	0
1	0	0	0	1	1	1	1	1	1	1	0	1
1	0	0	1	0	1	1	1	1	1	0	1	1
1	0	0	1	1	1	1	1	1	0	1	1	1
1	0	1	0	0	1	1	1	0	1	1	1	1
1	0	1	0	1	1	1	0	1	1	1	1	1
1	0	1	1	0	1	0	1	1	1	1	1	1
1	0	1	1	1	0	1	1	1	1	1	1	1

【例 8.6】　试用译码器实现逻辑式 $Y=AB+BC+CA$。

解：由于是三变量函数，故选用 3 线-8 线译码器。该译码器的输入端为 A_2、A_1、A_0（与图 8.4.3 中的 A、B、C 对应）。

将逻辑式用最小项表示如下：

$$Y=AB+BC+CA=\overline{A}BC+A\overline{B}C+AB\overline{C}+ABC$$

将输入变量 A、B、C 分别对应地接到译码器的输入端 A_2、A_1、A_0。由表 8.4.2 的状态表或逻辑式可得出：

$$\overline{Y}_3=\overline{\overline{A}BC}\qquad \overline{Y}_5=\overline{A\overline{B}C}$$

$$\overline{Y}_6=\overline{AB\overline{C}}\qquad \overline{Y}_7=\overline{ABC}$$

因此得出 $Y=Y_3+Y_5+Y_6+\overline{Y}_7=\overline{\overline{Y}_3\cdot\overline{Y}_5\cdot\overline{Y}_6\cdot\overline{Y}_7}$。

用 74LS138 型译码器实现上式的逻辑图如图 8.4.3 所示。

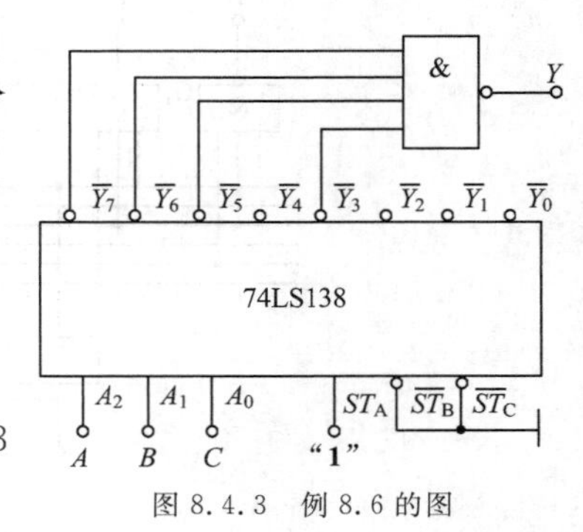

图 8.4.3　例 8.6 的图

8.4.2　二-十进制显示译码器

在数字仪表、计算机和其他数字系统中，常常要把测量数据和运算结果用十进制数显示出来。这就要用到显示译码器，它能够把"8421"二-十进制代码译成能用显示器件显示出来的十进制数。

常用的显示器件有半导体数码管、液晶数码管和荧光数码管等。下面只介绍半导体数码管。

1. 半导体数码管

半导体数码管(或称 LED 数码管)的基本单元是 PN 结,目前较多采用磷砷化镓做成的 PN 结,当外加正向电压时,就能发出清晰的光线。单个 PN 结可以封装成发光二极管,多个 PN 结可以按分段式封装成半导体数码管,其管脚排列如图 8.4.4 所示。发光二极管的工作电压为 1.5～3 V,工作电流为几毫安到十几毫安,寿命很长。

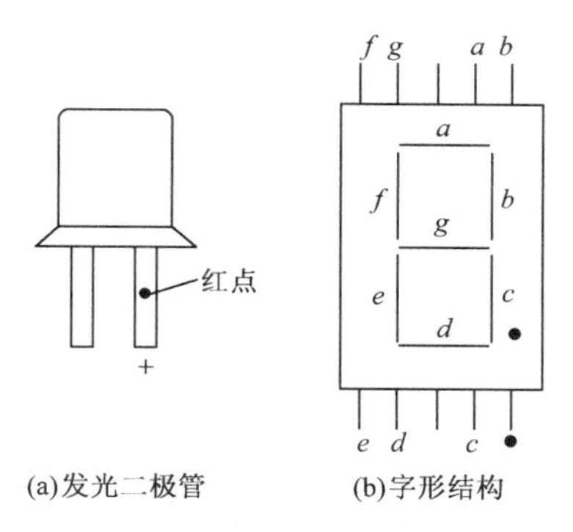

(a)发光二极管　(b)字形结构

图 8.4.4　半导体数码管

半导体数码管将十进制数码分成七个字段,每段为一个发光二极管,其字形结构如图 8.4.4(b)所示。选择不同字段发光,可显示出不同的字形。例如,当 a,b,c,d,e,f,g 七个字段全亮时,显示出 8;当 b,c 字段亮时,显示出 1。

半导体数码管中七个发光二极管有共阴极和共阳极两种接法,如图 8.4.5 所示。前者,某一字段接高电平时发光;后者,接低电平时发光。使用时每个发光二极管都要串联限流电阻。

(a)共阴极　(b)共阳极

图 8.4.5　半导体数码管的两种接法

2. 七段显示译码器

七段显示译码器的功能是把“8421”二-十进制代码译成对应于数码管的七个字段信号,驱动数码管,显示出相应的十进制数码。如果采用共阳极数码管,则七段显示译码器的功能表如表 8.4.3 所示;如果采用共阴极数码管,则输出状态应和表 8.4.3 所示的相反,即 1 和 0 对换。

表 8.4.3 所列举的是 CT74LS247 型译码器的功能表,图 8.4.6 是它的外引脚排列图。它有四个输入端 A_0,A_1,A_2,A_3 和七个输出端 $\overline{a}\sim\overline{g}$(低电平有效),后者接数码管七段。此外,还有三个输入控制端,其功能如下:

表 8.4.3　　CT74LS247 型七段译码器的功能表

功能和十进制数	输入							输出							显示
	$\overline{LT}$	$\overline{RBI}$	$\overline{BI}$	A_3	A_2	A_1	A_0	$\overline{a}$	$\overline{b}$	$\overline{c}$	$\overline{d}$	$\overline{e}$	$\overline{f}$	$\overline{g}$	
试灯	0	×	1	×	×	×	×	0	0	0	0	0	0	0	8
灭灯	×	×	0	×	×	×	×	1	1	1	1	1	1	1	全灭
灭 0	1	0	1	0	0	0	0	1	1	1	1	1	1	1	灭 0
0	1	1	1	0	0	0	0	0	0	0	0	0	0	1	0
1	1	×	1	0	0	0	1	1	0	0	1	1	1	1	1
2	1	×	1	0	0	1	0	0	0	1	0	0	1	0	2
3	1	×	1	0	0	1	1	0	0	0	0	1	1	0	3
4	1	×	1	0	1	0	0	1	0	0	1	1	0	0	4
5	1	×	1	0	1	0	1	0	1	0	0	1	0	0	5
6	1	×	1	0	1	1	0	0	1	0	0	0	0	0	6
7	1	×	1	0	1	1	1	0	0	0	1	1	1	1	7
8	1	×	1	1	0	0	0	0	0	0	0	0	0	0	8
9	1	×	1	1	0	0	1	0	0	0	0	1	0	0	9

(1)试灯输入端 $\overline{LT}$：用来检验数码管的七段是否正常工作。当 $\overline{BI}=1,\overline{LT}=0$ 时，无论 A_0,A_1,A_2,A_3 为何状态，输出 $\overline{a}\sim\overline{g}$ 均为 0，数码管七段全亮，显示“8”字。

(2)灭灯输入端 $\overline{BI}$：当 $\overline{BI}=0$ 时，无论其他输入信号为何状态，输出 $\overline{a}\sim\overline{g}$ 均为 1，七段全灭，无显示。

(3)灭 0 输入端 $\overline{RBI}$：当 $\overline{LT}=1,\overline{BI}=1$ 时，如果 $\overline{RBI}=0$，只有当 $A_3A_2A_1A_0=0000$ 时，输出 $\overline{a}\sim\overline{g}$ 均为 1，不显示“0”字；如果 $\overline{RBI}=1$，则译码器正常输出，显示“0”。当 $A_3A_2A_1A_0$ 为其他组合时，不论 $\overline{RBI}$ 为 0 或 1，译码器均可正常输出。此输入控制信号常用来清除无效 0。例如，可消除 000.001 的前两个 0，即显示出 0.001。

上述三个输入控制端均为低电平有效，在正常工作时均接高电平。

图 8.4.7 是 CT74LS247 型译码器和共阳极 BS204 型半导体数码管的连接图。

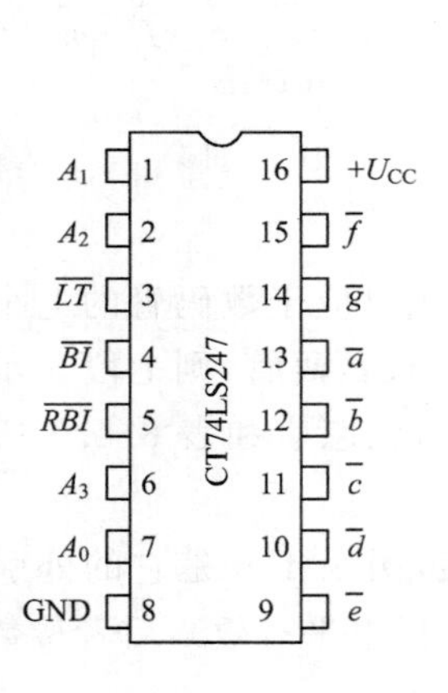

图 8.4.6　CT74LS247 型译码器的外引脚排列图

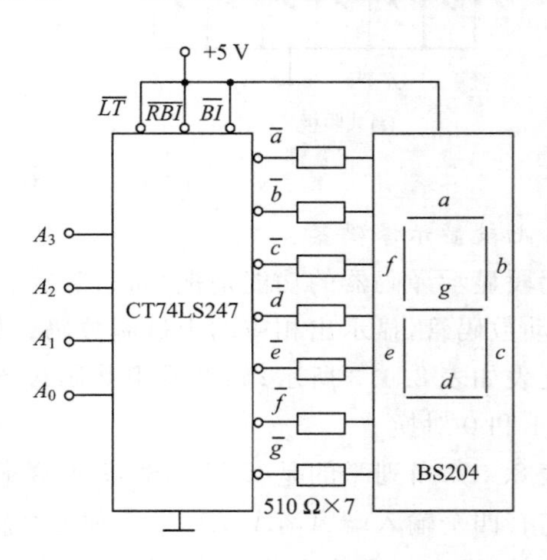

图 8.4.7　七段译码器和数码管的连接图

8.5　数据分配器和数据选择器

在多路数据传输过程中，经常需要将多路输入的其中一路信号挑选出来进行传输，如图 8.5.1 所示，实现这个功能的就是数据选择器。数据分配器的功能正好和数据选择器相反，它是根据地址码的不同，将一路数据分配到多个输出端的其中一路输出，如图 8.5.2 所示。

图 8.5.1　数据选择器示意图　　图 8.5.2　数据分配器示意图

数据选择器和数据分配器都有地址信号，它用来选择哪路输入或哪路输出。如果是 4 选 1，应有两个地址输入端，它共有 $2^2=4$ 种不同的组合，每一种组合可选择对应的一路输入或输出。同理，若是 8 选 1，应有 3 个地址输入端。

8.5.1　数据选择器

根据地址码的要求，从多路输入信号中选择其中一路输出的电路，称为数据选择器。根据输入端的个数不同，数据选择器有 4 选 1 数据选择器和 8 选 1 数据选择器等。其功能相当于图 8.5.1 所示的单刀多掷开关。

1. 4 选 1 数据选择器

图 8.5.3(a)、(b)所示分别为 4 选 1 数据选择器的逻辑图和符号图。其中，A_1、A_0 为控制数据准确传送的地址输入信号，$D_0 \sim D_3$ 为供选择的电路并行输入信号，$\overline{ST}$ 为选通端或使能端，低电平有效。

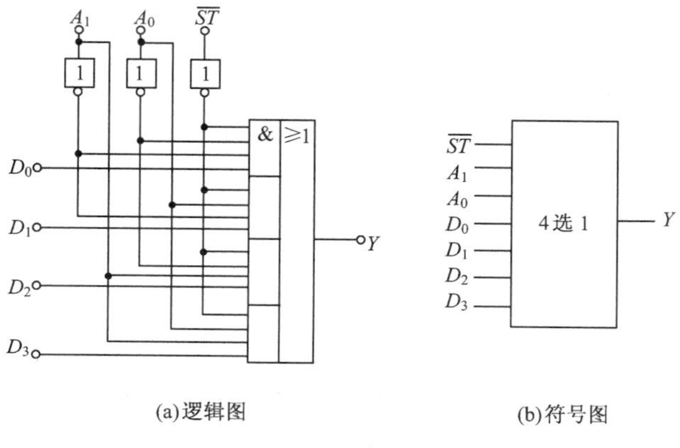

(a)逻辑图　　(b)符号图

图 8.5.3　4 选 1 数据选择器

其功能表如表 8.5.1 所示。

表 8.5.1 4 选 1 数据选择器的功能表

输入			输出
$\overline{ST}$	A_1	A_0	Y
1	×	×	0
0	0	0	D_0
0	0	1	D_1
0	1	0	D_2
0	1	1	D_3

2. 集成数据选择器

74LS151 是一种典型的 8 选 1 集成数据选择器。

图 8.5.4(a)、(b)所示分别为 74LS151 的符号图和引脚图，其逻辑功能如表 8.5.2 所示。

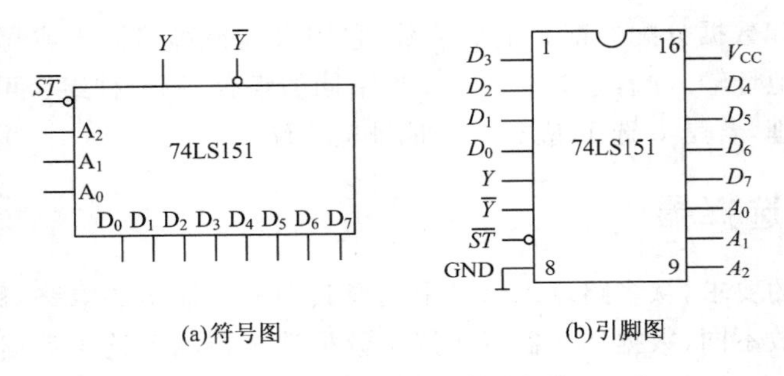

图 8.5.4 74LS151 数据选择器

表 8.5.2 74LS151 的功能表

输入				输出	
$\overline{ST}$	A_2	A_1	A_0	Y	$\overline{Y}$
1	×	×	×	0	1
0	0	0	0	D_0	$\overline{D_0}$
0	0	0	1	D_1	$\overline{D_1}$
0	0	1	0	D_2	$\overline{D_2}$
0	0	1	1	D_3	$\overline{D_3}$
0	1	0	0	D_4	$\overline{D_4}$
0	1	0	1	D_5	$\overline{D_5}$
0	1	1	0	D_6	$\overline{D_6}$
0	1	1	1	D_7	$\overline{D_7}$

当 $\overline{ST}$ 为 0 时，

$$\begin{aligned}Y &= \overline{A}_2\overline{A}_1\overline{A}_0D_0+\overline{A}_2\overline{A}_1A_0D_1+\overline{A}_2A_1\overline{A}_0D_2+\overline{A}_2A_1A_0D_3+A_2\overline{A}_1\overline{A}_0D_4\\ &\quad +A_2\overline{A}_1A_0D_5+A_2A_1\overline{A}_0D_6+A_2A_1A_0D_7\\ &= m_0D_0+m_1D_1+m_2D_2+m_3D_3+m_4D_4+m_5D_5+m_6D_6+m_7D_7\end{aligned}$$

8.5.2　数据分配器

数据分配器是数据选择器的逆过程。根据地址信号的要求，将一路数据分配到指定输出通道上去的电路，称为数据分配器。

数据分配器能够将一个输入数据分时送到多个输出端输出，即一路输入，多路输出。图 8.5.5 是一个 4 路输出的数据分配器的逻辑图。图中，D 是数据输入端；A_1 和 A_0 是控制端；$Y_0 \sim Y_3$ 是四个输出端。

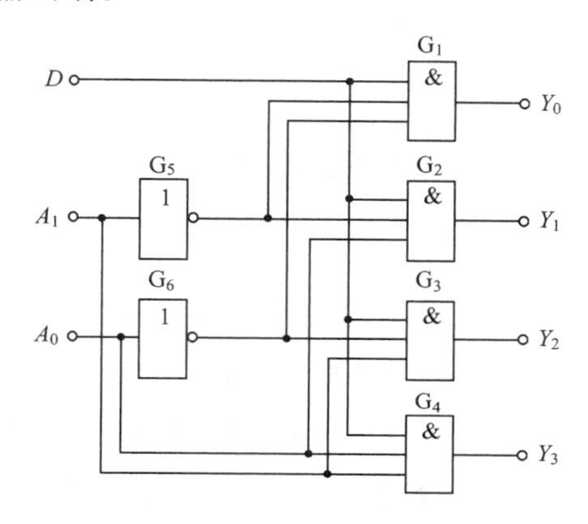

图 8.5.5　4 路输出分配器的逻辑图

由逻辑图可写出逻辑式：

$$Y_0=\overline{A}_1\overline{A}_0D \qquad Y_1=\overline{A}_1A_0D \qquad Y_2=A_1\overline{A}_0D \qquad Y_3=A_1A_0D$$

由逻辑式列出分配器的功能表如表 8.5.3 所示。A_1 和 A_0 有四种组合，分别将数据 D 分配给四个输出端，构成 2 线-4 线分配器。

表 8.5.3　图 8.5.5 所示分配器的功能表

控　制		输　出			
A_1	A_0	Y_3	Y_2	Y_1	Y_0
0	0	0	0	0	D
0	1	0	0	D	0
1	0	0	D	0	0
1	1	D	0	0	0

通常用译码器作数据分配器。将译码器的使能端作为数据输入端，二进制代码输入端作为地址信号输入端，译码器便成为一个数据分配器。数据分配器实际上是译码器的特殊应用。图 8.5.6 是用 74LS138 译码器作为 8 路数据分配器的逻辑原理图，图 8.5.6(a)、(b) 所示分别为输出原码和反码的接法。

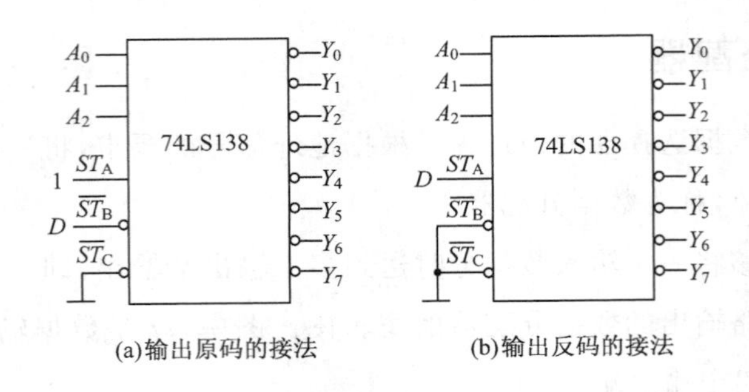

图 8.5.6 3线-8线译码器 74LS138 作 8 路数据分配器

本章小结

1. 组合逻辑电路是由各种门电路组成的没有记忆功能的电路。它的特点是任一时刻的输出信号只取决于该时刻输入信号的取值组合，而与电路原来所处的状态无关。

2. 组合逻辑电路的分析方法是根据给定的逻辑电路逐级写出输出逻辑表达式，然后进行必要的化简，在获得最简逻辑函数后，进行功能判别。如果有困难时，则可列出该函数的真值表，再确定组合逻辑电路的功能。

3. 组合逻辑电路的设计方法是根据设计要求设定输入变量和输出函数，列出反映设计要求的真值表。再根据真值表写出输出逻辑函数式，用卡诺图或代数法进行化简，并变换成所要求的形式，最后画出最简的逻辑电路，但需检查电路是否存在竞争冒险现象，存在竞争冒险时，则需要采取措施加以克服。

4. 本章讨论的编码器、译码器、数据选择器、数据分配器、加法器和数值比较器是常用的中规模集成逻辑部件。为增加使用的灵活性和便于扩展功能，在多数 MSI 中都设置了使能端(或称选通端、控制端)，它既可控制电路的工作状态，又可作为输出信号的选项，还可作为信号的输入端来使用。

编码器是将输入的电平信号编成二进制代码，译码器的功能与编码器正好相反，它是将输入的二进制代码译成相应的电平信号。译码器可驱动显示器，用作数据分配器，在存储系统中进行地址选择，实现逻辑函数等。

数据选择器是在地址码的控制下，在同一时间内从多路输入信号中选择相应的一路信号输出。因此，数据选择器为多输入单输出的组合逻辑电路，在输入数据都为 1 时，它的输出表达式为地址变量的全部最小项之和，它很适合用于实现单输出组合逻辑函数。

习题八

一、选择题

1.若在编码器中有50个编码对象,则要求输出二进制代码位数为________位。

A. 5　　B. 6　　C. 10　　D. 50

2.一个16选1的数据选择器,其地址输入(选择控制输入)端有________个。

A. 1　　B. 2　　C. 4　　D. 16

3.4选1数据选择器的数据输出Y与数据输入X_i和地址码A_i之间的逻辑表达式为$Y=$________。

A. $\overline{A_1}\,\overline{A_0}\,X_0+\overline{A_0}\,A_0X_1+A_1\,\overline{A_0}X_2+A_1A_0X_3$　　B. $\overline{A_1}\,\overline{A_0}\,X_0$

C. $\overline{A_1}A_0X_1$　　D. $A_1A_0X_3$

4.一个8选1数据选择器的数据输入端有________个。

A. 1　　B. 2　　C. 3　　D. 4　　E. 8

5.在下列逻辑电路中,不是组合逻辑电路的有________。

A. 译码器　　B. 编码器　　C. 全加器　　D. 寄存器

6.8路数据分配器,其地址输入端有________个。

A. 1　　B. 2　　C. 3　　D. 4　　E. 8

7.用3/8线译码器74LS138实现原码输出的8路数据分配器,应使________。

A. $ST_A=1,\overline{ST_B}=D,\overline{ST_C}=0$　　B. $ST_A=1,\overline{ST_B}=D,\overline{ST_C}=D$

C. $ST_A=1,\overline{ST_B}=0,\overline{ST_C}=D$　　D. $ST_A=D,\overline{ST_B}=0,\overline{ST_C}=0$

8.以下电路中,加以适当辅助门电路,________适于实现单输出组合逻辑电路。

A. 二进制译码器　　B. 数据选择器

C. 数值比较器　　D. 七段显示译码器

9.用4选1数据选择器实现函数$Y=A_1A_0+\overline{A_1}A_0$,应使________。

A. $D_0=D_2=0,D_1=D_3=1$　　B. $D_0=D_2=1,D_1=D_3=0$

C. $D_0=D_1=0,D_2=D_3=1$　　D. $D_0=D_1=1,D_2=D_3=0$

10.用3线-8线译码器74LS138和辅助门电路实现逻辑函数$Y=A_2+\overline{A_2}\,\overline{A_1}$,应________。

A. 用“与非”门,$Y=\overline{\overline{Y_0}\,\overline{Y_1}\,\overline{Y_4}\,\overline{Y_5}\,\overline{Y_6}\,\overline{Y_7}}$　　B. 用“与”门,$Y=\overline{Y_2}\,\overline{Y_3}$

C. 用“或”门,$Y=\overline{Y_2}+\overline{Y_3}$　　D. 用“或”门,$Y=\overline{Y_0}+\overline{Y_1}+\overline{Y_4}+\overline{Y_5}+\overline{Y_6}+\overline{Y_7}$

二、填空题

1.最常用的CT74LS138型译码器属于________译码器。

2.将十进制数150转换为二进制数为________,将二进制数11001101转换为十进制数为________。

3.半加器可由一个________门和一个________门组成。

4.全加器可用两个________和一个________组成。

5.显示译码器能够把________译成能用显示器件显示出的十进制数。

三、练习题

1. 分析图 8-1 所示的各组合逻辑电路的逻辑功能,写出逻辑函数表达式。

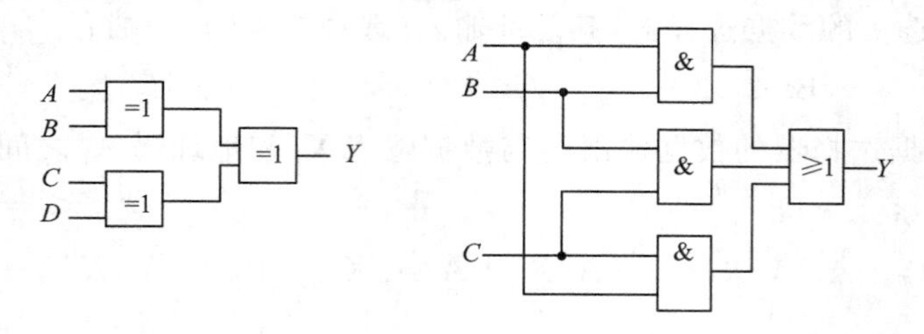

图 8-1 题 1 图

2.设计一个控制灯亮的逻辑电路,有红、黄两个故障指示灯,用来表示三台设备的工作情况。当有一台设备出现故障时,黄灯亮;当有两台设备出现故障时,红灯亮;当有三台设备出现故障时,红灯、黄灯都亮。

3. 仿照全加器的设计方法,试设计一个全减器。

4. 分别用 74LS138 和 74LS151 实现下列逻辑函数,画出连线图。

①$Y(A,B,C)=\overline{A}\,\overline{B}\,\overline{C}+AB\overline{C}+A\overline{B}$

②$Y(A,B,C)=\sum m(3,4,5,6)$

第9章 触发器和时序逻辑电路

本 章 提 要

前两章所讨论的门电路及由其组成的组合逻辑电路中，某一时刻的输出状态都由该时刻的输入状态决定。输入状态发生变化，输出状态随之改变，而与以前的输入无关。数字系统中另一类电路称之为时序逻辑电路。时序逻辑电路的特点是，任何时刻的输出信号，不仅取决于该时刻各个输入信号的取值，而且与该时刻输入信号作用前电路原来的状态也有关。构成时序逻辑电路的基本电路是触发器。

本章首先介绍几种不同的触发器，然后介绍寄存器，最后介绍计数器。

9.1 触发器

触发器是一种具有存储记忆功能的双稳态(0 状态和 1 状态)电路，是构成时序逻辑电路的主要部件。触发器按逻辑功能不同，可分为 RS 触发器、JK 触发器、D 触发器、T 和 T'触发器；按结构形式不同，又可分为基本 RS 触发器、同步触发器、主从触发器和边沿触发器。

9.1.1 *RS* 触发器

1. 基本 RS 触发器

触发器有两个稳定状态：0 和 1 状态。在外加输入信号(触发信号作用下)，触发器可以由其中一种稳定状态转换为另一种稳定状态(称为状态翻转)或维持原态。当输入信号消失后，触发器所处的状态能够保持不变，所以一个触发器可以记忆一位二进制信号。我们将信号作用前的状态称为现态，用 Q^n 表示；信号作用后的状态称为次态，用 Q^{n+1} 表示。基本 RS 触发器是最简单的触发器，它是各种复杂结构触发器的基本组成部分。

(1)电路结构与逻辑符号

由 A、B 两个与非门构成的基本 RS 触发器如图 9.1.1(a)所示，逻辑符号如图 9.1.1 (b)所示。

触发器有两个输入端 $\overline{S_D}$ 和 $\overline{R_D}$，两个互补的输出端 Q 和 $\overline{Q}$。当 $Q=1$，$\overline{Q}=0$ 时，触发器的状态为 1 态；当 $Q=0$、$\overline{Q}=1$ 时，触发器的状态为 0 态。

在图 9.1.1(b)所示的逻辑符号中，输入端圆圈是有效状态指示符，表示该触发器的置 1 端或置 0 端的输入电平应该是逻辑 0。输入信号(触发信号)$\overline{R_D}$ 和 $\overline{S_D}$ 上的非号，也

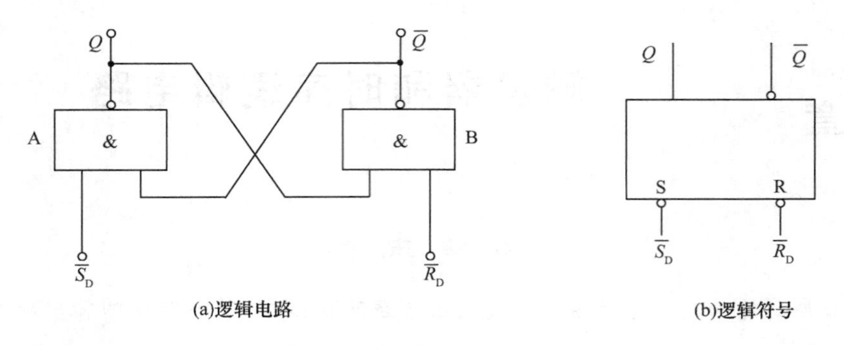

图 9.1.1 由与非门构成的基本 RS 触发器

表明输入时低电平有效。

(2)逻辑功能分析

①置 1 功能

当 $\overline{R_D}=1,\overline{S_D}=0$ 时,门 A 的输出为 1,门 B 的两个输入均为 1,其输出为 0,即 $Q=1$、$\overline{Q}=0$,触发器置 1。$\overline{S_D}$ 称为置 1 端或置位端,低电平有效。

②置 0 功能

当 $\overline{R_D}=0,\overline{S_D}=1$ 时,门 B 的输出为 1,门 A 的两个输入均为 1,其输出为 0,即 $Q=0$、$\overline{Q}=1$,触发器置 0。$\overline{R_D}$ 称为置 0 端或复位端,低电平有效。

③保持功能

当 $\overline{R_D}=1,\overline{S_D}=1$ 时,触发器保持其原态不变。因为如果原来 $Q=0$、$\overline{Q}=1$,则门 A 的两个输入均为 1,其输出为 0;使门 B 有一个输入为 0,门 B 输出为 1,即 $Q=0$、$\overline{Q}=1$,触发器保持 0 态不变。同理可知,在原态 $Q=1$、$\overline{Q}=0$ 的情况下,触发器也将保持 1 态不变。

④状态不定

当 $\overline{R_D}=0,\overline{S_D}=0$ 时,Q 和 $\overline{Q}$ 同为高电平,不具备互补关系,这种情况对于触发器正常工作来说,是不允许出现的;当 $\overline{R_D}=\overline{S_D}=0$ 信号同时消失时,触发器状态有时无法确定,所以称为不定状态。

(3)逻辑功能描述

描述触发器逻辑功能的方法有:状态转换真值表(状态表),特征方程,状态转换图和时序图(波形图)。

①状态转换真值表

将上面分析触发器的一些结论用真值表加以表示,即为状态转换真值表,如表 9.1.1 所示。

表 9.1.1　基本 *RS* 触发器状态转换真值表

$\overline{S_D}$	$\overline{R_D}$	Q^n	Q^{n+1}
0	0	0	× 不确定
0	0	1	× 不确定
0	1	0	1 置 1
0	1	1	1 置 1
1	0	0	0 置 0
1	0	1	0 置 0
1	1	0	0 保持
1	1	1	1 保持

②特征方程

由表 9.1.1 通过卡诺图简化可得

$$\begin{cases} Q^{n+1}=S_D+\overline{R_D}Q^n \\ \overline{R_D}+\overline{S_D}=1 \qquad \text{(约束条件)} \end{cases}$$

上式为与非门构成的基本 *RS* 触发器的特征方程(或特性方程)。$\overline{R_D}+\overline{S_D}=1$ 为约束条件,只有满足约束条件,即 $\overline{S_D}$、$\overline{R_D}$ 不同时为 0 时,$Q^{n+1}=S_D+\overline{R_D}Q^n$ 才成立。

③状态转换图

根据状态转换表 9.1.1 可做出其状态转换图如图 9.1.2 所示。

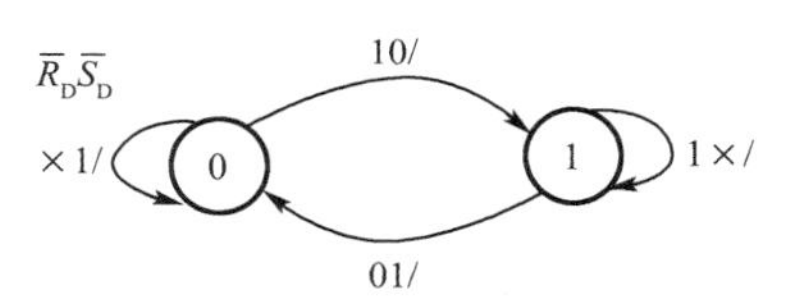

图 9.1.2　基本 *RS* 触发器状态转换图

④时序图

图 9.1.3 所示是在输入信号 $\overline{R_D}$、$\overline{S_D}$ 作用下,基本 *RS* 触发器输出 Q、$\overline{Q}$ 的变化波形(时序图)。

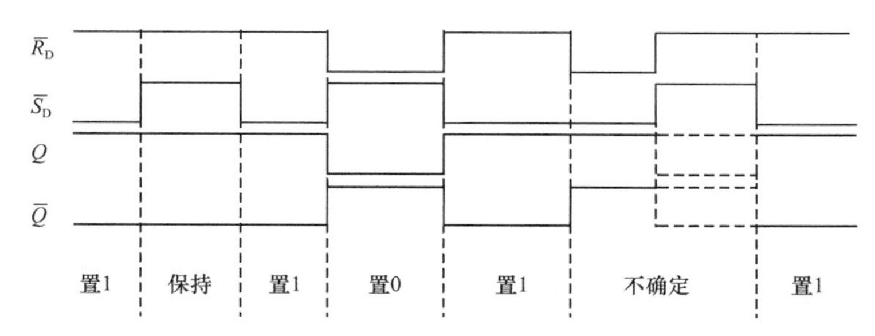

图 9.1.3　基本 *RS* 触发器时序图

2. 同步 RS 触发器

从逻辑功能看,只要符合特征方程

$$\begin{cases} Q^{n+1}=S+\overline{R}Q^n \\ R\cdot S=0 \qquad \text{(约束条件)} \end{cases}$$

的触发器无论结构、触发方式有何不同，都可以成为 RS 触发器。

基本 RS 触发器电路简单，是构成其他触发器的基础。但其输出直接控制输入，且输入信号之间存在着约束关系。

同步 RS 触发器在电路结构上加了一级门控制电路和一个时钟脉冲 CP，CP 主控或选通信号，控制输入信号 R、S 的接收，R、S 不再直接起作用，通过 CP 信号，可以实现数字系统中多个触发器同步、协调一致地工作。

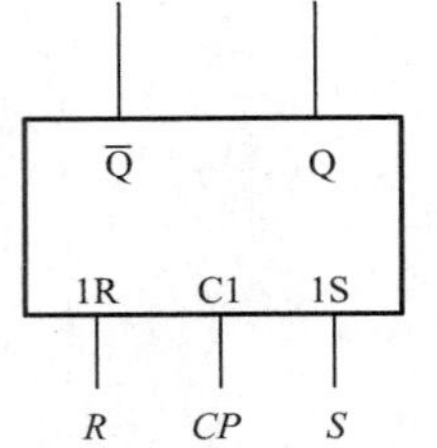

图 9.1.4 同步 RS 触发器的逻辑符号

图 9.1.4 所示为同步 RS 触发器的逻辑符号图。同步 RS 触发器的触发方式是电平触发，它在 $CP=1$ 期间接收输入信号 R、S，具有置 1、置 0、保持功能。图 9.1.4 中所示的输入信号 R、S 上没有非号，表示高电平有效。1R 和 1S 表示 R 和 S 受 $C1$ 即 (CP) 的控制，与 CP 同步。

表 9.1.2 为同步 RS 触发器的状态转换真值表。

表 9.1.2 同步 RS 触发器状态转换真值表

R	S	Q^n	Q^{n+1}
0	0	0	0 保持
0	0	1	1 保持
0	1	0	1 置 1
0	1	1	1 置 1
1	0	0	0 置 0
1	0	1	0 置 0
1	1	0	× 不定
1	1	1	× 不定

特征方程为：

$$\begin{cases} Q^{n+1}=S+\overline{R}Q^n & CP=1\text{ 期间有效} \\ R\cdot S=0 & \text{(约束条件)} \end{cases}$$

3. 主从 RS 触发器

同步 RS 触发器的 CP 脉冲对整体电路起到了统一节拍的作用，但 $CP=1$ 期间，同步 RS 触发器的状态会随 R、S 的变化而发生两次或两次以上的翻转，这种现象称为空翻。由于同步 RS 触发器存在空翻现象，所以其抗干扰能力差，又由于其是电平触发方式，所以不能用于计数器和一位寄存器。

主从结构的 RS 触发器可以克服空翻现象。在电路结构上它由两个同步 RS 触发器串接而成，形成主从两个部分，其时钟信号分别为 CP 和 $\overline{CP}$。在 CP 等于 0 时，触发器不接收输入信号；在 $CP=1$ 期间，主从触发器接收 R、S 信号，所以主从 RS 触发器的有效时钟条件是 CP 的下降沿。

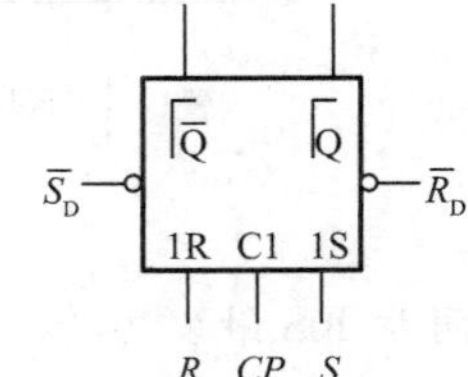

图 9.1.5 主从 RS 触发器逻辑符号

图 9.1.5 所示为主从 RS 触发器的逻辑符号图，由于其输入信号是在 $CP=1$ 期间传到主触发器，在 CP 下降沿时再将其传到从触发器，所以输出信号滞后于输

入信号，逻辑符号途中的“⌐”符号称为延迟输出指示符，用在触发器逻辑符号上表示“主-从”结构。

另外，图 9.1.5 所示的 R、S 为同步输入端，与 CP 同步；$\overline{R_D}$、$\overline{S_D}$ 为异步输入端，不受 CP 控制，它们的作用跟基本 RS 触发器中的 $\overline{R_D}$、$\overline{S_D}$ 端相同，不用时应接高电平。

9.1.2 *JK* 触发器、*T*(*T'*)触发器、*D* 触发器

1. *JK* 触发器

(1)种类

常用的 JK 触发器有主从结构的主从 JK 触发器、利用传输延迟时间差的边沿 JK 触发器、维持-阻塞结构的正边沿 JK 触发器三类。三种结构对应三种不同的触发方式。它们的逻辑符号分别如图 9.1.6 所示。

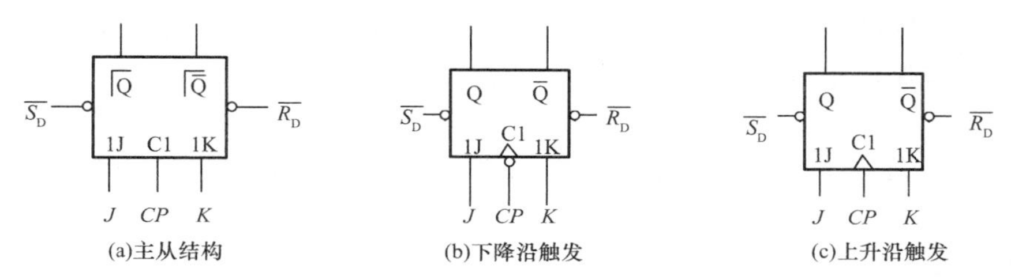

图 9.1.6　几种 JK 触发器的逻辑符号

图 9.1.6(b)、图 9.1.6(c)所示的三角符号“∧”是一个动态输入指示符，表明该触发器是边沿触发的，即其输出只在时钟脉冲的有效转换时刻改变状态。

图 9.1.6(b)所示的动态输入指示符上有圆圈，表示该触发器是一个下降沿(或负边沿)触发的触发器，即触发器是在时钟由高电平向低电平转换时触发的。

图 9.1.6(c)所示的动态输入指示符上没有圆圈，表示该触发器是一个上升沿(或正边沿)触发的触发器，即触发器是在时钟由低电平向高电平转换时触发的。

(2)逻辑功能

任意结构的 JK 触发器，其状态转换真值表、状态转换图、特征方程和逻辑功能都是一样的。表 9.1.3 所示为 JK 触发器的状态转换真值表，从表 9.1.3 可知，JK 触发器具有置 0、置 1、保持和翻转的功能，输入信号 J、K 间没有约束条件，而且由于电路结构的特征，也克服了空翻现象。所以 JK 触发器是逻辑功能最完备、应用最广泛的触发器之一。

表 9.1.3　JK 触发器的状态转换真值表

J	K	Q^n	Q^{n+1}	
0	0	0	0	保持
0	0	1	0	
0	1	0	0	置 0
0	1	1	0	
1	0	0	1	置 1
1	0	1	1	
1	1	0	1	翻转
1	1	1	0	

由表 9.1.3 通过卡诺图化简可得 JK 触发器的特征方程为

$$Q^{n+1}=J\overline{Q^n}+\overline{K}Q^n$$

如图 9.1.7 所示为 JK 触发器(上升沿触发)的状态转换图和波形图。

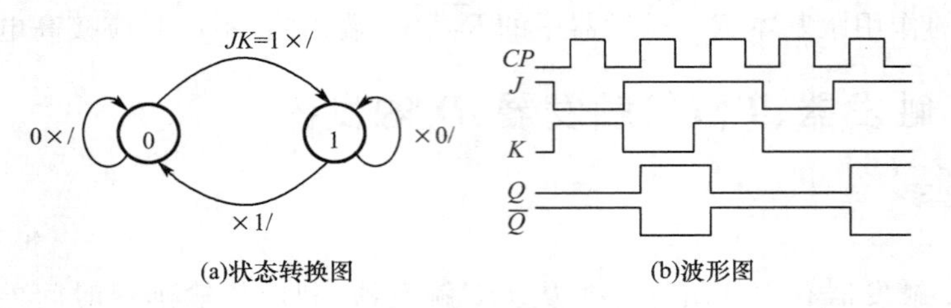

(a)状态转换图　　(b)波形图

图 9.1.7　JK 触发器的状态转换图和波形图

2. T 触发器

将 JK 触发器的输入端 J、K 连在一起作为一个输入(即 T)引出,则称为 T 触发器。T 触发器具有保持和翻转的功能,其特征方程为

$$Q^{n+1}=T\oplus Q^n$$

若令 T 始终为 1,则 T 触发器成为 T' 触发器,它具有翻转的功能,其特征方程为

$$Q^{n+1}=\overline{Q^n}$$

3. D 触发器

D 触发器只有一个输入端(即 D),D 又称为数据输入端。D 触发器的两种电路结构为:同步 D 触发器和维持-阻塞 D 触发器。因为结构不同,所以二者的触发方式也不同,但都有置 0、置 1 和保持的逻辑功能。D 触发器在 CP 脉冲的控制下,接收到 D 信号,其特征方程为

$$Q^{n+1}=D$$

如图 9.1.8 所示为 D 触发器的逻辑符号图。

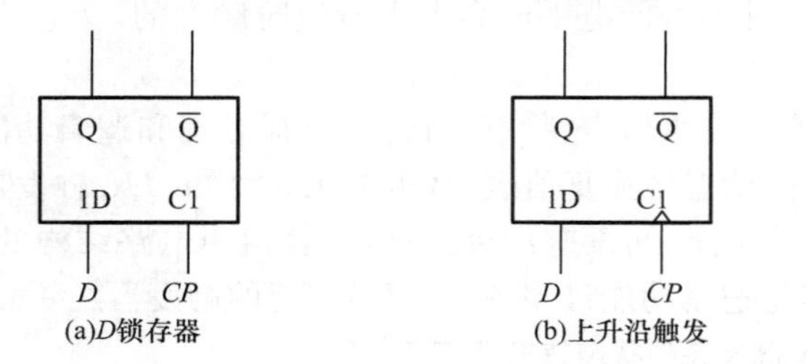

(a)D锁存器　　(b)上升沿触发

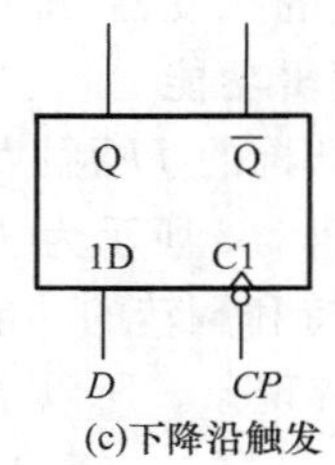

(c)下降沿触发

图 9.1.8　几种 D 触发器的逻辑符号

如图 9.1.9 所示为 D 触发器(上升沿触发)的状态转换图和波形图。

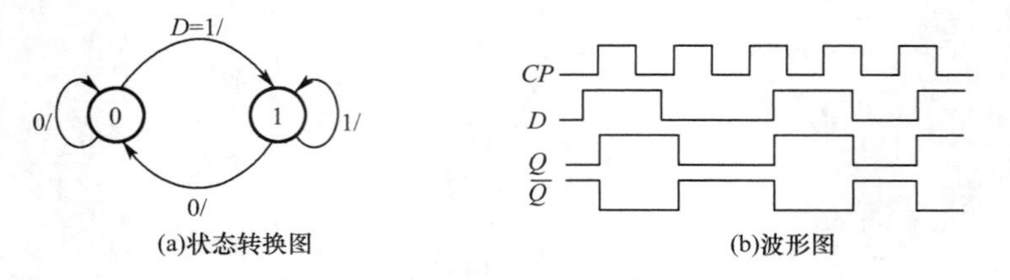

(a)状态转换图　　(b)波形图

图 9.1.9　D 触发器的状态转换图和波形图

9.1.3 触发器逻辑功能的转换

触发器逻辑功能的转换是指用已有的触发器来实现其他触发器的逻辑功能。这在实际应用中具有很重要的意义。目前市场上销售的触发器产品，一般是 JK 触发器和 D 触发器，当需要用到其他功能的触发器时，可以采用功能转换法来实现。

不同逻辑功能的触发器之间的转换步骤是：

①写出已有触发器和待求触发器的特征方程。

②变换待求触发器的特征方程，使之形式与已有触发器的特征方程一致。

③比较已有触发器和待求触发器的特征方程，根据方程相等的原则求出转换逻辑。

④根据转换逻辑画出逻辑电路图。

【例 9.1】 将 JK 触发器转换为 D 触发器。

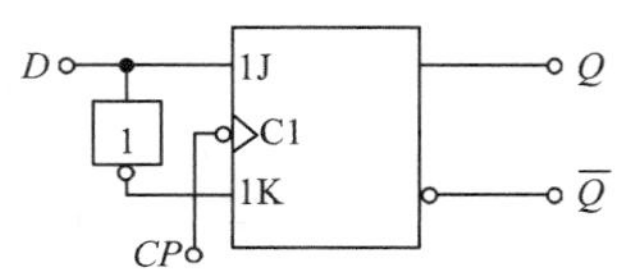

图 9.1.10 $JK\rightarrow D$ 触发器

解：JK 触发器的特征方程为

$$Q^{n+1}=J\overline{Q^n}+\overline{K}Q^n$$

而待求的触发器的特征方程为

$$Q^{n+1}=D$$

为求出 J、K 的函数表达式，将上式化成如下表达式：

$$Q^{n+1}=D=D(\overline{Q^n}+Q^n)=D\overline{Q^n}+DQ^n$$

将上式与将 JK 触发器的特征方程对照，可得

$$J=D \qquad K=\overline{D}$$

根据求得的 J、K，就可以将 JK 触发器转换为 D 触发器了，其电路连接图如 9.1.10 所示。

将 JK 触发器转换为 RS 触发器、T 触发器和 T' 触发器的电路连接图如图 9.1.11 所示。

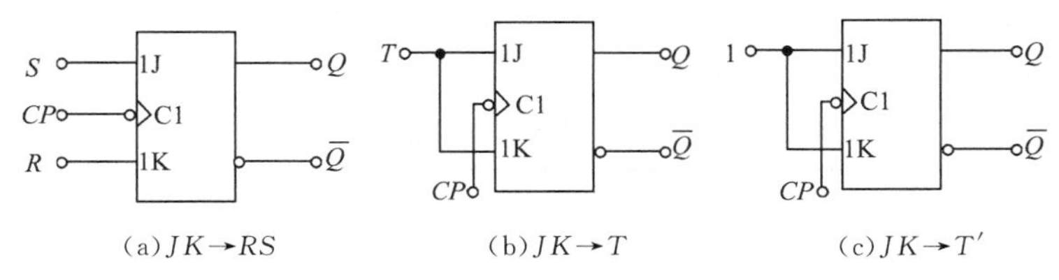

图 9.1.11 JK 触发器转换为其他触发器

将 D 触发器转换为 JK 触发器、T 触发器和 T' 触发器的电路连接图如图 9.1.12 所示。

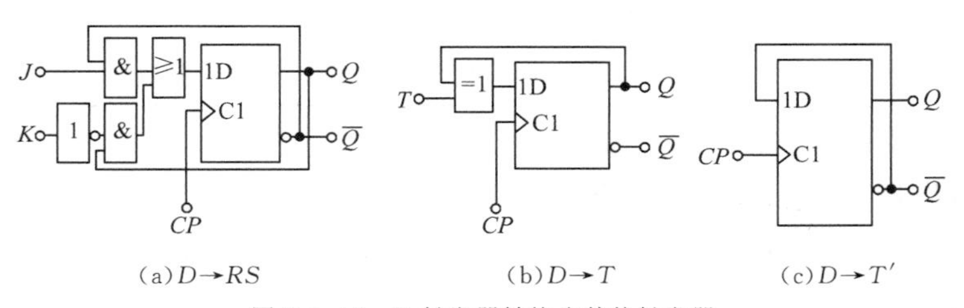

图 9.1.12 D 触发器转换为其他触发器

9.1.4 555 定时器

1.555 定时器结构

555 定时器是一种功能强大、使用灵活、适用范围广的电路，它可以接成单稳触发器、多谐振荡器等形式，产生时间延迟和多种脉冲信号。555 定时器驱动能力强、最大输出电流达 200 mA，可直接驱动小电机、喇叭、继电器等负载。555 定时器有 TTL 型和 CMOS 型两种，TTL 型的电源电压范围为 4.5～16 V，CMOS 型的电源电压范围为 3～18 V，TTL 型比 CMOS 型的驱动能力要强一些。

图 9.1.13 所示为 TTL 型 555 定时器结构图和逻辑符号图。

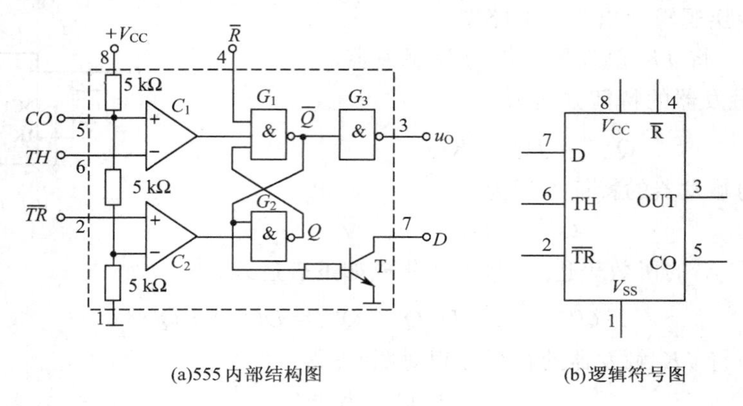

(a)555 内部结构图　　(b)逻辑符号图

图 9.1.13 555 定时器

TH 是电压比较器的输入端（高电平触发端），$\overline{TR}$ 是比较器的输入端（低电平触发端）。它们的参考电压由 V_{CC} 经三个电阻分压给出。当控制电压输入端悬空时，稳定参考电压。CO 端通常接滤波电容。

$\overline{R}$ 是复位端。当 $\overline{R}=0$ 时，$u_O=0$。正常工作时，应使 $\overline{R}=1$。

555 定时器的功能表如表 9.1.4 所示。

表 9.1.4　　555 定时器的功能表

输入			输出	
$\overline{R}$	TH	$\overline{TR}$	u_O	T_D 状态
0	×	×	低	导通
1	$<\frac{2}{3}V_{CC}$	$<\frac{1}{3}V_{CC}$	高	截止
1	$<\frac{2}{3}V_{CC}$	$>\frac{1}{3}V_{CC}$	不变	不变
1	$>\frac{2}{3}V_{CC}$	$>\frac{1}{3}V_{CC}$	低	导通

2.555 定时器构成单稳态触发器

单稳态触发器在数字电路中一般用于定时、整形和延时。定时是产生一定宽度的矩形波，整形是把不规则的周期波形转换成宽度、幅度都相等的波形，延时是把输入信号延迟一定时间后输出。

单稳态触发器有以下特点：一是电路有一个稳态和一个暂稳态；二是在外来触发脉冲的作用下，电路由稳态翻转到暂稳态；三是暂稳态是一个不能长久保持的状态，经过一段时间后，电路会自动返回到稳态，暂稳态的持续时间决定于电路本身的参数。

555 定时器组成单稳态触发器如图 9.1.14 所示。其中 R 和 C 为外接定时元件。工作波形如图 9.1.14(b)所示。其中 u_c 为电容两端电压，$t_p \approx 1.1R_C$。

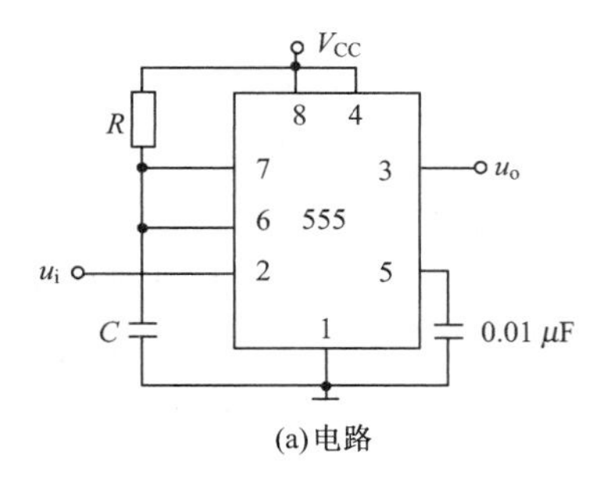

(a)电路

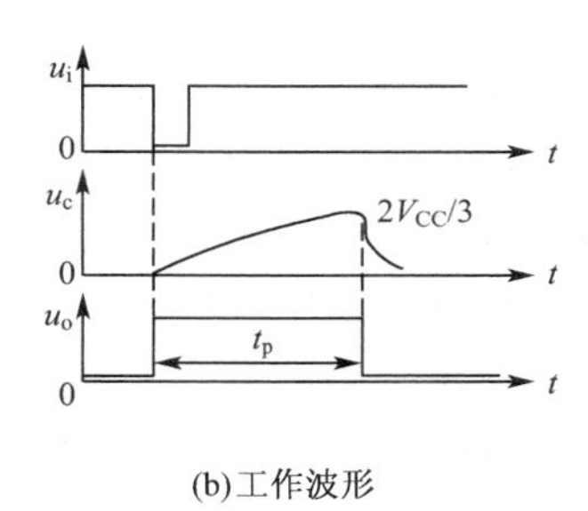

(b)工作波形

图 9.1.14　555 单稳态触发器

接通 V_{CC} 后瞬间，V_{CC} 通过 R 对 C 充电，当 u_c 上升到 $2/3V_{CC}$ 时，比较器 C_1 输出为 0，将触发器置零，$u_o=0$。这时 $Q=1$，放电管 T 导通，C 通过 T 放电，电路进入稳态。

u_i 到来时，由于 $u_i<1/3V_{CC}$，使 $C_2=0$，触发器置 1，u_o 又由 0 变为 1，电路进入暂稳态。由于此时 $Q=0$，放电管 T 截止，V_{CC} 经 R 对 C 充电。虽然此时触发脉冲已消失，比较器 C_2 的输出变为 1，但充电继续进行，直到 u_c 上升到 $2/3V_{CC}$ 时，比较器 C_1 输出为 0，将触发器置 0，电路输出 $u_o=0$，T 导通，C 放电，电路恢复到稳定状态。

3. 555 定时器构成多谐振荡器

多谐振荡器是产生一定频率矩形脉冲的电路。由于矩形波含有丰富的谐波，故称为多谐振荡器。多谐振荡器具有以下特点：一是没有稳态，只有两个暂稳态；二是无需外加触发信号；三是振荡周期由电路的阻容元件决定。

图 9.1.15(a)所示是由 555 定时器组成的多谐振荡器电路。其中 R_1、R_2 和 C 是外接定时元件。工作波形如图 9.1.15(b)所示。

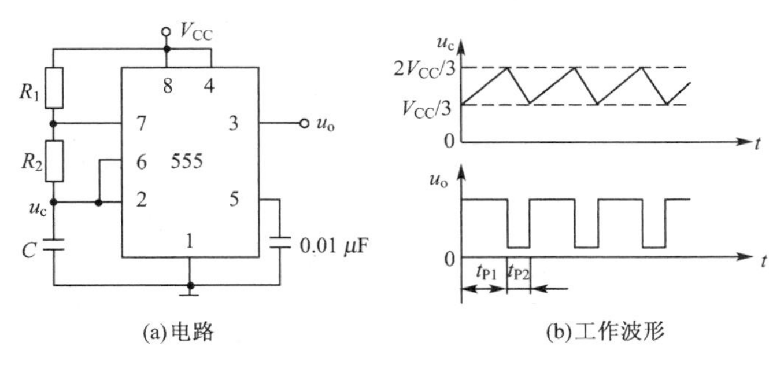

图 9.1.15　555 多谐振荡器

接通 V_{CC} 后，V_{CC} 经 R_1 和 R_2 对 C 充电。当 u_c 上升到 $2/3V_{CC}$ 时，$u_o=0$，T 导通，C 通过 R_2 和 T 放电，u_c 下降。当 u_c 下降到 $V_{CC}/3$ 时，u_o 又由 0 变为 1，T 截止，V_{CC} 又经 R_1 和 R_2 对 C 充电。如此重复上述过程，在输出端 u_o 产生了连续的矩形脉冲。

第一个暂稳态的脉冲宽度即 u_c 从 $V_{CC}/3$ 充电到 $2/3V_{CC}$ 所需时间 $t_{p1}\approx 0.7(R_1+R_2)C$，第二个暂稳态的脉冲宽度即 u_c 从 $2/3V_{CC}$ 放电到 $V_{CC}/3$ 所需时间 $t_{p2}\approx 0.7R_2C$，振荡周期 $T=t_{p1}+t_{p2}\approx 0.7(R_1+2R_2)C$。

9.2 寄存器

寄存器用来暂时存放参与运算的数据和运算结果。一个触发器只能寄存一位二进制数，要存多位数时，就得用多个触发器。常用的有四位、八位、十六位等寄存器。

寄存器存放数码的方式有并行和串行两种。并行方式就是数码各位从各对应位输入端同时输入到寄存器中；串行方式就是数码从一个输入端逐位输入到寄存器中。

从寄存器取出数码的方式也有并行和串行两种。在并行方式中，被取出的数码各位在对应于各位的输出端上同时出现；而在串行方式中，被取出的数码在一个输出端逐位出现。

寄存器常分为数码寄存器和移位寄存器两种，其区别在于有无移位的功能。

9.2.1 数码寄存器

数码寄存器只有寄存数码和清除原有数码的功能。图 9.2.1 是一种四位数码寄存器。设输入的二进制数为“1011”。在“寄存指令”(正脉冲)来到之前，1～4 四个“与非”门的输出全为“1”。由于经过清零(复位)，F0～F3 四个由“与非”门构成的基本触发器全处于“0”态。当“寄存指令”来到时，由于第一、二、四位数码输入为 1，“与非”门 G4、G2、G1 的输出均为“0”，即输出置“1”负脉冲，使触发器 F3、F1、F0 置“1”，而由于第三位数码输入为 0，“与非”门 G3 的输出仍为“1”，故 F2 的状态不变。这样，就可以把数码存放进去了。若要取出时，可给“与非”门 G5～G8“取出指令”(正脉冲)，各位数码就在输出端 Q_0～Q_3 上取出。在未给“取出指令”时，Q_0～Q_3 端均为“0”。

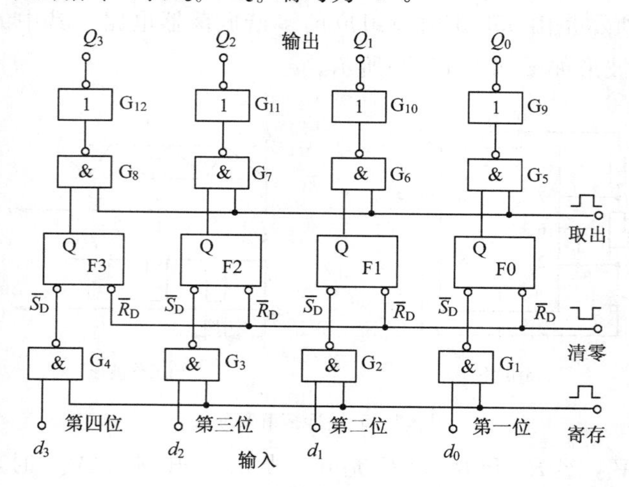

图 9.2.1 四位数码寄存器

图 9.2.2 是由 D 触发器(上升沿触发)组成的四位数码寄存器,其工作情况读者可自行分析。寄存器 T451 的逻辑图基本就是这样的。

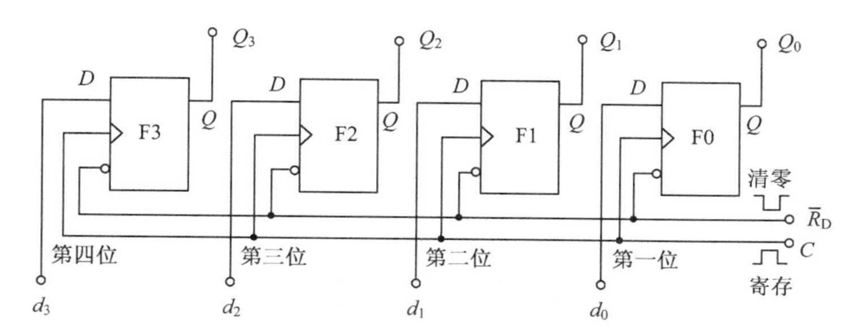

图 9.2.2　由 D 触发器组成的四位数码寄存器

上述两种都是并行输入/并行输出的寄存器。

9.2.2　移位寄存器

移位寄存器不仅有存放数码的功能,而且有移位的功能。所谓移位,就是每当来一个移位正脉冲(时钟脉冲),触发器的状态便向右或向左移一位,也就是寄存器的数码可以在移位脉冲的控制下依次进行移位。移位寄存器在计算机中应用广泛。

1. 由 JK 触发器组成的四位移位寄存器

图 9.2.3 是由 JK 触发器组成的四位移位寄存器。F0 接 D 触发器,数码由 D 端输入。设寄存的二进制数为"1011",按移位脉冲(即时钟脉冲)的工作节拍从高位到低位依次串行送到 D 端,工作之初先清零。首先 $D=1$,第一个移位脉冲的下降沿来到时使触发器 F0 翻转,$Q_0=1$,其他仍保持"0"态;接着 $D=0$,第二个移位脉冲的下降沿来到时使 F0 和 F1 同时翻转,由于 F1 的 J 端为 1,F0 的 J 端为 0,所以 $Q_1=1$,$Q_0=0$,Q_2 和 Q_3 仍为"0";以后过程如表 9.2.1 所示,移位一次,存入一个新数码,直到第四个脉冲的下降沿来到时,存数结束。这时,可以从四个触发器的 Q 端得到并行的数码输出。

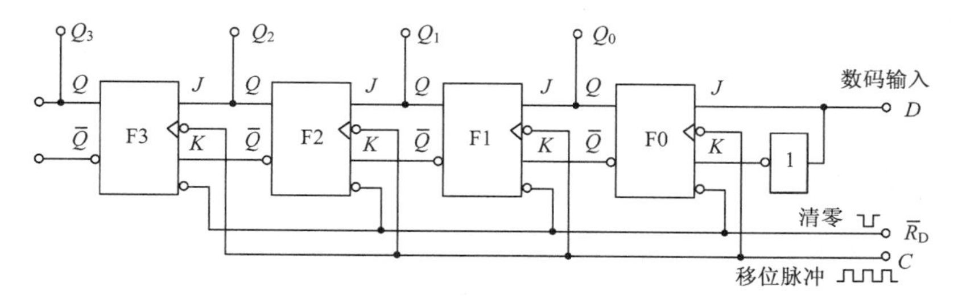

图 9.2.3　由 JK 触发器组成的四位移位寄存器

表 9.2.1 移位寄存器的状态表

移位脉冲数	寄存器中的数码				移位过程
	Q_3	Q_2	Q_1	Q_0	
0	0	0	0	0	清 零
1	0	0	0	1	左移一位
2	0	0	1	0	左移二位
3	0	1	0	1	左移三位
4	1	0	1	1	左移四位

如果再经过四个移位脉冲，则所存的“1011”逐位从 Q_3 端串行输出。

2. 由 D 触发器组成的四位移位寄存器

图 9.2.4 是由维持阻塞型 D 触发器组成的四位移位寄存器。它既可并行输入（输入端为 d_3、d_2、d_1、d_0）/串行输出（输出端为 Q_0），又可串行输入（输入端为 D）/串行输出。

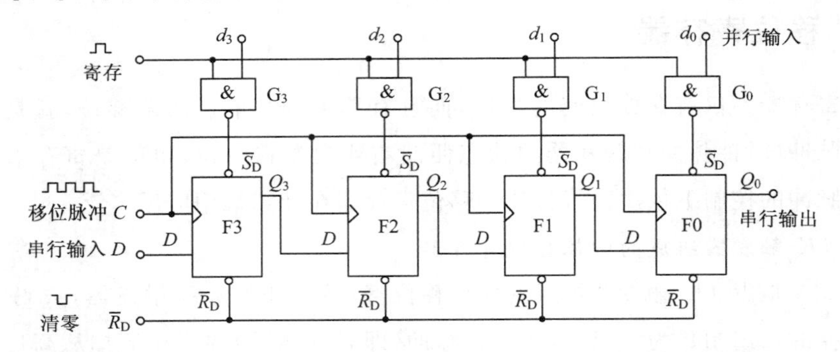

图 9.2.4 由 D 触发器组成的并行、串行输入/串行输出的四位移位寄存器

当工作于并行输入/串行输出时（串行输入端 D 为“0”），首先清零，使四个触发器的输出全为“0”。在给“寄存指令”之前，$G_3 \sim G_0$ 四个“与非”门的输出全为“1”。当加上该指令时，并设并行输入的二进制数 $d_3d_2d_1d_0=1011$，于是 G_3、G_1、G_0 输出置“1”负脉冲，使触发器 F3、F1、F0 的输出为“1”，G_2 和 F2 的输出未变。这样，就把“1011”输入寄存器。而后输入移位脉冲，使 d_0、d_1、d_2、d_3 依次（从低位到高位）从 Q_0 输出（右移），各个触发器的输出端均恢复为“0”。

当工作于串行输入/串行输出时，其工作情况请读者自行分析。此时寄存端处于“0”态，$G_3 \sim G_4$ 均关闭，各触发器的状态与 $d_3 \sim d_0$ 无关。

9.2.3 集成移位寄存器

集成移位寄存器从结构上分，有 TTL 型和 CMOS 型；按寄存数据位数分，有 4 位、8 位和 16 位等；按移位方向分，有单向和双向两种。

74LS194 是双向 4 位 TTL 型集成移位寄存器，具有双向移位、并行输入、保持数据和清除数据等功能。其功能图和引脚图如图 9.2.5(a)、图 9.2.5(b)所示。其中 $\overline{CR}$ 端为异步清零端（此功能与时钟 CP 无关，因此称为异步；若与 CP 相关，则称为同步）；M_1、M_0 控制寄存器的功能；D_{SL} 为串行左移数据输入端；D_{SR} 为串行右移数据输入端；D_0、

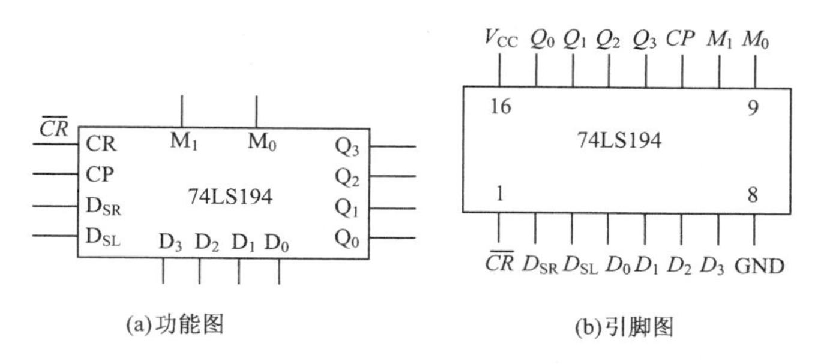

(a)功能图　　(b)引脚图

图 9.2.5　74LS194 功能图和引脚图

D_1、D_2、D_3 为并行数据输入端；Q_0、Q_1、Q_2、Q_3 为输出端。表 9.2.2 所示是 74LS194 的功能表。

表 9.2.2　　74LS194 的功能表

$\overline{CR}$	M_1	M_0	CP	D_{SR}	D_{SL}	D_0	D_1	D_2	D3	Q_0^{n+1}	Q_1^{n+1}	Q_2^{n+1}	Q_3^{n+1}	功能
0	×	×	×	×	×	×	×	×	×	0	0	0	0	异步清零
1	×	×	0	×	×	×	×	×	×	Q_0^n	Q_1^n	Q_2^n	Q_3^n	保持
1	0	0	×	×	×	×	×	×	×	Q_0^n	Q_1^n	Q_2^n	Q_3^n	保持
1	0	1	↑	0	×	×	×	×	×	d	Q_1^n	Q_2^n	Q_3^n	右移进 d
1	1	0	↑	×	0	×	×	×	×	Q_0^n	Q_1^n	Q_2^n	d	左移进 d
1	1	1	↑	×	×	d_0	d_1	d_2	d_3	d_0	d_1	d_2	d_3	同步置数

9.3　计数器

计数器是数字设备中的基本逻辑部件，它的功能是记录输入脉冲个数，它所能记忆的最大脉冲个数称作该计数器的“模”。它的应用十分广泛，如计算机中的时序发生器、时间分配器、分频器、程序计数器、指令计数器等都需用到计数器；数字化仪表中的压力、时间、温度等物理量的 A/D、D/A 转换都要通过脉冲计数来实现。计数器种类繁多，按工作方式可分为同步计数器和异步计数器；按编码方式可分为二进制计数器、十进制计数器等；按功能可分为加法器、减法器、可逆计数器等。

本节将讨论二进制加法计数器和十进制加法计数器。

9.3.1　二进制计数器

二进制只有 0 和 1 两个数码。所谓二进制加法，就是“逢二进一”，即 0+1=1，1+1=10。也就是每当本位是 1，再加 1 时，本位便变为 0，而向高位进位，使高位加 1。

由于双稳态触发器有“1”和“0”两个状态，所以一个触发器可以表示一位二进制数。如果要表示 n 位二进制数，就得用 n 个触发器。

由此，我们可以列出四位二进制加法计数器的状态表（表 9.3.1），表中还列出对应的十进制数。

表 9.3.1　　二进制加法计数器的状态表

计数脉冲数	二进制数				十进制数
	Q_3	Q_2	Q_1	Q_0	
0	0	0	0	0	0
1	0	0	0	1	1
2	0	0	1	0	2
3	0	0	1	1	3
4	0	1	0	0	4
5	0	1	0	1	5
6	0	1	1	0	6
7	0	1	1	1	7
8	1	0	0	0	8
9	1	0	0	1	9
10	1	0	1	0	10
11	1	0	1	1	11
12	1	1	0	0	12
13	1	1	0	1	13
14	1	1	1	0	14
15	1	1	1	1	15
16	0	0	0	0	0

要实现表 9.3.1 所列出的四位二进制加法计数，必须用四个双稳态触发器，它们具有计数功能。采用不同的触发器可以有不同的逻辑电路，用同一种触发器也可得到不同的逻辑电路。下面介绍两种二进制加法计数器。

1. 异步二进制加法计数器

由表 9.3.1 可见，每来一个计数脉冲，最低位触发器翻转一次，而高位触发器是在相邻的低位触发器从“1”变为“0”进位时翻转。因此，可用四个主从型 JK 触发器来组成四位异步二进制加法计数器，如图 9.3.1 所示。每个触发器的 J、K 端悬空，相当于“1”，故具有计数功能。触发器的进位脉冲从 Q 端输出送到相邻高位触发器的 C 端，这符合主从型触发器在输入正脉冲的下降沿触发的特点，图 9.3.2 是它的工作波形图。

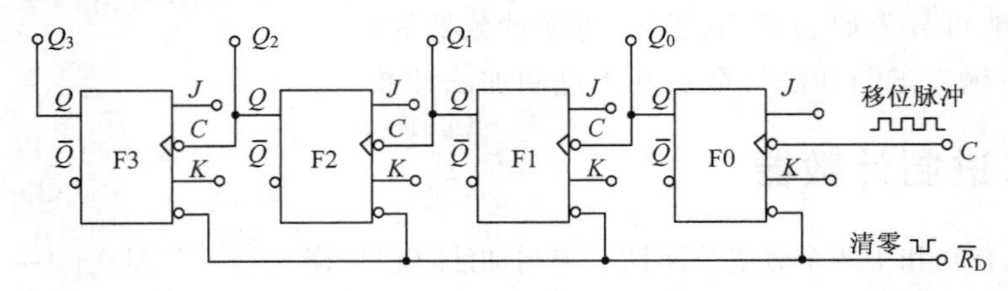

图 9.3.1　由主从型 JK 触发器组成的四位异步二进制加法计数器

之所以称为“异步”加法计数器，是由于计数脉冲不是同时加到各位触发器的 C 端，而只加到最低位触发器，其他各位触发器则由相邻低位触发器输出的进位脉冲来触发，因此它们状态的变换有先有后，是异步的。

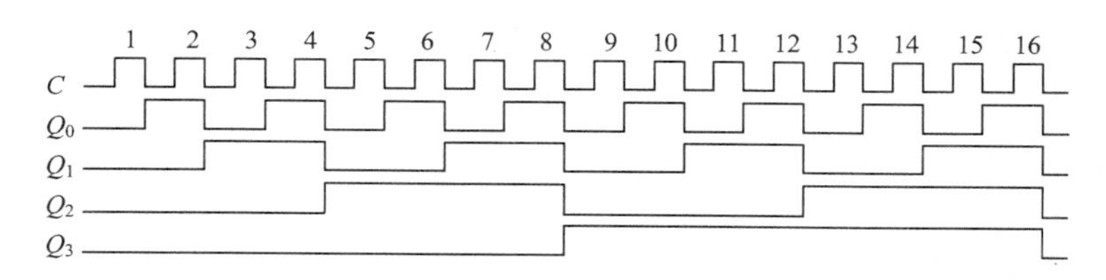

图 9.3.2　二进制加法计数器的工作波形图

2. 同步二进制加法计数器

如果计数器还是用四个主从型 JK 触发器组成，根据表 9.3.1 可得出各位触发器的 J、K 端的逻辑关系式：

第一位触发器 F0，每来一个计数脉冲就翻转一次，故 $J_0=K_0=1$；

第二位触发器 F1，在 $Q_0=1$ 时再来一个脉冲才翻转，故 $J_1=K_1=Q_0$；

第三位触发器 F2，在 $Q_1=Q_0=1$ 时再来一个脉冲才翻转，故 $J_2=K_2=Q_1Q_0$；

第四位触发器 F3，在 $Q_2=Q_1=Q_0=1$ 时再来一个脉冲才翻转，故 $J_3=K_3=Q_2Q_1Q_0$。

由上述逻辑关系式可得出图 9.3.3 所示的四位同步二进制加法计数器的逻辑图。由于计数脉冲同时加到各位触发器的 C 端，它们的状态变换和计数脉冲同步，这是“同步”名称的由来，并与“异步”相区别。同步计数器的计数速度较异步快。

每个触发器有多个 J 端和 K 端，J 端之间和 K 端之间都是“与”的逻辑关系。

在上述的四位二进制加法计数器中，当输入第十六个计数脉冲时，又将返回起始状态“0000”。如果还有第五位触发器的话，这时应是“10000”，即十进制数 16。但是现在只有四位，这个数无法记录，这称为计数器的溢出。因此，四位二进制加法计数器能计的最大十进制数为 2^n-1。

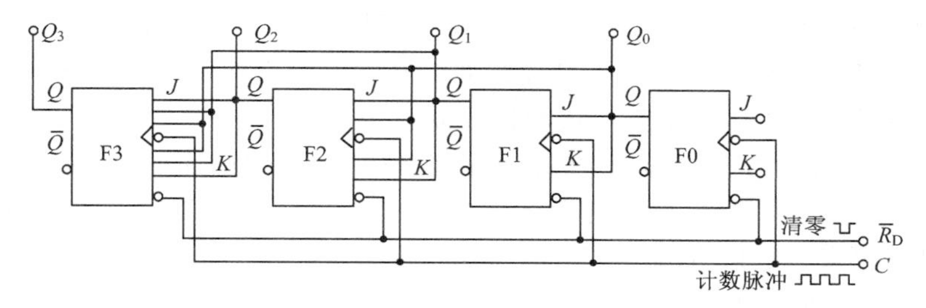

图 9.3.3　由主从型 JK 触发器组成的四位同步二进制加法计数器

【例 9.2】　分析图 9.3.4 所示逻辑电路的逻辑功能，说明其用途，设初始状态为“000”。

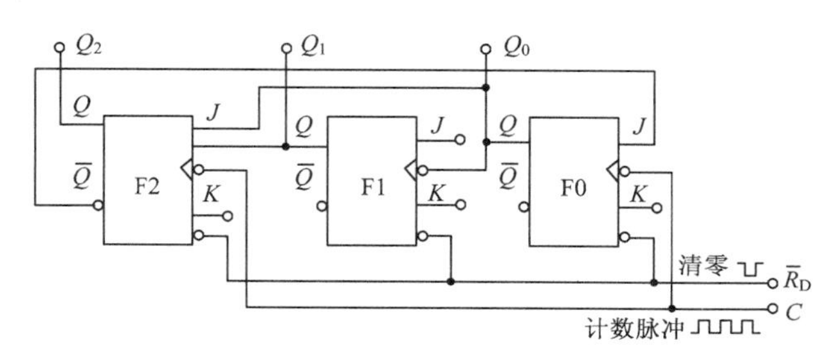

图 9.3.4　例 9.2 的图

解:(1)由图可得出各位触发器的 J、K 端的逻辑关系式:

$J_0=\overline{Q}_2, K_0=1$

$J_1=1, K_1=1$

$J_2=Q_0Q_1, K_2=1$

(2)因初始状态为"000",故这时各 J、K 端的电平为:

$J_0=1, K_0=1$

$J_1=1, K_1=1$

$J_2=0, K_2=1$

(3)根据 JK 触发器的状态表得出触发器的下一状态,即"001"。其中第二位触发器 F1 只在 Q_0 的状态从"1"变为"0"时才能翻转,而后再以"001"分析下一状态,这时触发器 F0 和 F1 都翻转,得出"010"。一直分析到恢复"000"为止。在分析过程中列出如表 9.3.2 所示的状态表。由表可见,经过五个脉冲循环一次,这是五进制计数器。

表 9.3.2　　例 9.2 的状态表

时钟脉冲数	$J_2=Q_0Q_1$	$K_2=1$	$J_1=1$	$K_1=1$	$J_0=\overline{Q}_2$	$K_0=1$	Q_2	Q_1	Q_0
0	0	1	1	1	1	1	0	0	0
1	0	1	1	1	1	1	0	0	1
2	0	1	1	1	1	1	0	1	0
3	1	1	1	1	1	1	0	1	1
4	0	1	1	1	0	1	1	0	0
5	0	1	1	1	1	1	0	0	0

9.3.2　十进制计数器

二进制计数器结构简单,但是读数时不够直观,所以在有些场合采用十进制计数器较为方便。十进制计数器是在二进制计数器的基础上得出的,用四位二进制数来代表十进制的每一位数,所以也称为二-十进制计数器。

上一章已介绍过的 8421 编码方式,是取四位二进制数前面的"0000"~"1001"来表示十进制的 0~9 十个数码,而去掉后面的"1010"~"1111"六个数。也就是计数器计到第九个脉冲时再来一个脉冲,即由"1001"变为"0000"。经过十个脉冲循环一次。表 9.3.3 是 8421 码十进制加法计数器的状态表。

表 9.3.3　　8421 码十进制加法计数器的状态表

计数脉冲数	二进制数				十进制数
	Q_3	Q_2	Q_1	Q_0	
0	0	0	0	0	0
1	0	0	0	1	1
2	0	0	1	0	2
3	0	0	1	1	3
4	0	1	0	0	4
5	0	1	0	1	5
6	0	1	1	0	6
7	0	1	1	1	7
8	1	0	0	0	8
9	1	0	0	1	9
10	0	0	0	0	进位

同步十进制加法计数器

与二进制加法计数器比较(比较表9.3.3与表9.3.1)，第十个脉冲不是由“1001”变为“1010”，而是恢复“0000”，即要求第二位触发器F1不得翻转，保持“0”态，第四位触发器F3应翻转为“0”。如果十进制加法计数器仍由四个主从型 JK 触发器组成，J、K 端的逻辑关系式应做如下修改：

(1)第一位触发器F0，每来一个计数脉冲就翻转一次，故 $J_0=1, K_0=1$；

(2)第二位触发器F1，在 $Q_0=1$ 时再来一个脉冲翻转，而在 $Q_3=1$ 时不得翻转，故 $J_1=Q_0\overline{Q_3}, K_1=Q_0$；

(3)第三位触发器F2，在 $Q_1=Q_2=1$ 时再来一个脉冲翻转，故 $J_2=Q_1Q_0, K_2=Q_1Q_0$；

(4)第四位触发器F3，在 $Q_2=Q_1=Q_0=1$ 时，再来一个脉冲翻转，并在第十个脉冲由“1”翻转为“0”，故 $J_3=Q_2Q_1Q_0, K_3=Q_0$。

由上述逻辑关系式可得出如图9.3.5所示的四位同步十进制加法计数器的逻辑图。

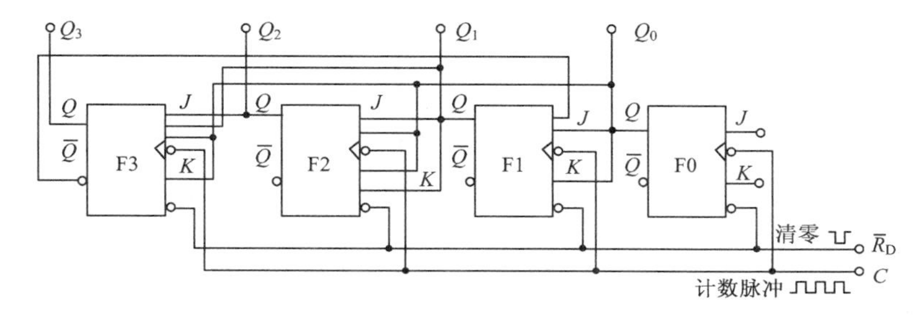

图9.3.5　由主从型 JK 触发器组成的四位同步十进制加法计数器

比较图9.3.5和图9.3.3中各位触发器 J、K 端的连接方式，只是触发器F1的 J 端和触发器F3的 K 端不同。

图9.3.6是十进制加法计数器的工作波形图，读者可结合图9.3.3和表9.3.3自行分析。

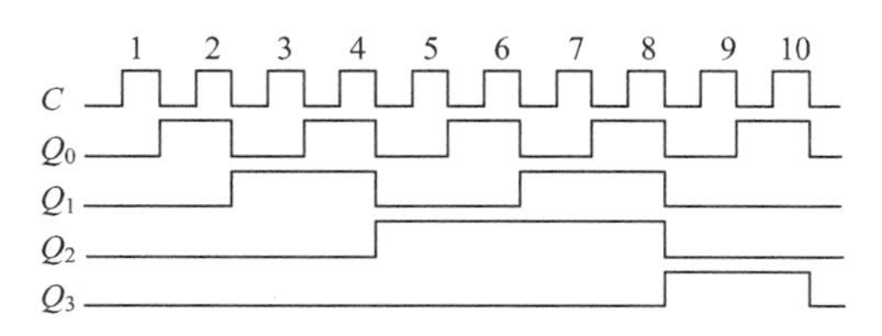

图9.3.6　十进制加法计数器的工作波形图

9.3.3　中规模集成计数器

1. 常用同步集成计数器74LS161

74LS161是一种同步四位二进制加法集成计数器。其符号图和管脚的排列如图9.3.7(a)、图9.3.7(b)所示，逻辑功能如表9.3.4所示。其中 $D_0 \sim D_3$ 为并行数据输入端，$Q_0 \sim Q_3$ 为输出端，CO 为进位输出端，$\overline{LD}$ 为同步预置数控制端，$\overline{CR}$ 为复位端，CT_T 和 CT_P 为计数控制端。

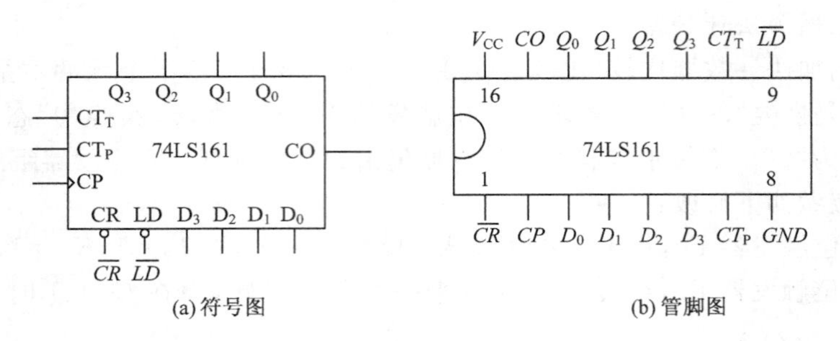

(a)符号图 (b)管脚图

图 9.3.7 74LS161 的符号图和管脚图

表 9.3.4 74LS161 逻辑功能表

$\overline{CR}$	$\overline{LD}$	CT_P	CT_T	CP	$Q_3\ Q_2\ Q_1\ Q_0$
0	×	×	×	×	0 0 0 0 异步清零
1	0	×	×	↑	$D_3\ D_2\ D_1\ D_0$ 同步置数
1	1	0	×	×	$Q_3\ Q_2\ Q_1\ Q_0$保持
1	1	×	0	×	$Q_3\ Q_2\ Q_1\ Q_0$保持
1	1	1	1	↑	加法计数

由表 9.3.4 所示可知,74LS161 有以下功能:

当复位端$\overline{CR}=0$ 时,输出 $Q_3Q_2Q_1Q_0$ 全为零,此功能与 CP 无关,故称异步清零(复位);

当复位端$\overline{CR}=1$,预置控制端 $\overline{LD}=0$ 时,$Q_3Q_2Q_1Q_0=D_3D_2D_1D_0$,此功能是在 CP 到达"↑"时实现,故称同步置数功能;

当 $\overline{CR}=\overline{LD}=1$,且 $CT_P=0$ 或 $CT_T=0$ 时,输出 $Q_3Q_2Q_1Q_0$ 保持不变;

当 $\overline{CR}=\overline{LD}=CT_P=CT_T=1$,并且 CP 到达"↑"时,计数器进行加法计数,实现计数功能。

2. 常用异步集成计数器 74LS290

图 9.3.8 是 CT74LS290 型二-五-十进制计数器的逻辑图、外引线排列图和功能表。$R_{0(1)}$和 $R_{0(2)}$是清零输入端,由图 9.3.8(c)的功能表可见,当两端全为"1"时,将四个触发器清零;$S_{9(1)}$和 $S_{9(2)}$是置"9"输入端,同样,由功能表可见,当两端全为"1"时,$Q_3Q_2Q_1Q_0=1001$,即表示十进制数 9。清零时,$S_{9(1)}$和 $S_{9(2)}$中至少有一端为"0",以保证清零可靠进行。它有两个时钟脉冲输入端 C_0 和 C_1,下面按二、五、十进制三种情况来分析。

(1)只输入计数脉冲 C_0,由 Q_0 输出,F1~F3 三位触发器不用,为二进制计数器;

(2)只输入计数脉冲 C_1,由 Q_3、Q_2、Q_1 端输出,为五进制计数器;

(3)将 Q_0 端与 C_1 端连接,输入计数脉冲 C_0。这时,由逻辑图得出各位触发器的 J、K 端的逻辑关系式:

$$J_0=1,K_0=1$$

$$J_1=\overline{Q}_3,K_1=1$$

$$J_2=1,K_2=1$$

$$J_3=Q_2Q_1,K_3=1$$

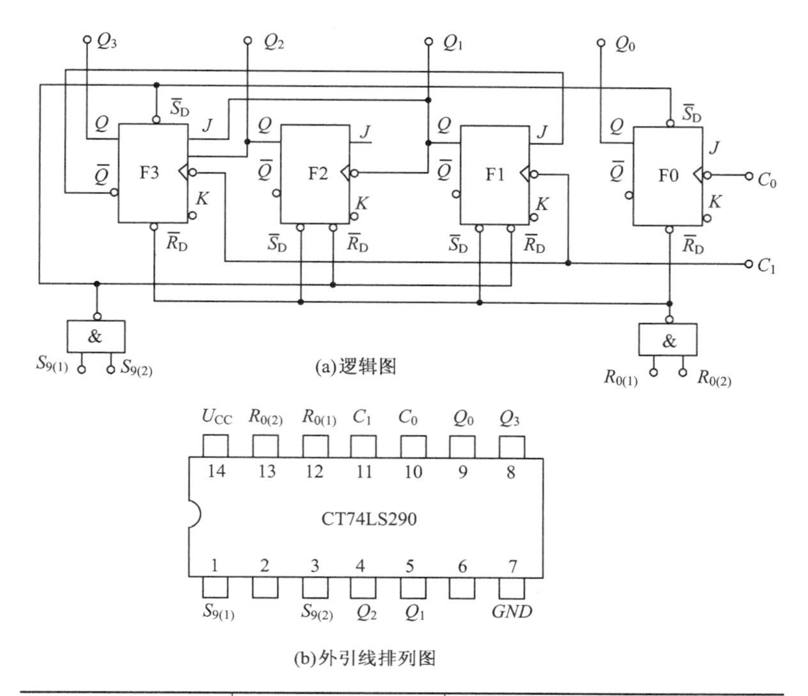

(a)逻辑图

(b)外引线排列图

$R_{0(1)}$	$R_{0(2)}$	$S_{9(1)}$	$S_{9(2)}$	Q_3	Q_2	Q_1	Q_0
1	1	0 ×	× 0	0	0	0	0
×	×	1	1	1	0	0	1
×	0	0	×	计　数			
0	×	×	0	计　数			
0	×	×	0	计　数			
×	0	0	×	计　数			

(c)功能表

图 9.3.8　CT74LS290 型计数器

而后逐步由现状分析下一状态(从初始状态“0000”开始),一直分析到恢复“0000”为止,读者可自行分析,列出状态表,可知为 8421 码十进制计数器。

9.3.4　任意进制计数器

1. 利用计数器的同步置数功能获得 N 进制计数器

利用计数器的同步置数功能可获得 N 进制计数器。这时,应在计数器的并行数据输入端 $D_0 \sim D_3$ 输入计数起始数据,并置入计数器。这样,在输入第 $N-1$ 个计数脉冲 CP 时通过控制电路使同步置数控制端上获得一个置数信号,这时计数器并不能将 $D_0 \sim D_3$ 端的数据置入计数器,但它为置入创造了条件,所以在输入第 N 个计数脉冲 CP 时,$D_0 \sim D_3$ 端输入的数据被置入计数器,使电路返回到初始的预置状态,从而实现了 N 进制计数。因此,利用同步置数功能获得 N 进制计数器的方法如下:

(1)写出 N 进制计数器状态 S_{N-1} 的二进制代码。

(2)写出反馈置数函数。这实际上是根据 S_{N-1} 写出同步置数控制端的逻辑表达式。

(3)画出连线图。主要根据置数函数画连线图。

【例 9.3】 试用 CT74LS161 构成十进制计数器。

解: CT74LS161 设有同步置数控制端,可利用它来实现十进制数。设计数从 $Q_3Q_2Q_1Q_0=0000$ 状态开始,由于采用反馈置数法获得十进制计数器,因此应取 $D_3D_2D_1D_0=0000$;采用置数控制端获得 N 进制计数器一般都从 0 开始计数。

(1)写出 S_{N-1} 的二进制代码为:$S_{N-1}=S_{10-1}=S_9=1001$

(2)写出反馈置数函数为:$\overline{LD}=\overline{Q_3Q_0}$

(3)画连线图。根据上式和置数的要求画十进制计数器的连线图,如图 9.3.9(a)所示。应当指出:反馈置数函数 $\overline{LD}$ 在 $Q_3=1,Q_0=1$ 时为 0。因此,应采用"与非"门来实现。由表 9.3.5 可看出,例 9.3 是利用 4 位自然二进制数的前 10 个状态 0000~1001 来实现十进制计数的,如利用 4 位自然二进制数的后 10 个状态 0110~1111 实现十进制计数时,则数据输入端的输入应为 $D_3D_2D_1D_0$,这时从 CT74LS161 的进位输出端 CO 去的反馈置数信号最简单,电路如图 9.3.9(b)所示。

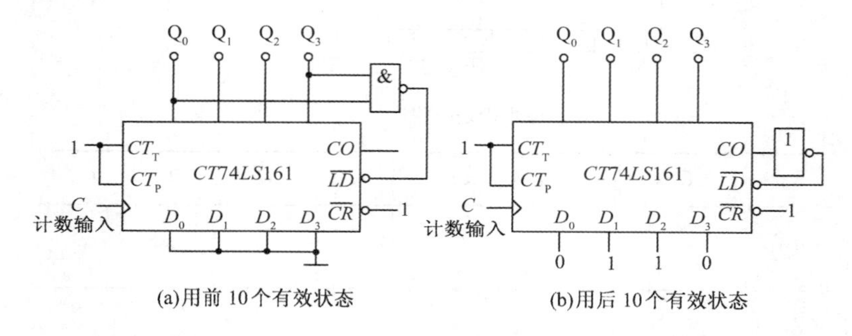

图 9.3.9 用 CT74LS161 构成十进制计数器的两种方法

表 9.3.5 CT74LS161 计数状态顺序表

计数顺序	计数器状态 Q_3	Q_2	Q_1	Q_0	计数顺序
0	0	0	0	0	无效状态
1	0	0	0	1	
2	0	0	1	0	
3	0	0	1	1	
4	0	1	0	0	
5	0	1	0	1	
6	0	1	1	0	0
7	0	1	1	1	1
8	1	0	0	0	2
9	1	0	0	1	3
无效状态	1	0	1	0	4
	1	0	1	1	5
	1	1	0	0	6
	1	1	0	1	7
	1	1	1	0	8
	1	1	1	1	9

2. 利用计数器的同步置零功能获得 N 进制计数器

利用计数器的同步置零功能同样可以获得 N 进制计数器。它与利用异步置零功能实现任意进制计数不同，因为在同步置零控制端获得置零控制信号后，计数器并不能立即被置零，还需再输入一个计数脉冲 CP 后才能被置零，所以，利用同步置零控制端获得进制计数器时，应在输入第 $N-1$ 个计数脉冲 CP 后，通过控制电路使同步置零控制端获得置零信号，这样，在输入第 N 个计数脉冲时，计数器才能被置零，回到初始的零状态，从而实现了进制计数。应当指出，利用同步置零功能实现任意进制计数时，其并行数据输入端 $D_0 \sim D_3$ 可为任意值，不需要接入固定的计数起始数据。

利用同步置零功能实现任意进制计数的方法如下：

用 $S_1, S_2, \cdots, S_N$ 表示输入 $1, 2, \cdots, N$ 个计数脉冲 CP 时计数器的状态。

(1)写出 N 进制计数器状态 S_{N-1} 的二进制代码；

(2)写出反馈归零函数。这实际上是根据 S_{N-1} 的二进制代码写出置零控制端的逻辑表达式；

(3)画出连线图。主要根据反馈归零函数画连线图。

3. 利用计数器的异步置零功能获得 N 进制计数器

利用计数器的异步置零功能同样可以获得 N 进制计数器。这时只要异步置零输入端出现置零信号，计数器便立刻被置零。因此，利用异步置零输入端获得进制计数器时，应在输入第 N 个计数脉冲 CP 后，通过控制电路(或反馈线)产生一个置零信号加到异步置零输入端上，便实现了 N 进制计数，具体方法如下：

用 $S_1, S_2, \cdots, S_N$ 表示输入 $1, 2, \cdots, N$ 个计数脉冲 CP 时计数器的状态。

(1)写出 N 进制计数器状态 S_N 的二进制代码；

(2)写出反馈归零函数。这实际上是根据 S_N 写置零端的逻辑表达式；

(3)画连线图。主要根据反馈归零函数画连线图。

【例 9.4】 试用 CT74LS290 的异步置零功能构成六进制计数器。

解：(1) 写出 S_6 的二进制代码为 $S_6 = 0110$。

(2) 写出反馈归零函数。由于 CT74LS290 的异步置零信号为高电平时有效，因此，只有在 $R_{0(1)}$ 和 $R_{0(2)}$ 同时为高电平时，计数器才能被置零，所以反馈归零函数为

$$R_{0(1)} \cdot R_{0(2)} = Q_2 \cdot Q_1$$

(3)画连线图。由上式可知，要实现六进制计数，应将 $R_{0(1)}$ 和 $R_{0(2)}$ 分别接 Q_1 和 Q_2，同时将 $S_{9(1)}$ 和 $S_{9(2)}$ 接 0。由于计数容量为 6，大于 5，还应将 Q_0 和 C_1 相连，连线如图 9.3.10(a)所示。

用同样的方法，也可将 CT74LS290 构成九进制计数器，电路如图 9.3.10(b)所示。

4. 利用计数器的异步置数功能获得 N 进制计数器

利用计数器的异步置数功能可获得 N 进制计数器。和异步置零功能一样，异步置数和时钟脉冲 CP 没有任何关系，只要异步置数控制端出现置数信号，并行数据输入端 $D_0 \sim D_3$ 输入的数据便立刻被置入计数器。因此，利用异步置数控制端构成 N 进制计数器时，应在输入第 N 个计数脉冲 CP 时，通过控制电路产生的置数信号加到计数器的异步置数控制端上，计数器立刻回到初始的预置状态，从而实现了 N 进制计数。其构成 N 进制

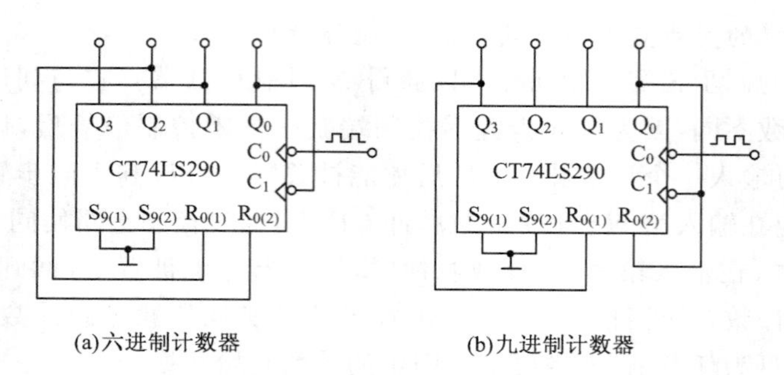

图 9.3.10 例 9.4 的图

计数器的方法和前面讨论的异步置零方法相同。但在利用异步置数功能构成 N 进制计数器时，并行数据输入端 $D_0 \sim D_3$ 必须接入计数起始数据，通常取 $D_3D_2D_1D_0=0000$。

5. 利用计数器的级联获得大容量 N 进制计数器

计数器的级联是将多个集成计数器串接起来，以获得计数容量更大的 N 进制计数器。一般集成计数器都设有级联用的输入端和输出端，只要正确连接这些级联端，就可获得所需进制的计数器。

【例 9.5】 数字钟表中的分、秒计数都是六十进制，试用两片 CT74LS290 型二-五-十进制计数器连成六十进制电路。

解：六十进制计数器由两位组成，个位(1)为十进制，十位(2)为六进制。电路连接如图 9.3.11 所示。个位的最高位 Q_3 连到十位的 C_0 端。

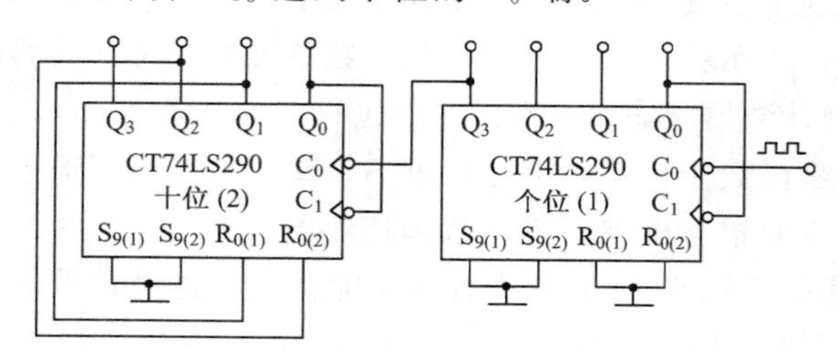

图 9.3.11 例 9.5 的图

个位十进制计数器经过十个脉冲循环一次，每当第十个脉冲来到后，Q_3 由“1”变为“0”(见表 9.3.3)，相当于一个下降沿，使十位六进制计数器计数。个位计数器经过第一个十个脉冲，十位计数器计数为“0001”；经过二十个脉冲，计数为“0010”；依次类推，经过六十个脉冲，计数为“0110”。然后，立即清零，个位和十位计数器都恢复为“0000”，这就是六十进制计数器。

本章小结

本章首先介绍了几种不同的触发器，然后介绍了寄存器，最后介绍了不同的计数器。

1. 如同门电路一样，触发器也是构成各种复杂数字系统的一种基本逻辑单元。

(1)触发器逻辑功能的基本特点是可以保存一位二值信息。

(2)触发器按逻辑功能分类，可分为 RS 触发器、D 触发器、JK 触发器和 T 触发器。

不同触发器的逻辑功能不同，触发器的逻辑功能可以用它的特性表、特征方程、状态图和激励表来描述。

(3)触发器按结构形式分类，可分为基本 RS 触发器、同步 RS 触发器、主从触发器和维持阻塞触发器等。不同结构的触发器具有不同的动作特点。

(4)触发器的电路结构形式和逻辑功能是两个不同的概念，两者没有固定的对应关系。同一种逻辑功能的触发器可以用不同的结构实现，同一种电路结构的触发器也可以有不同的逻辑功能。

(5)使用触发器，首先应牢记它的逻辑功能特点，另外，也需掌握不同结构触发器的动作特点。这样，才能正确使用触发器。

2. 寄存器用来暂时存放参与运算的数据和运算结果。一个触发器只能寄存一位二进制数，要存多位数时，就得使用多个触发器。常用的有四位、八位、十六位等寄存器。

寄存器存放数码的方式有并行和串行两种。并行方式是数码各位从各对应位输入端同时输入到寄存器中，串行方式是数码从一个输入端逐位输入到寄存器中。

从寄存器取出数码的方式也有并行和串行两种。在并行方式中，被取出的数码各位在对应于各位的输出端上同时出现，而在串行方式中，被取出的数码在一个输出端逐位出现。

寄存器常分为数码寄存器和移位寄存器两种，其区别在于有无移位的功能。

3. 在数字系统中使用最多的时序电路要算计数器了，计数器不仅用于对脉冲进行计数，还可用于分频、定时、产生节拍脉冲和脉冲序列以及进行数字运算等。计数器的种类繁多，有同步和异步之分。不管是同步计数器，还是异步计数器均有加法、减法和可逆计数器之分。二进制加法、减法计数器是最基本的计数器，它可以修改成任意进制的计数器(含十进制计数器)。

任意进制(N 进制)的计数器设计方法较多，有基本设计法、修改法、反馈复位法、置数法和多片计数器组合法等。

习题九

1. 图 9-1 是由两个“或非”门组成的基本 RS 触发器，试分析其输出与输入的逻辑关系，列出状态表，并画出图形符号。

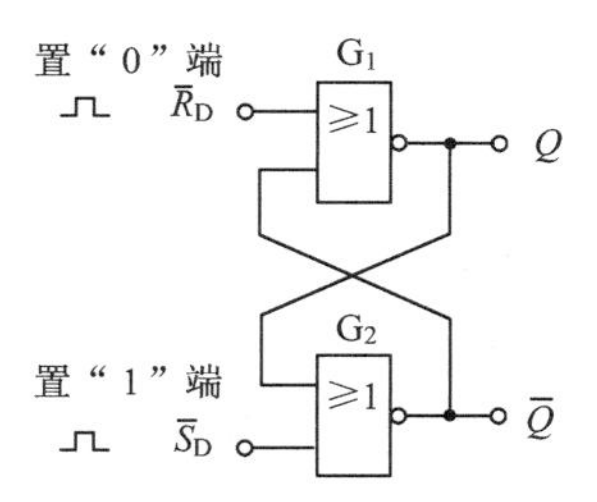

图 9-1　由“或非”门组成的基本 RS 触发器

2. 当主从型 JK 触发器的 C、J、K 端分别加上图 9-2 所示的波形时，试画出 Q 端的输出波形，设初始状态为“0”。

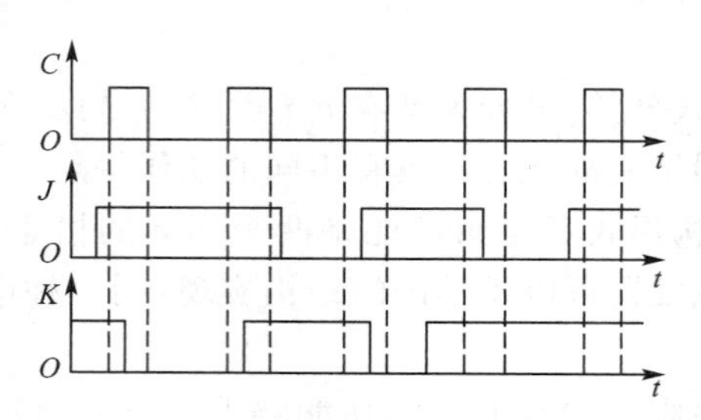

图 9-2 题 2 图

3. 电路如图 9-3 所示，试画出 Q_1 和 Q_2 的波形，设两个触发器的初始状态均为“0”。

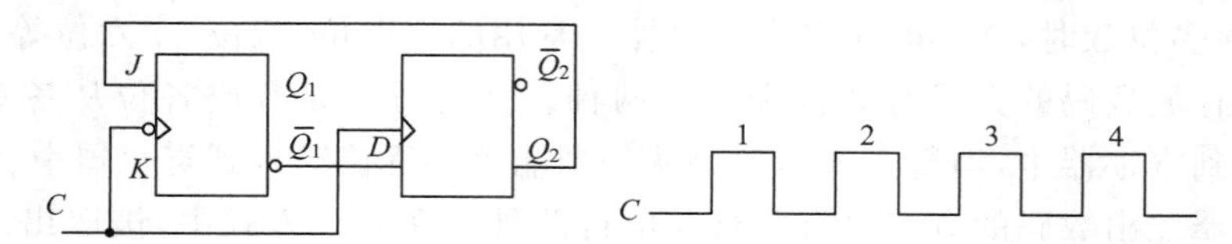

图 9-3 题 3 图

4. 图 9-4 所示电路是一个可以产生几种脉冲波形的信号发生器，试根据所给出的时钟脉冲 C 画出 Y_1、Y_2、Y_3 三个输出端的波形，设触发器的初始状态为“0”。

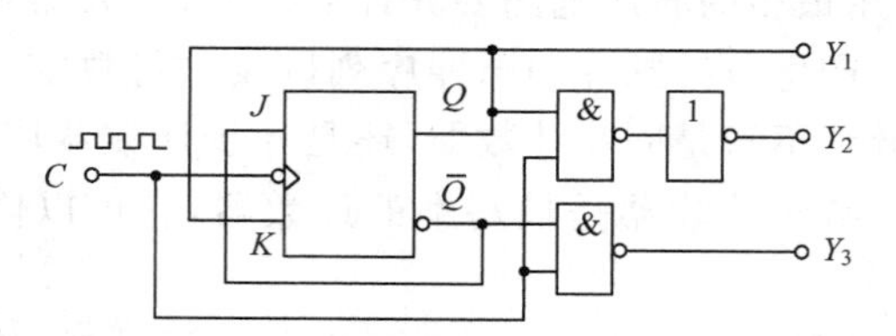

图 9-4 题 4 图

5. 试分析图 9-5 所示的电路，画出 Y_1 和 Y_2 的波形，说明电路功能，设初始状态 $Q=0$。

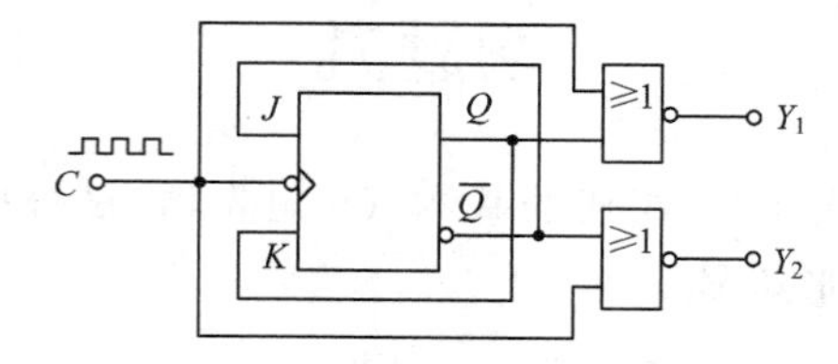

图 9-5 题 5 图

6. 试用反馈置“9”法将 CT74LS290 型计数器接成七进制计数器。

7. 试分别用 74LS161 的异步置零和同步置数功能构成下列计数器：

(1)十进制计数器；(2)六十进制计数器；(3)一百进制计数器

8. 试用 74LS290 的异步置零功能构成下列计数器：

(1)二十四进制计数器；(2)五十进制计数器；(3)三十八进制计数器

第10章 存储器和可编程逻辑器件

本 章 提 要

本章主要学习以阵列电路为基础的数字集成电路，包括半导体存储器和可编程逻辑器件。在半导体存储器部分，介绍了随机存取存储器和只读存储器的结构和工作原理。在可编程逻辑器件部分，先介绍了可编程只读存储器，再讨论可编程逻辑阵列、可编程阵列逻辑和通用阵列逻辑，最后对在系统可编程逻辑器件进行了简单的介绍。

10.1 概述

在数字系统中，中小规模数字集成器件是使用最早和应用较为广泛的数字集成器件。其结构简单，功能固定，但用它们构成复杂的数字电路系统时，则会使电路的体积、重量和功耗都大大增加。

大规模集成电路技术，可以把一个复杂的数字电路系统集成在一个硅片上，封装成一块集成电路。这样可以降低电路的体积、重量和功耗，同时还可以提高电路的工作可靠性。

半导体存储器是一种通用型大规模集成器（LSI）。它能够存储大量二进制数据，不仅可以存储文字的编码数据，而且可以存储声音和图像的编码数据。在大多数复杂的文字数据系统中，信息存储功能是必不可少的，所以半导体存储器是计算机和其他数字系统的重要组成部分。

半导体存储器按存、取功能可分为两大类：只读存储器（Read-Only Memory，简称 ROM）和随机存取存储器（Random-Access Memory，简称 RAM）。

PLD 是可编程逻辑器件（Programmable Logic Device）的简称。这种器件集成度远远大于中小集成电路。它是 20 世纪 70 年代发展起来的一种功能可由用户编程来确定的新型逻辑器件。一方面，它的全功能集成电路和标准集成电路一样，不同的生产厂家可以生产相同的结构和品种的电路，并印有统一的用户手册，用户可根据自己的需求进行挑选。另一方面，这种集成电路购买后不能马上使用，设计人员根据自己的设计需要，利用 EDA 软件进行设计，再用专门的编程器将它们“烧制”成需要的电路，完成一个数字电路系统集成设计，而不必请芯片制造商设计制作专用集成电路芯片，由此解决了用户用量较小与设计专用集成电路芯片成本高、周期长的矛盾，也有效避免了投资风险。

PLD 已成为近年来电子元器件行业中发展最快的产业之一，PLD 器件生产厂家众多，名称、分类方法各异，制造工艺和器件结构也不尽相同。各公司相互取长补短，使得 PLD 器件朝着高速、更高集成度、更低功耗、更强功能、更灵活的方向发展。PLD 的应用已渗透到计算机硬件、工业控制、智能仪表、家用电器、娱乐装置、通讯设备和医疗电子等多种领域。

10.2 只读存储器 ROM

只读存储器是存储固定信息的存储器。它的信息是在制造时由生产厂家写入或者采用专门写入装置写入。这类器件的特点是：正常工作时其内部信息只能读出，而不能向其内部写入信息；在关电源后器件中的信息仍保留，不会丢失。ROM 在计算机系统中常用于系统程序，使用者无法改动，只能读取信息，关机之后信息仍存在。

ROM 主要由三个部分组成：存储矩阵，地址译码器和输出缓冲器。其结构图如图 10.2.1 所示，图中 $N=2^r$。存储矩阵由大量存储电路按矩阵方式排列而成。每个单元存储一位二进制数码，每一个或每一组存储单元由一个对应的地址编码。

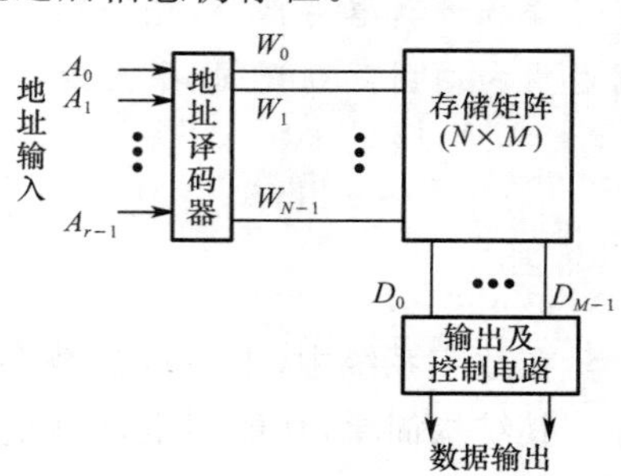

图 10.2.1 ROM 的结构图

地址译码器的作用是将输入的地址代码转换成相应的控制信号，由这个信号从存储矩阵中找到对应的存储单元，并把其中的数据送到输出缓冲器。

输出缓冲器的作用是：提高负载能力；实现对输出端的三态控制，以便和总线连接。

根据制作工艺和编程方法的不同，ROM 通常分为三类：固定 ROM，一次可编程只读存储器 PROM，可擦除可编程只读存储器 EROM、E^2PROM 和闪存 EPROM。

10.2.1 固定 ROM

固定 ROM 所存储的信息由生产厂家在制造芯片时，采用掩模工艺固化在芯片中，使用者只能读取数据而不能改变芯片中数据的内容，它又被称为掩模 ROM。

掩模 ROM 有二极管型、TTL 型、MOS 型等。图 10.2.2 所示为二极管掩模 ROM 结构图，其中 $G_0\sim G_3$ 为三态门，$\overline{CS}$ 为三态门的控制端，也是该芯片的片选信号。

图中的地址译码器是一个 2 线-4 线地址译码器，将两个地址码 A_1、A_0 译成 4 个地址 $W_0\sim W_3$。当 $A_1A_0=10$ 时，字选线 $W_2=1$，$W_0=W_1=W_3=0$。存储单元是由二极管组成的 4×4 存储矩阵，其中 1 或 0 代码是根据二极管有无来设置的。即当译码器输出所对应的 W 为高电平时，其所在线上的二极管导通，将相应的 D(位线)与 W 相连，使 D 为 1，无二极管的 D 则为 0。图 10.2.2 所示 ROM 中所存信息为 $W_0=1000$，$W_1=0110$，$W_2=1001$，$W_3=0111$。

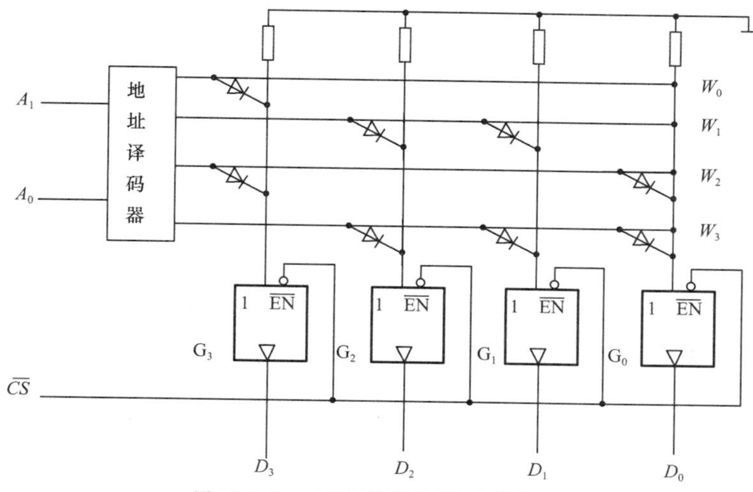

图 10.2.2　二极管掩模 ROM 的结构图

10.2.2　可编程 PROM

由于固定 ROM 里的信息是厂家在芯片制造过程中确定的，所以开发时间比较长，费用比较高，一般只适用于大批量生产、有同样内容的存储器。但在实际应用中，常需要用户自己编程写入数据，由此设计出了 PROM。PROM 器件在产品出厂时，所有存储单元均为 0(或均为 1)。用户根据设计过程中的实际需要自行将其中某些存储单元改为 1(或 0)，完成用户需要的逻辑功能。但一旦写入，就不能再更改。因此 PROM 也被称为一次性编程 ROM。

图 10.2.3 所示是一个 4×4 位 PROM 的电路结构原理图，其存储矩阵中每个单元都是由一只二极管和一个快速熔断丝组成。PROM 在写入数据前，每个存储单元包含一个逻辑 1。写入数据就是设法将需要存入 0 的存储单元中的熔丝烧断。烧断的熔丝和二极管不再连接，这就意味着一个逻辑 0 被永久地存储在存储单元中。PROM 只能进行一次编程，再加上可靠性差，目前已很少被使用。

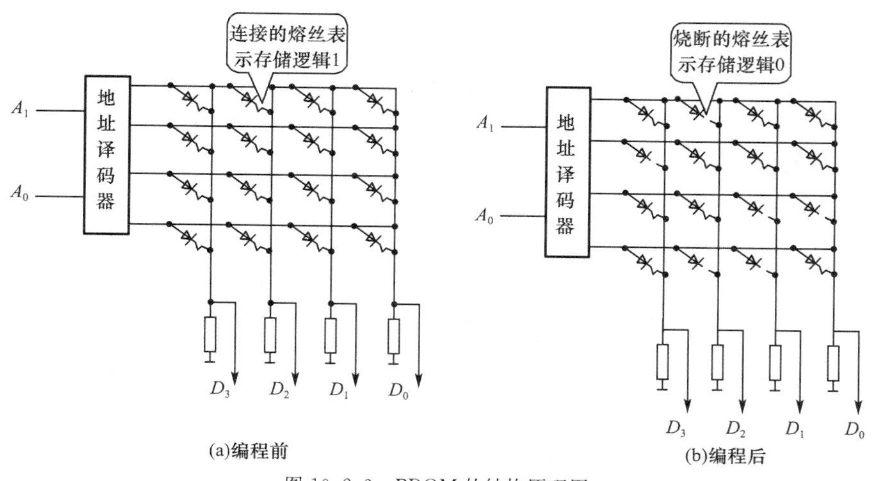

图 10.2.3　PROM 的结构原理图

10.2.3 可擦除编程 EPROM、E^2PROM

实际应用中有些情况需要反复修改存储内容，为了能够进行多次编程便产生了可擦除可重写的 ROM，即可擦除可编程 EPROM 和 E^2PROM。

1. 紫外线可擦除 EPROM

EPROM 与 PROM 在总体结构上相似，只是存储元件采用了一种特殊的浮栅型 MOS 管。EPROM 是微型计算机系统中用得最多的 ROM。它采用紫外线照射擦除数据，用电信号写入数据。用户用编程器写入信息的过程叫固化。当内容需要被修改时，先将芯片放在擦除器中，在紫外线的照射下使其 MOS 电路复位，原来信息被擦除，然后重新编程。因为紫外线是针对整片照射的，所以擦除时整片内容全部被擦除。

常用的 EPROM 芯片有 2716（照射存储容量 2 KB=2 K×8 位）、2732（4 KB）、2764（8 KB）、27168（12 KB）、27256（32 KB）等。图 10.2.4 所示为 2716 的引脚图。

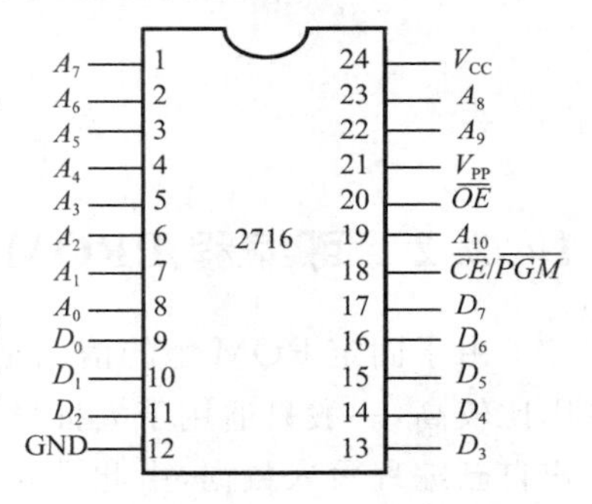

图 10.2.4 2716 的引脚图

其引脚符号和功能如下：

$A_0 \sim A_{10}$：地址输入线；

$D_0 \sim D_{10}$：三态数据总线，读出或编程校验时为数据输出线；编程时为数据输入线，维持或编程禁止时呈高阻状态；

$\overline{CS}$：片选信号输入线，低电平有效；

$\overline{PGM}$：编程脉冲输入线，低电平有效；

$\overline{OE}$：读出选通输入线，低电平有效；

V_{PP}：编程电源，其值因芯片型号和厂家而异；

V_{CC}：主电源输入线，一般为+5 V；

2. 电可擦除 E^2PROM

EPROM 紫外线擦除的操作复杂，速度较慢，而且只能整体擦除。E^2PROM 则用电信号擦除数据，它不仅可以整片擦除，还可以以字节为单位进行擦除和写入。它在写入时能自动完成擦除，并能在断电情况下保持结果。E^2PROM 在智能仪表、控制装置、终端机和开发装置等领域中有着广泛应用。

常用的 E^2PROM 芯片有 2816、2816A、2817、2817A、2864A 等。图 10.2.5 所示为 2816A 的引脚图。

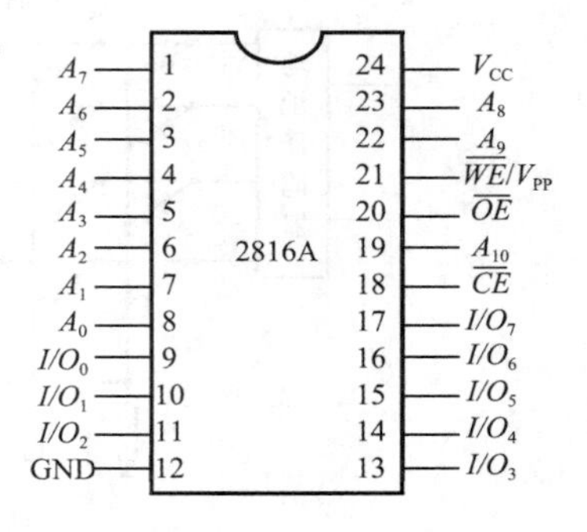

图 10.2.5 2816A 的引脚图

其引脚符号和功能如下：

$A_0 \sim A_{10}$：地址输入线；

$I/O_0 \sim I/O_7$：双向三态数据线；

$\overline{CS}$：片选信号输入线，低电平有效；

$\overline{WE}$：写入允许信号输入线，低电平有效；

$\overline{OE}$：读出选通信号线，低电平有效；

V_{PP}：编程电源，其值因芯片型号和制造厂家而异；

V_{CC}：主电源输入线，一般为+5 V；

3. 闪存 EPROM(Flash Memory)

闪存 EPROM 是近年来较为流行的一种新型半导体存储器，它不仅吸收了 EPROM 结构简单，编程可靠的优点，还保留了 E^2PROM 快速擦写的特点而且具有很高的集成度。

目前，它已经成为较大容量磁性存储器(例如计算机中的软磁盘和硬磁盘等)的替代产品。

10.3　随机存取存储器 RAM

随机存取存储器也叫随机读写存储器，简称 RAM。RAM 工作时可以从任何一个指定地址读出数据，也可以随时将数据写入任何一个指定的存储单元中去。RAM 的优点是读写方便，使用灵活，但一旦掉电所有存储在其中的数据将立即丢失。RAM 在计算机中主要用来存放用户程序，计算机的中间结果以及与外存交换信息等。计算机内存条就属于 RAM。

RAM 可分为静态随机存储 SRAM 和动态随机存储 DRAM 两大类。

10.3.1　RAM 的电路结构

RAM 的基本结构如图 10.3.1 所示，它由地址译码器、存储矩阵和输入/输出(读/写)控制电路三部分组成。

存储矩阵由许多存储单元排列而成，每个存储单元能存储 1 位二进制数据(1 或 0)，在译码器和读/写控制电路的控制下，既可以写入 1 或 0，又可以将存储的数据读出。

地址译码器一般分为行地址译码器和列地址译码器两部分，它的作用是对外部输入的地址进行译码，以便唯一地选择存储矩阵中的一组存储单元。

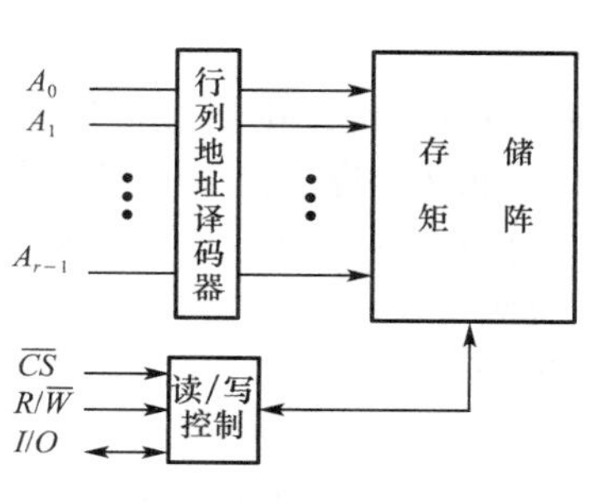

图 10.3.1　RAM 的基本结构

读/写控制电路可以对电路的工作状态进行控制。当$\overline{CS}=1$(该片未被选中)时，所有的输入/输出端均为高阻状态，不能对 RAM 进行读/写操作。当$\overline{CS}=0$(该片被选中)时，RAM 为正常工作状态，此时若 $R/\overline{W}=1$，则执行读操作，即从存储单元中读出数据；若此时 $R/\overline{W}=0$，则执行写操作，即向存储单元写入数据。

10.3.2　RAM 存储容量的扩展

当使用一片 RAM(或 ROM)不能满足存储容量的要求时，就需要将若干片 RAM(或 ROM)组合起来，形成一个更大容量的存储器。

1. 位扩展方式

当 RAM 芯片的字数够用而位数不够用时，应采用位扩展的方式，将多片 RAM 组合成一个位数更多的存储器。

位扩展的方式是：把扩展前每一个芯片的地址线、$R/\overline{W}$ 端和 $\overline{CS}$ 端分别依次并联作为整个芯片的地址线 $R/\overline{W}$ 端和 $\overline{CS}$ 端，每一个芯片的 I/O 端分别作为整个 RAM 输入/输出数据段的一部分。

【例 10.1】 将存储容量为 1 K×4 的 RAM 扩展成存储容量为 1 K×8 的 RAM。

解:因为(1 K×8)/(1 K×4)=2,所以需要两片 1 K×4 的 RAM。又因 1 K=2^{10},所以需要 10 根地址线。

扩展连接如图 10.3.2 所示。

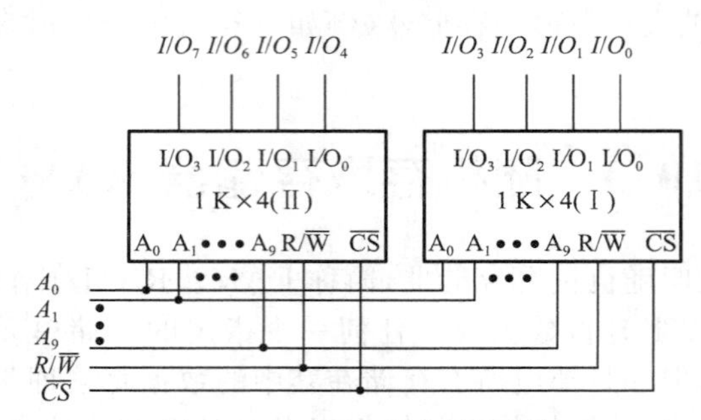

图 10.3.2 RAM 的位扩展连接

2. 字扩展方式

当 RAM 芯片的位数够用而字数不够用时,应采用字扩展方式,将多片 RAM 接成一个字数更多的存储器。

字扩展的方法是:把扩展前每一个芯片的 I/O 端、$R/\overline{W}$ 端依次并联作为整个芯片的 I/O 端和 $R/\overline{W}$ 端,将扩展前的每一个芯片的地址线并联成为整个芯片的低位地址线,所需的高位地址线则通过地址译码器去控制各片的片选线 $\overline{CS}$。

【例 10.2】 将存储容量为 1 K×8 的 RAM 扩展成 4 K×8 的 RAM。

解:因为(4 K×8)/(1 K×8)=4,所以需要 4 片 1 K×8 的 RAM。又因 4 K=2^{12},所以组成 4 K 的存储器共需要 12 根地址线。而 1 K=2^{10},所以 10 根作为字线,选择存储芯片内的单元。

地址 $A_{10}A_{11}$ 可利用 2 线-4 线二进制译码器 74LS139 产生片选信号,分别选通 4 片存储芯片,从而实现字扩展。如果要扩展 3 位地址,则可选用 3 线-8 线二进制译码器 74LS138。

扩展连接如图 10.3.3 所示。

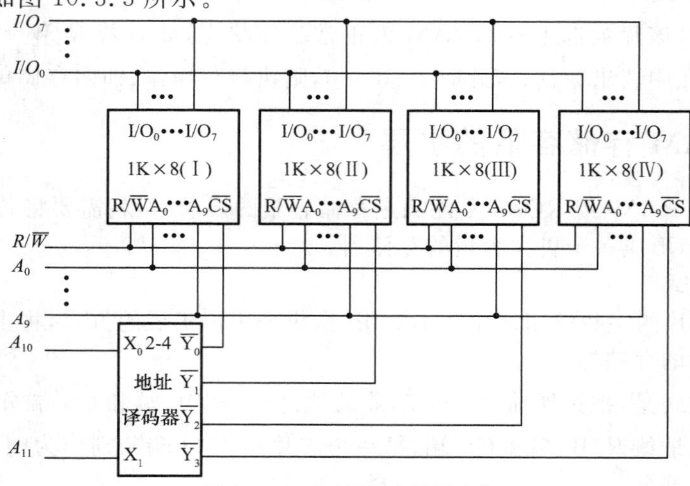

图 10.3.3 RAM 的字扩展连接

10.3.3　RAM 芯片简介

RAM 芯片可分为双极型和 MOS 型两类。在 MOS 型 RAM 芯片中，按其工作模式又分为动态 RAM 芯片和静态 RAM 芯片两种。动态 RAM 芯片集成度高，功耗小，但不如静态 RAM 芯片使用方便。一般情况下，大容量存储器使用动态 RAM 芯片，小容量存储器使用静态 RAM 芯片。RAM 芯片有多种型号规格，下面以 2114 静态 RAM 芯片为例，简单介绍一下 RAM 芯片。

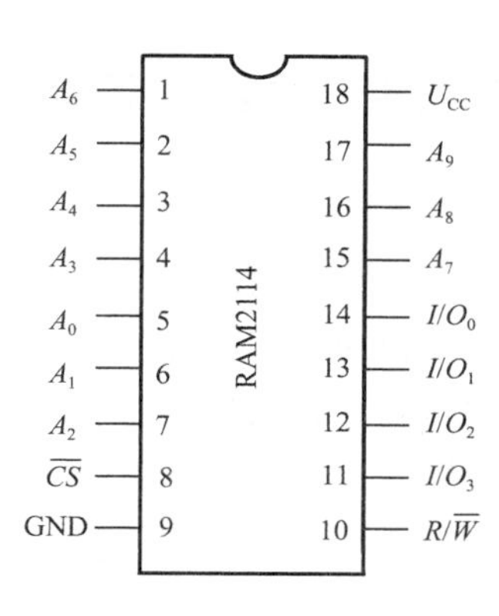

图 10.3.4　RAM2114 外引线排列图

2114 静态 RAM 芯片的外引线排列如图 10.3.4 所示。其容量为 1 K×4；有 10 条地址输入线 $A_9 \sim A_0$（$2^{10}=1024$），4 条数据线 $I/O_3 \sim I/O_0$，$R/\overline{W}$ 为读/写控制信号输入端，$\overline{CS}$ 为片选信号输入端，U_{CC} 为 +5 V 电源，GND 为接地端。

在实际应用时，往往需要使用多片存储器以扩展存储器的容量。

10.4　可编程逻辑器件 PLD 简介

PLD 器件的核心部分是由一个与阵列和一个或阵列组成的与或阵列。其与阵列的输入线和或阵列的输出线都排列成阵列结构，每个交叉处用逻辑器件或熔丝连接起来，PLD 的逻辑编程一般通过熔丝或 PN 结的熔断和连接实现，或者通过对浮栅的充电和放电来实现。

为了便于对阵列逻辑电路进行分析和画图，常采用图 10.4.1 所示的简化逻辑符号。其中图(a)所示为多输入端与门；图(b)所示为多输入端或门；(c)所示为多输出缓冲器，它有两个互补输出；图(d)所示为三态输出缓冲器；图(e)所示为非门。图 10.4.1 中横竖线交叉处有“·”表示是硬接线连接点，用户不可改变；交叉处有“×”表示有熔丝(浮栅)，是可编程连接点；交叉处无标点，则表示已经编程将熔丝烧断，横竖线不相连。图 (a)中与门的输出 $P=AB$，图(b)中或门的输出 $Y=P_2+P_3$。

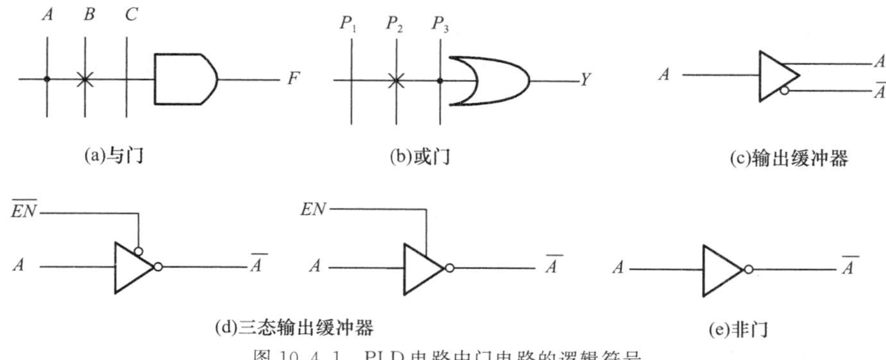

图 10.4.1　PLD 电路中门电路的逻辑符号

根据阵列和输出结构的不同，PLD 可分为四种基本类型：可编程只读存储器 PROM，可编程逻辑阵列 PLA，可编程阵列逻辑 PAL 和通用阵列逻辑 GAL。

10.4.1 可编程逻辑阵列 PLA

1. 基本电路结构

可编程逻辑阵列的基本电路结构是由可编程的与逻辑阵列和可编程的或逻辑阵列以及输出缓冲器组成的。图 10.4.2 所示是一个两级组合网络 PLA，第一级是与阵列（由它形成乘积项），第二级是或阵列（由它形成和项）。

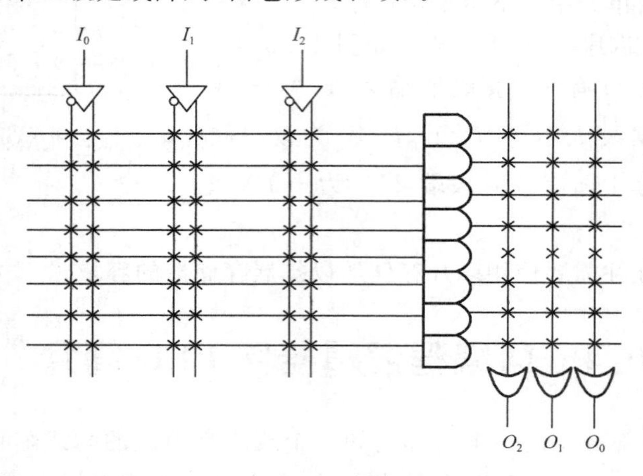

图 10.4.2 PLA 的基本结构

2. 应用

PLA 有着广泛的用途，它既可以构成任何组合逻辑电路，又可以通过在或阵列的输出端外接触发器来实现各种时序电路。

下面仅以用 PLA 实现组合逻辑电路为例来说明 PLA 的应用。

按照一般组合逻辑电路的设计方法，首先将逻辑函数简化为最简与或式：再考虑会不会存在竞争冒险现象，如果会，则根据相关方法对表达式做出相应修改；最后根据前面得出的逻辑函数表达式确定 PLA 中与逻辑阵列和或逻辑阵列的逻辑电路图。

【例 10.3】 用 PLA 实现 1 位二进制数值比较器。

解：两个 1 位二进制数 A、B 进行比较，有 3 种情况：$A>B$，$A<B$ 和 $A=B$。其最简逻辑表达式为

$$Y_{A>B}=A\,\overline{B},\ Y_{A<B}=\overline{A}B,Y_{A=B}=\overline{A}\,\overline{B}+AB$$

根据上面的式子可画出由 PLA 实现的数值比较器的阵列结构图，如图 10.4.3 所示。

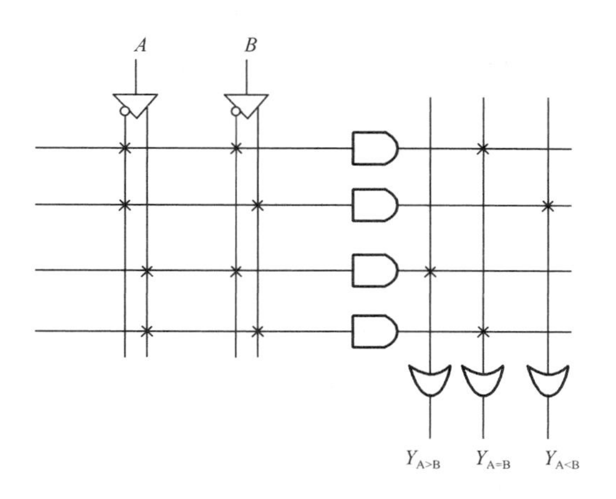

图 10.4.3　由 PLA 实现 1 位二进制数值比较器

10.4.2　可编程阵列逻辑 PAL

1.基本电路结构

可编程阵列逻辑 PAL 是在 PROM 和 PLA 基础上发展起来的。其基本结构包含可编程序的与逻辑阵列和固定的或逻辑阵列，没有固定的输出电路。图 10.4.4 所示是一种最简单的电路结构形式，它没有附加输出电路，在与或阵列输出的若干乘积项之和中，乘积项包含的因子可以选择，乘积项的数目则是固定的。

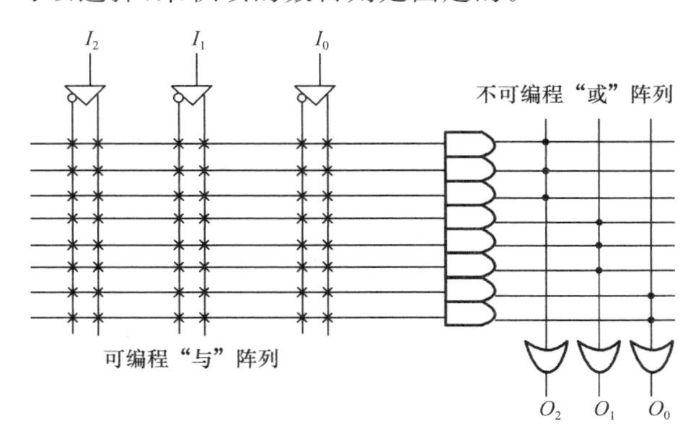

图 10.4.4　PAL 的基本结构

2.输出电路型

在品种较多的 PAL 器件中，其与阵列的结构是类似，不同的是门阵列规模的大小和输出电路的结构，PAL 输出电路类型的选择主要由输出极性，是否有寄存器作为存储单元以及反馈路径等确定。常见的输出结构有组合型输出和寄存器型输出两大类。

(1)组合型输出结构

组合型输出结构适用于组合电路，其输出结构中包含专用结构和可编程输入/输出结构两种。图 10.4.4 所示电路为 PAL 的专用输出结构。

(2)寄存器型输出结构

寄存器型输出结构用于时序电路,其输出结构是在或门之后增加了一个由时钟上升沿触发的 D 触发器和一个三态门,并且 D 触发器的输出还可反馈到可编程的与阵列中进行时序控制。寄存器型输出结构包含寄存器输出,异或寄存器输出和算术运算反馈三种结构。图 10.4.5 所示为 PAL 的寄存器输出结构。

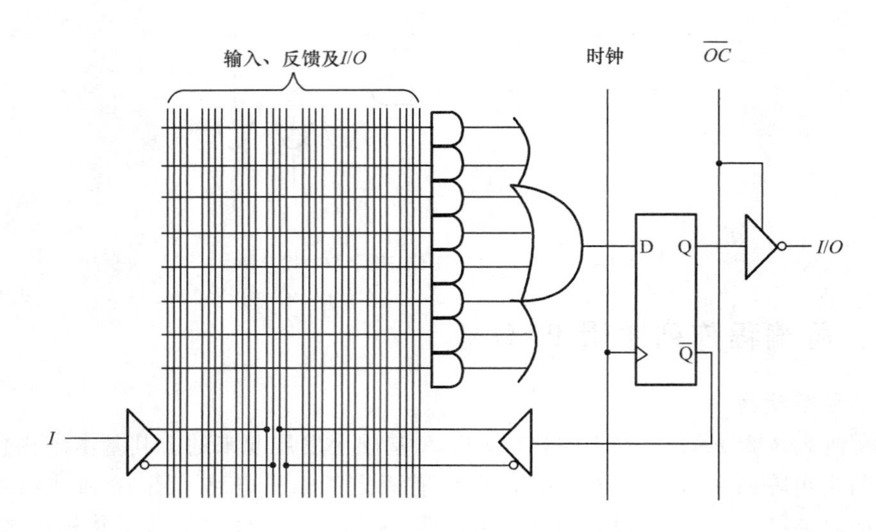

图 10.4.5 PAL 的寄存器输出结构

3. PAL 器件型号含义及芯片引脚

(1)型号含义

对于 PAL 器件和后面将要介绍的 GAL 器件,我国目前尚无自己的标准和规范,因此器件的型号编码仍沿用国外标准,PAL 器件的型号编码含义如图 10.4.6 所示。

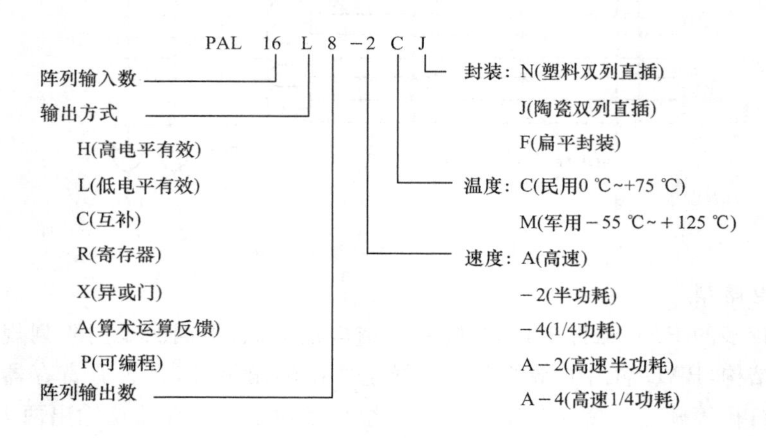

图 10.4.6 PAL 器件型号编码

(2)芯片引脚

图 10.4.7 所示为 PAL164 的引脚图。

各引脚含义是:

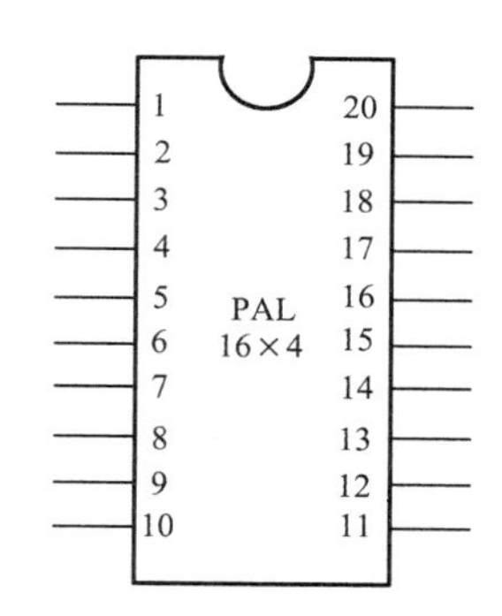

图 10.4.7　PAL 16×4 的引脚图

脚 1:时钟输入端;

脚 2、3、8、9:输入端;

脚 4～脚 7:算术运算反馈结构输入端;

脚 14～脚 17;异或寄存器结构输出端;

脚 11:输出使能端;

脚 12、13、18、19:I/O 型结构输出端;

脚 20:电源端。

10.4.3　通用阵列逻辑 GAL

通用阵列逻辑器件 GAL 是 Lattice 公司研究的一种电可擦除的可重复编程的低密度 PLD 器件,它是在 PAL 的基础上发展起来的,GAL 采用 PAL 结构,其与阵列可编程,或阵列固定。GAL 在 PAL 器件的基础上增加了供用户编程组态的输出逻辑宏单元,大大提高了设计逻辑电路的灵活性。又由于它采用点擦除工艺(E^2CMOS 工艺),可以多次改写内容,且与 PAL 兼容,所以 GAL 已在许多领域取代了 PAL 器件。

1. 电路结构

目前普遍使用的 GAL 产品主要有 GAL16V8(20 脚)和 GAL20V8(24 脚)两种。

图 10.4.8 是 GAL16V8 的电路结构图。它有 9 个缓冲器,1 个 32×64 位的可编程与阵列,8 个三态输出缓冲器,8 个输出宏单元(OLMC)和 8 个反馈/输入缓冲器。每个 OLMC 内部除包含或阵列的一个或门外,还具有输出结构可重组的功能,由此带来了 GAL 的灵活性。

图 10.4.9 所示是 GAL16V8 的引脚图。各引脚含义是,CK/I_0:时钟输入端;I_1～I_8:输入端;OE:输出使能端;I/O_0～I/O_7:输出宏单元,既可作输入又可作输出;V_{CC}:电源;GND:地。

2. GAL 器件的应用

用 GAL 设计电子系统的流程如下:

(1)根据设计要求写出函数逻辑表达式,并选择合适的 GAL 器件。

(2)按 GAL 编程器使用的汇编语言(不同的编程器支持的汇编语言不尽相同)编写汇编程序。

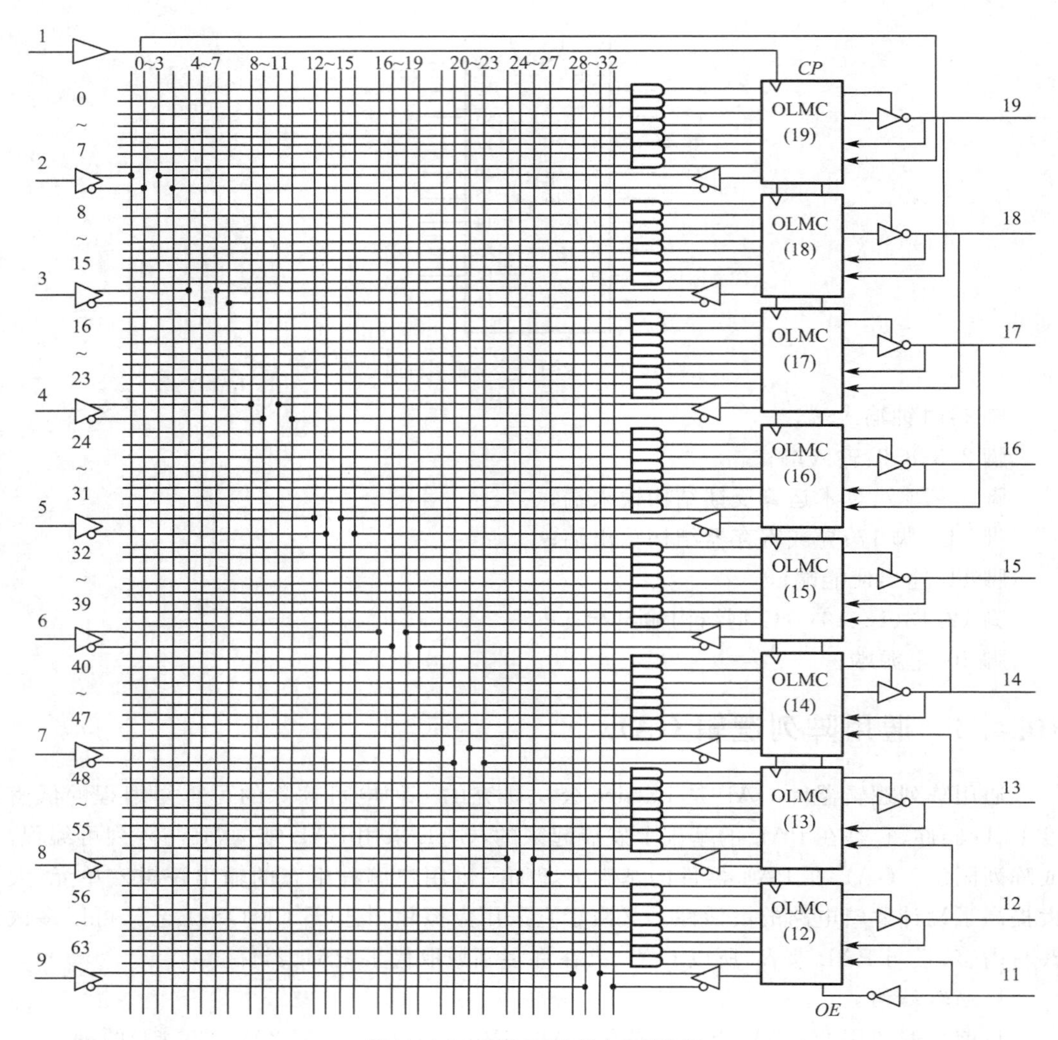

图 10.4.8 GAL16V8 的电路结构图

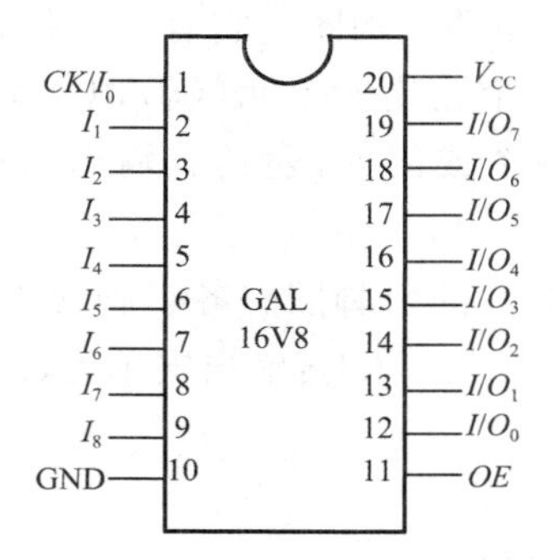

图 10.4.9 GAL16V8 的引脚图

(3)编译或汇编。先将源程序输入计算机中，再对源程序进行编译或汇编，用以产生目标文件，熔断图文件，列表文件。此过程需要专门的汇编软件实现。

(4)硬件编程。将编程器与PC机相连,在PC机上执行编程软件中的程序,对GAL器件进行编程。这个工作由编程器来完成。

其他PLD器件的使用流程与GAL类似。

10.4.4 在系统可编程逻辑器件

在系统可编程逻辑器件(ispPLD,In-System Programmable PLD)是Lattice公司于90年代初首先推出的一种新型可编程逻辑器件。这种器件的最大特点是编程时既不需要使用编程器,也不需要将它从所在系统的电路板上取下,可以在系统内进行编程。

在对前面讲过的PLA,PAL以及GAL进行编程时,无论这些器件是采用什么工艺制造的,都要用到高于5 V的编程电压信号。因此,必须将它们从电路板上取下,插到编程器上,由编程器产生这样的高压脉冲信号,才能完成编程工作。这种必须使用编程器的“离线”编程方式,使用起来很不方便。为了克服这个缺点,Lattice公司成功地将原属于编程器的写入和擦除控制电路及高压脉冲发生电路集成在PLD芯片中,这样在编程时只需外加5 V电压,而不必将PLD从系统中取出,所以就不需要使用编程器了,从而实现了“在系统”编程。目前生产PLD产品的主要公司都已推出了各自的ispPLD产品。

本章小结

半导体存储器和可编程逻辑器件都是大规模数字集成电路,前者多用在电子计算机中,后者则是则是电子电路的理想开发器件。

ROM是一种非易失的存储器,主要用于存储固定信息。ROM包括固定ROM,一次可编程PROM、紫外线擦除的EPROM及电信号擦除的E^2PROM等,近年来闪存EPROM发展迅猛。

RAM是随机存取存储器,其存储信息随着掉电而消失。它分为静态SRAM和动态DRAM两类。DRAM集成度高、成本低,但需要定期刷新,多用于超大规模的RAM中;SRAM电路复杂、成本高、集成度低、但不需要刷新。

可编程逻辑器件PLD是一种可由用户编程编写来确定逻辑功能的新型器件。它很好地解决了专用集成电路的设计、制造周期长以及当用量不大时其成本较高的矛盾。PLD广泛应用于各种数字系统中。

习题十

一、填空题

1. 半导体存储器分为________和________两类,它们的主要区别是________。
2. RAM的优点是________,缺点是________。
3. ROM的特点是________,结构一般由________、________和________组成。
4. RAM根据存储单元的不同可分为________和________两类。
5. 存储器EPROM2764芯片的存储容量是________KB,有________条数据线和

________条地址线。

6.存储器容量扩展的方法主要________和________两种。

7.PLD 根据阵列和输出结构的不同,可分为________、________、________和________四种基本类型。

8.PLA 的与阵列________,或阵列________;PAL 的与阵列________,或阵列________。

9.GAL 的与阵列和或阵列与 PLA 相似,不同之处是 GAL 在输出端增加了________。

二、选择题

1. 容量为 2 K×8 的 DROM,需要________片 2 K×8 的 ROM 芯片。

A. 1　　B. 2　　C. 4　　D. 8

2. EPROM 是指________。

A. 随机读/写存储器　　B. 可编程逻辑阵列

C. 可编程只读存储器　　D. 可擦除可编程只读存储器

3. 在不掉电的情况下,________中的信息需要定期刷新。

A. EPROM　　B. PROM　　C. SRAM　　D. DRAM

4. EPROM 是用________擦除信息的,E^2PROM 是用________擦除信息的。

A. 电信号　　B. 紫外线照射　　C. 断电自动

三、练习题

1. 试用 SRAM 芯片 6116(2 K×8)扩展成 4 K×8 RAM,画出接线图。

2. 试用 PLA 器件设计一个保密逻辑电路。此电路上的保密锁有 A、B、C 三个键钮,当三个键同时按下,或 A、B 同时按下,或 A、B 中的任一键按下时,锁都能被打开;当不符合上述条件时,电铃将发出报警响声。

第11章 模拟量和数字量的转换

本 章 提 要

模拟量是随时间连续变化的量，例如温度、压力、速度、位移等都是连续变化的模拟量，这些非电量的模拟量可以通过相应的传感器变换为连续变化的电量模拟量——电压或电流，而数字量是随时间不连续变化的量。

在电子技术中，模拟量和数字量的互相转换是很重要的。例如用电子计算机对生产过程进行控制时，首先要将被控制的模拟量转换为数字量，才能送到数字电子计算机中去进行运算和处理；然后又要将处理得出的数字量转换为模拟量，才能实现对被控制的模拟量进行控制。再如数字音像信号如果不还原成模拟音像信号就不能被人们的视觉和听觉系统接受。

数模转换是将数字量转换为模拟量（电压或电流），使输出的模拟电量与输入的数字量成正比，实现这种转换功能的电路叫数模转换器，简称 D/A 转换器或 DAC（Digital-Analog Converter）。模数转换则是将模拟电量转换为数字量，使输出的数字量与输入的模拟电量成正比，实现这种转换功能的电路称为模数转换器，简称 A/D 转换器或 ADC（Analog-Digital Converter）。因此，DAC 和 ADC 是联系数字系统和模拟系统的“桥梁”，也可称为两者之间的接口，它们在现代电子系统中的作用如图 11.0 所示。

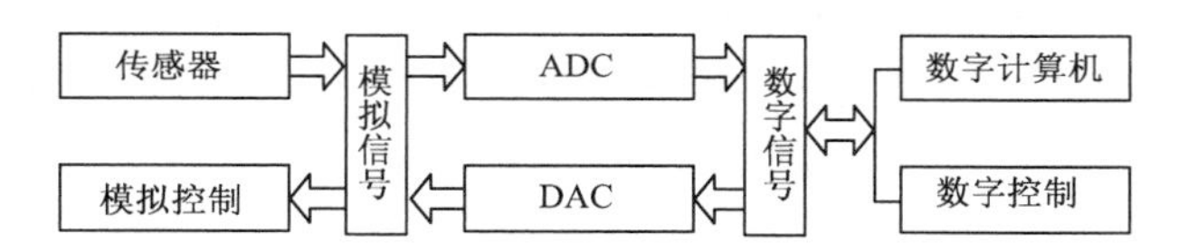

图 11.0 数-模和模-数转换的原理框图

本章将对数-模和模-数转换的基本概念和基本原理进行简要地介绍，使读者对此有初步了解。

11.1 D/A 转换器

11.1.1 T 形电阻网络 D/A 转换器

1. T 形电阻网络 D/A 转换器

D/A 转换器有很多种，下面只介绍目前用得较多的 T 形电阻网络 D/A 转换器，四位转换器的电路如图 11.1.1 所示。

由 R 和 $2R$ 两种阻值的电阻组成 T 形电阻网络，或称梯形电阻网络，它的输出端接到运算放大器的反相输入端。运算放大器接成反相比例运算电路，它的输出是模拟电压

U_O；U_R 是参考电压或称基准电压；S_3、S_2、S_1、S_0 是各位的电子模拟开关；d_3、d_2、d_1、d_0 是输入数字量，是数码寄存器存放的四位二进制数，各位的数码分别控制相应位的模拟开关，当二进制数码为 1 时，开关接到 U_R 电源上，为 0 时，开关接地。

T 形电阻网络开路（未接运算放大器）时的输出电压 U_A 可应用戴维南定理和叠加原理计算，即分别计算当 $d_0=1$，其余为 0 时的电压分量；$d_1=1$，其余为 0 时的电压分量；$d_2=1$，其余为 0 时的电压分量；$d_3=1$，其余为 0 时的电压分量，然后叠加而得 U_A。

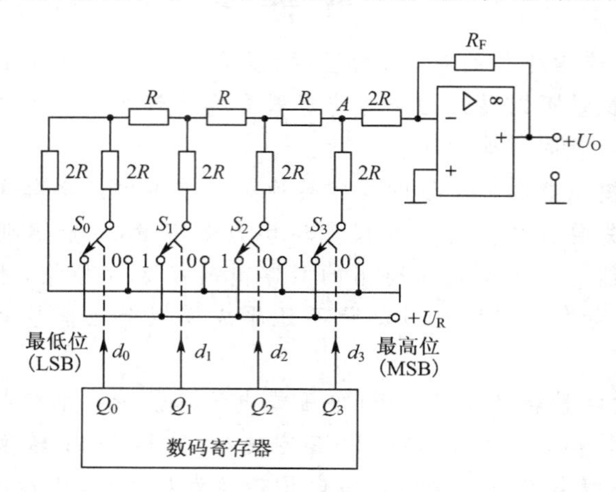

图 11.1.1　T 形电阻网络 D/A 转换器

只当 $d_0=1$ 时，即 $d_3d_2d_1d_0=0001$，其电路如图 11.1.2(a)所示。应用戴维南定理可将 00′左边部分等效为电压为 $U_R/2$ 的电源与电阻 R 串联的电路，而后再分别在 11′、22′、33′处计算它们左边部分的等效电路，其等效电源的电压依次被除以 2，即 $U_R/4$、$U_R/8$、$U_R/16$，而等效电源的内阻均为 R（都是两个阻值为 $2R$ 的电阻并联）。由此，可得出 33′左边部分，即最后的等效电路，如图 11.1.2(b)所示。可见，当 $d_0=1$ 时的网络开路电压即为等效电源电压 $U_R/2^4 * d_0$。

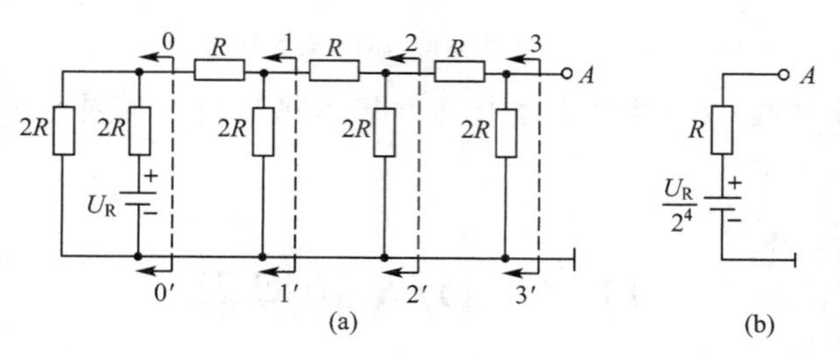

图 11.1.2　计算 T 形电阻网络的输出电压（$d_3d_2d_1d_0=0001$）

同理，再分别对 $d_1=1$，$d_2=1$，$d_3=1$，其余为 0 时重复上述计算过程，得出网络开路电压分别为 $U_R/2^3 * d_1$，$U_R/2^2 * d_2$，$U_R/2^1 * d_3$。

应用叠加原理将这四个电压分量叠加，得出 T 形电阻网络开路时的输出电压 U_A，即等效电源电压 U_E：

$$U_A=U_E=U_R/2^1 * d_3+U_4/2^2 * d_2+U_R/2^3 * d_1+U_R/2^4 * d_0$$
$$=U_R/2^4(d_3 * 2^3+d_2 * 2^2+d_1 * 2^1+d_0 * 2^0) \qquad \text{（式 11.1）}$$

其等效电路如图 11.1.3 所示，等效电源的内阻仍为 R。

在图 11.1.1 中，T 形电阻网络的输出端经 $2R$ 接到运算放大器的反相输入端，其等效电路如图 11.1.4 所示。运算放大器输出的模拟电压为：

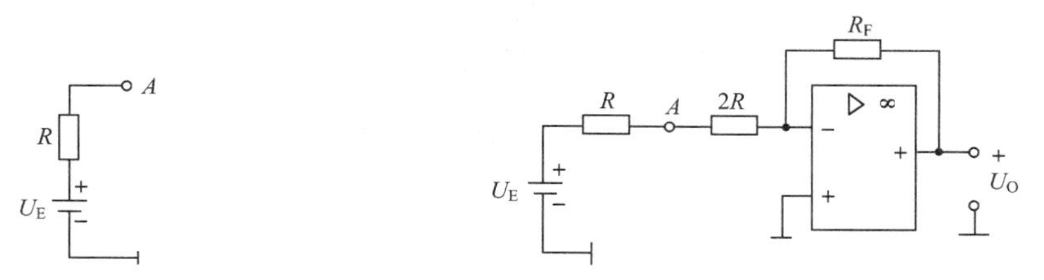

图 11.1.3　T 形电阻网络的等效电路

图 11.1.4　T 形电阻网络与运算放大器连接的等效电路

$$U_O=-\frac{R_F}{3R}U_E=-\frac{R_FU_R}{3R*2^4}(d_3*2^3+d_2*2^2+d_1*2^1+d_0*2^0) \quad （式 11.2）$$

如果输入的是 n 位二进制数，则：

$$U_O=-\frac{R_FU_R}{3R*2^n}(d_{n-1}*2^{n-1}+d_{n-2}*2^{n-2}+\cdots\cdots+d_0*2^0) \quad （式 11.3）$$

当取 $R_F=3R$ 时，则上式为：

$$U_O=-\frac{U_R}{2^n}(d_{n-1}*2^{n-1}+d_{n-2}*2^{n-2}+\cdots\cdots+d_0*2^0) \quad （式 11.4）$$

括号中的项是 n 位二进制数按“权”的展开式。可见，输入的数字量被转换为模拟电压，而且两者成正比。例如对四位 D/A 转换器而言：

$$d_3d_2d_1d_0=1111 \text{ 时}, U_O=-\frac{15}{16}U_R$$

$$d_3d_2d_1d_0=1001 \text{ 时}, U_O=-\frac{9}{16}U_R$$

R-$2R$ T 形电阻网络 D/A 转换器的优点是它只需 R 和 $2R$ 两种阻值的电阻，这对选用高精度电阻和提高转换器的精度都是有利的。

常用的电子模拟开关有双极型晶体管模拟开关和场效应管模拟开关，其电路在本书中不作介绍。

2. 倒 T 形电阻网络 D/A 转换器

常用的还有倒 T 形电阻网络 D/A 转换器，其电路如图 11.1.5 所示。图中的电子模拟开关也由输入数字量来控制，当二进制数码为 1 时，开关接到运算放大器的反相输入端，为 0 时，开关接地。

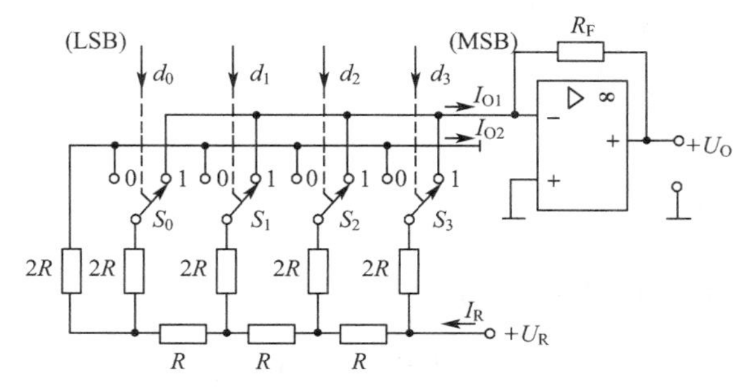

图 11.1.5　倒 T 形电阻网络 D/A 转换器

我们先来计算电阻网络的输出电流 I_{O1}。计算时要注意两点：

(1)00′、11′、22′、33′左边部分电路的等效电阻均为 R(如图 11.1.6 所示)；

(2)不论模拟开关接到运算放大器的反相输入端(虚地)还是接地(也就是不论输入数字信号是 1 还是 0),各支路的电流都是不变的。

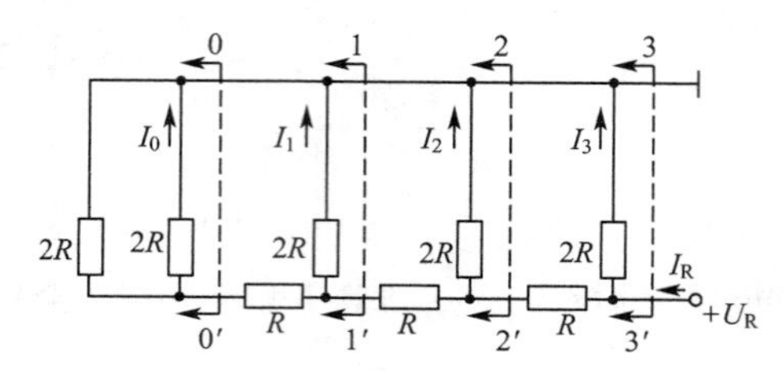

图 11.1.6 计算倒 T 形电阻网络的输出电流

因此,从参考电压端输入的电流为：

$$I_R=\frac{U_R}{R} \quad (式 11.5)$$

然后,再根据分流公式得出各支路电流为：

$$I_3=\frac{1}{2}I_R=\frac{U_R}{R*2^1} \quad (式 11.6)$$

$$I_2=\frac{1}{4}I_R=\frac{U_R}{R*2^2} \quad (式 11.7)$$

$$I_1=\frac{1}{8}I_R=\frac{U_R}{R*2^3} \quad (式 11.8)$$

$$I_0=\frac{1}{16}I_R=\frac{U_R}{R*2^4} \quad (式 11.9)$$

由此可得出电阻网络的输出电流为：

$$I_{O1}=\frac{U_R}{R*2^4}(d_3*2^3+d_2*2^2+d_1*2^1+d_0*2^0) \quad (式 11.10)$$

运算放大器输出的模拟电压 U_O 则为：

$$U_O=-R_F I_{O1}=-\frac{R_F U_R}{R*2^4}(d_3*2^3+d_2*2^2+d_1*2^1+d_0*2^0) \quad (式 11.11)$$

如果输入的是 n 位二进制数,则运算放大器输出的模拟电压 U_O 为：

$$U_O=-\frac{R_F U_R}{R*2^n}(d_{n-1}*2^{n-1}+d_{n-2}*2^{n-2}+\cdots\cdots+d_0*2^0) \quad (式 11.12)$$

当取 $R_F=R$ 时,则上式变为：

$$U_O=-\frac{U_R}{2^n}(d_{n-1}*2^{n-1}+d_{n-2}*2^{n-2}+\cdots\cdots+d_0*2^0) \quad (式 11.13)$$

此式与式 11.4 相同。

11.1.2 典型 D/A 转换芯片

随着集成电路技术的发展,不同种类的 D/A 转换器芯片应运而生。D/A 转换器芯片种类很多,按输入的二进制数的位数不同可分为八位、十位、十二位和十六位等 D/A 转换器。

1. DA7520

DA7520 是十位 CMOS D/A 转换器，其电路和图 11.1.5 相似，采用倒 T 形电阻网络，模拟开关是 CMOS 型的，也同时集成在芯片上，但运算放大器是外接的。DA7520 的外引线排列及连接电路如图 11.1.7 所示。

DA7520 共有 16 个引脚，各引脚的功能如下：

(1)4～13 为十位数字量的输入端；

(2)1 为模拟电流 I_{O1} 输出端，接到运算放大器的反相输入端；

(3)2 为模拟电流 I_{O2} 输出端，一般接地；

(4)3 为接地端；

(5)14 为 CMOS 模拟开关的 $+U_{DD}$ 电源接线端；

(6)15 为参考电压电源接线端，U_R 可为正值或负值；

(7)16 为芯片内部一个电阻 R 的引出端，该电阻作为运算放大器的反馈电阻 R_F，它的另一端在芯片内部接 I_{O1} 端。

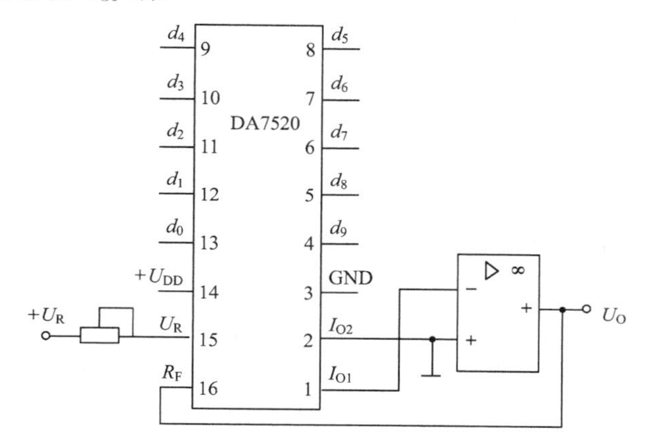

图 11.1.7　DA7520 的外引线排列及连接电路

表 11.1.1 所列的是由式 11.13 得出的 DA7520 输入数字量与输出模拟量的关系，其中 $2^n=2^{10}=1024$。(本表指单极性输出，例如输出电压范围为 0～+5 V。如果输出电压范围为 -5 V～+5 V，则为双极性输出。两者输入与输出的关系不同。)

表 11.1.1　DA7520 输入数字量与输出模拟量的关系

输入数字量										输出模拟量
d_9	d_8	d_7	d_6	d_5	d_4	d_3	d_2	d_1	d_0	U_O
0	0	0	0	0	0	0	0	0	0	0
0	0	0	0	0	0	0	0	0	1	$-\frac{1}{1024}U_R$
⋮										⋮
0	1	1	1	1	1	1	1	1	1	$-\frac{511}{1024}U_R$
1	0	0	0	0	0	0	0	0	0	$-\frac{512}{1024}U_R$
1	0	0	0	0	0	0	0	0	1	$-\frac{513}{1024}U_R$
⋮										⋮
1	1	1	1	1	1	1	1	1	0	$-\frac{1022}{1024}U_R$
1	1	1	1	1	1	1	1	1	1	$-\frac{1023}{1024}U_R$

2. DAC0832

DAC0832是美国国家半导体公司生产的8位电流输出型D/A转换器，是DAC0830系列产品中的一种。它的主要技术指标是：分辨率为8 bit，转换时间约1 μs，单一电源(+5～+15 V)供电，参考电压为−10～+10 V等。

DAC0832的内部结构如图11.1.8所示。

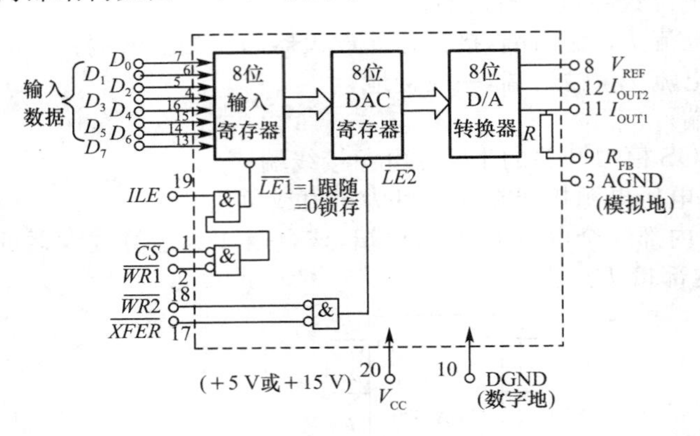

图11.1.8 DAC0832的内部结构

DAC0832由输入寄存器和DAC寄存器构成两级数据输入锁存。使用时数据输入可以采用两级锁存(双锁存)形式或单级锁存(一级锁存，另一级直通)形式，或直接输入(两级直通)形式。ILE和$\overline{WR1}$控制输入寄存器的工作方式，当ILE=1且$\overline{WR1}$=0时，为直通方式；当ILE=1且$\overline{WR1}$=1时，为锁存方式。$\overline{WR2}$和$\overline{XFER}$控制DAC寄存器的工作方式，当$\overline{WR2}$=0且$\overline{XFER}$=0时，为直通方式；当$\overline{WR2}$=1或$\overline{XFER}$=1时，为锁存方式。

DAC0832芯片为20引脚、双列直插式封装，其引脚排列如图11.1.9所示，各引脚信号说明如表11.1.2所示。

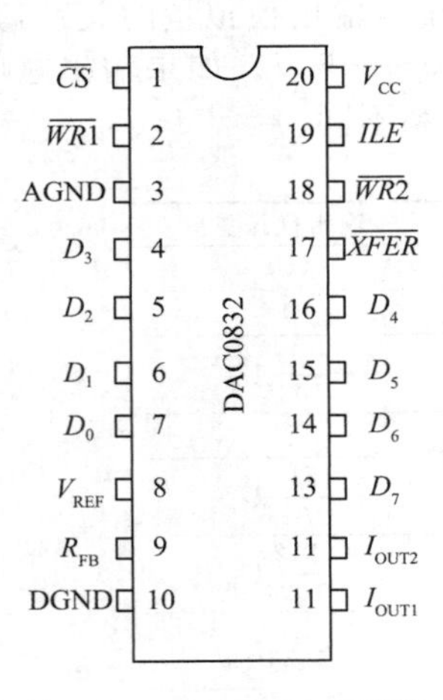

图11.1.9 DAC0832引脚图

表11.1.2 DAC0832各引脚信号说明

引脚	功能
D_7～D_0	转换数据输入
$\overline{CS}$	片选信号(输入)，低电平有效
ILE	数据锁存允许信号(输入)，高电平有效
$\overline{WR1}$	第1写信号(输入)，低电平有效
$\overline{WR2}$	第2写信号(输入)，低电平有效
$\overline{XFER}$	数据传送控制信号(输入)，低电平有效
I_{OUT1}	电流输出1
I_{OUT2}	电流输出2
R_{FB}	反馈电阻端
V_{REF}	基准电压，其电压可正可负，范围为−10 V～+10 V
DGND	数字地
AGND	模拟地

通过 $\overline{CS}$、$\overline{WR1}$、$\overline{WR2}$、$\overline{XFER}$ 等控制信号的变化，可以很方便地实现对两个 8 位寄存器的独立控制。

11.1.3　D/A 转换器的主要技术指标

1. 分辨率

D/A 转换器的分辨率是指最小输出电压（对应的输入二进制数为 1）与最大输出电压（对应的输入二进制数的所有位全为 1）之比。例如十位 D/A 转换器的分辨率为：

$$\frac{1}{2^{10}-1}=\frac{1}{1023}\approx 0.001 \qquad \text{(式 11.14)}$$

2. 精度

转换器的精度是指输出模拟电压的实际值与理想值之差，即最大静态转换误差，这个误差是由于参考电压偏离标准值、运算放大器的零点漂移、模拟开关的压降以及电阻阻值的偏差等原因所引起的。

3. 线性度

通常用非线性误差的大小表示 D/A 转换器的线性度。产生非线性误差有两种原因：一是各位模拟开关的压降不一定相等，而且接 U_R 和接地时的压降也未必相等；二是各个电阻阻值的偏差不可能做到完全相等，而且不同位置上的电阻阻值的偏差对输出模拟电压的影响也不一样。

4. 输出电压（或电流）的建立时间

从输入数字信号起，到输出电压或电流到达稳定值所需的时间，称为建立时间。建立时间包括两部分：一是距运算放大器最远的那一位输入信号的传输时间；二是运算放大器到达稳定状态所需的时间。由于 T 形电阻网络 D/A 转换器是并行输入的，故其转换速度较快。目前，像十位或十二位单片集成 D/A 转换器（不包括运算放大器）的转换时间一般不超过 1 μs。

5. 电源抑制比

在高质量的 D/A 转换器中，要求模拟开关电路和运算放大器的电源电压发生变化时，对输出电压的影响非常小。输出电压的变化与相对应的电源电压变化之比，称为电源抑制比。

此外，还有功率消耗、温度系数以及输入高、低逻辑电平的数值等技术指标，在此不再一一介绍。

11.2　A/D 转换器

11.2.1　逐次逼近型 A/D 转换器

1. 逐次逼近的工作过程

A/D 转换器也有很多种，下面只介绍目前用得较多的逐次逼近型 A/D 转换器。那么，什么是逐次逼近呢？例如，要用四个分别重 8 g、4 g、2 g、1 g 的砝码去称重 13 g 的物体，称量顺序如表 11.2.1 所示。

表 11.2.1 逐次逼近称物一例

顺序	砝码重量	比较判别	该砝码是否保留或除去
1	8 g	8 g<13 g	留
2	8 g+4 g	12 g<13 g	留
3	8 g+4 g+2 g	14 g>13 g	去
4	8 g+4 g+1 g	13 g=13 g	留

转换开始，顺序脉冲发生器输出的顺序脉冲首先将逐次逼近寄存器的最高位置"1"，经 D/A 转换器转换为相应的模拟电压 U_A 送入比较器与待转换的输入电压 U_I 进行比较。若 $U_A>U_I$，说明数字量过大，将最高位的"1"除去，而将次高位置"1"；若 $U_A<U_I$，说明数字量还不够大，应将这一位的"1"保留，还须将下一次高位置"1"。这样逐次比较下去，一直到最低位为止。逐次逼近寄存器的逻辑状态就是对应于输入电压 U_I 的输出数字量。

逐次逼近型 A/D 转换器的工作过程与上述称物过程十分相似。逐次逼近型 A/D 转换器一般由顺序脉冲发生器、逐次逼近寄存器、D/A 转换器和电压比较器等四部分组成，其原理框图如图 11.2.1 所示。

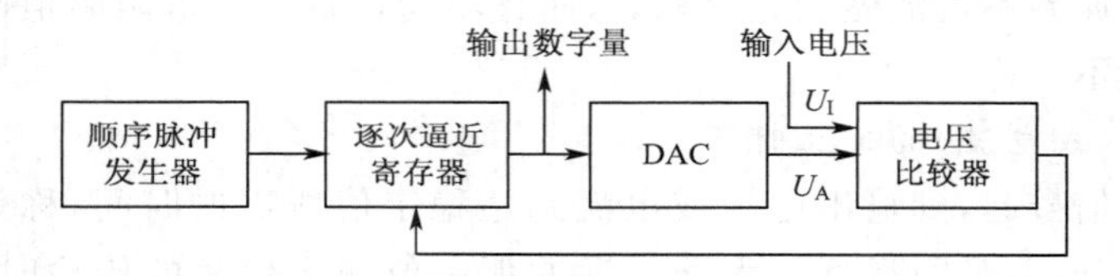

图 11.2.1 逐次逼近型 A/D 转换器的原理框图

因为模拟电压在时间上一般是连续变化量，而要输出的是数字量（二进制数），所以在进行转换时必须在一系列选定的时间间隔中对模拟电压采样。经采样保持电路后，得出的每次采样结束时的电压就是上述待转换的输入电压 U_I。

2. 四位逐次逼近型 A/D 转换器的电路原理

四位逐次逼近型 A/D 转换器的电路原理如图 11.2.2 所示，由下列几部分组成：

(1)逐次逼近寄存器

它由四个 RS 触发器 F3、F2、F1、F0 组成，其输出是四位二进制数 $d_3d_2d_1d_0$。

(2)顺序脉冲发生器

它输出的是 Q_4、Q_3、Q_2、Q_1、Q_0 五个在时间上有一定先后顺序的顺序脉冲，依次右移一位，波形如图 11.2.3 所示。Q_4 端接 F3 的 S 端及三个"或"门的输入端；Q_3、Q_2、Q_1、Q_0 分别接四个控制"与"门的输入端，其中 Q_3、Q_2、Q_1 还分别接 F2,F1,F0 的 S 端。

(3)D/A 转换器

它的输入来自逐次逼近寄存器，而从 T 形电阻网络的 A 点输出（见图 11.1.1），输出电压 U_A 是正值，送到电压比较器的同相输入端。

(4)电压比较器

用它比较输入电压 U_I（加在反相输入端）与 U_A 的大小以确定输出端电位的高低：若

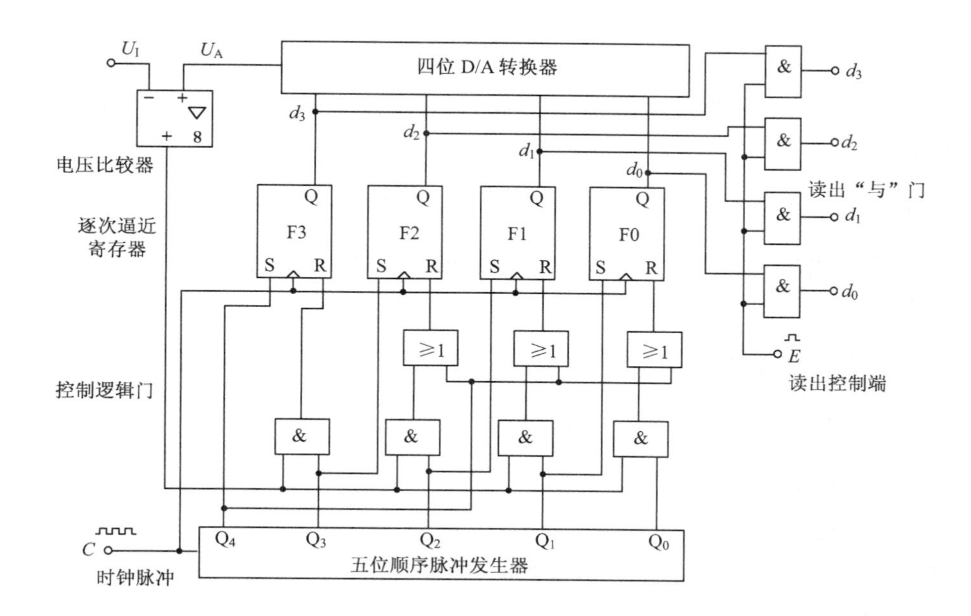

图 11.2.2　四位逐次逼近型 A/D 转换器的原理电路

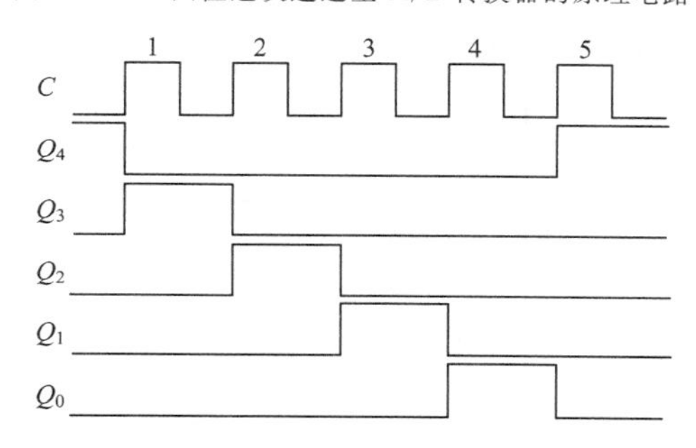

图 11.2.3　顺序脉冲发生器的波形图

$U_I<U_A$，则输出端为“1”；若 $U_I \geqslant U_A$，则输出端为“0”。它的输出端接到四个控制“与”门的输入端。

(5)控制逻辑门

有四个“与”门和三个“或”门，用来控制逐次逼近寄存器的输出。

(6)读出“与”门

当读出控制端 $E=0$ 时，四个“与”门封闭；当 $E=1$ 时，把它们打开，输出 $d_3d_2d_1d_0$，即为转换后的二进制数。

3. 电路的转换过程

设 D/A 转换器的参考电压 $U_R=+8$ V，输入模拟电压 $U_I=5.52$ V。

转换开始前，先将 F3、F2、F1、F0 清零，并置顺序脉冲 $Q_4Q_3Q_2Q_1Q_0=10000$ 状态。

当第一个时钟脉冲 C 的上升沿来到时，使逐次逼近寄存器的输出 $d_3d_2d_1d_0=1000$，加在 D/A 转换器上。由式 11.1 可知，此时 D/A 转换器的输出电压为：

$$U_A=\frac{U_R}{2^4}(d_3*2^3+d_2*2^2+d_1*2^1+d_0*2^0)=\frac{8}{16}\times 8=4\ \text{V} \quad (\text{式 }11.15)$$

因 $U_A<U_I$，故比较器的输出为"0"。同时，顺序脉冲右移一位，变为 $Q_4Q_3Q_2Q_1Q_0=$ 01000 状态；

当第二个时钟脉冲 C 的上升沿来到时，使 $d_3d_2d_1d_0=1100$。此时，$U_A=\frac{8}{16}\times 12=$ 6 V，$U_A>U_I$，比较器的输出为"1"。同时，顺序脉冲右移一位，变为 $Q_4Q_3Q_2Q_1Q_0=$ 00100 状态；

当第三个时钟脉冲 C 的上升沿来到时，使 $d_3d_2d_1d_0=1010$。此时，$U_A=\frac{8}{16}\times 10=$ 5 V，$U_A<U_I$，比较器的输出为"0"。同时，$Q_4Q_3Q_2Q_1Q_0=00010$；

当第四个时钟脉冲 C 的上升沿来到时，使 $d_3d_2d_1d_0=1011$。此时，$U_A=\frac{8}{16}\times 11=5.5$ V，$U_A\approx U_I$，比较器的输出为"0"。同时，$Q_4Q_3Q_2Q_1Q_0=00001$；

当第五个时钟脉冲 C 的上升沿来到时，使 $d_3d_2d_1d_0=1011$，保持不变，即为转换结果。此时，若在 E 端输入一个正脉冲，即 $E=1$，则将四个读出"与"门打开，$d_3d_2d_1d_0$ 得以输出。同时，$Q_4Q_3Q_2Q_1Q_0=10000$，返回原始状态。

这样就完成了一次转换。转换过程如图 11.2.4 和表 11.2.2 所示。

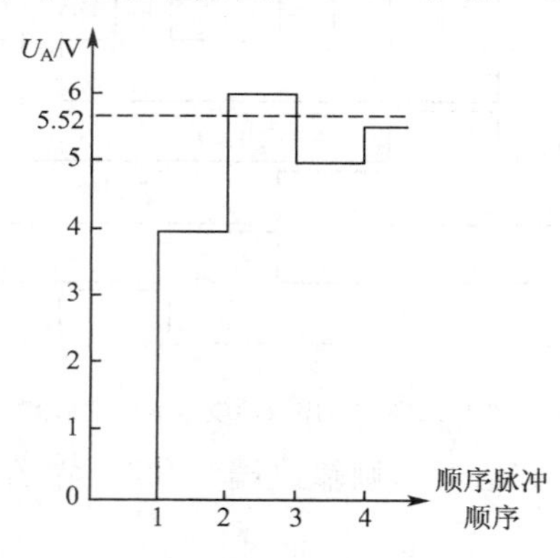

图 11.2.4 U_A 逼近 U_I 的波形

表 11.2.2 四位逐次逼近型 ADC 的转换过程

顺序	d_3 d_2 d_1 d_0	U_A/V	比较判别	该位数码"1"是否保留或除去
1	1 0 0 0	4	$U_A<U_I$	留
2	1 1 0 0	6	$U_A>U_I$	去
3	1 0 1 0	5	$U_A<U_I$	留
4	1 0 1 1	5.5	$U_A\approx U_I$	留

上例中转换误差为 0.02 V。误差取决于转换器的位数，位数越多，误差越小。

11.2.2 A/D 转换器的主要技术指标

1. 分辨率

以输出二进制数的位数表示分辨率，位数越多，误差越小，转换精度越高。

2. 相对精度

相对精度是指实际的各个转换点偏离理想特性的误差。在理想的情况下，所有的转换点应当在一条直线上。

3. 转换时间

它是指完成一次转换所需的时间。转换的时间是指从接到转换控制信号开始，到输出端得到稳定的数字输出信号所需要的时间。采用不同的转换电路，其转换速度是不同的，并行比较型比逐次逼近型要快得多。低速的 ADC 为 1～30 μs，中速为 50 μs，高速约为 50 ns。ADC0809 为 100 μs。

4. 电源抑制

在输入模拟电压不变的前提下，当转换电路的供电电源电压发生变化时，对输出也会产生影响。这种影响可用输出数字量的绝对变化量来表示。

此外，还有功率消耗、温度系数、输入模拟电压范围以及输出数字信号的逻辑电平等技术指标，在此不再一一介绍。

11.2.3 典型 A/D 转换芯片 ADC0809

目前一般用的大多是单片集成 ADC，其种类很多，例如 AD751，ADC0801，ADC0804，ADC0809 等。ADC0809 是 CMOS 八位逐次逼近型 A/D 转换器。

1. ADC0809 的内部结构

ADC0809 的内部结构如图 11.2.5 所示，它包含以下几个部分。

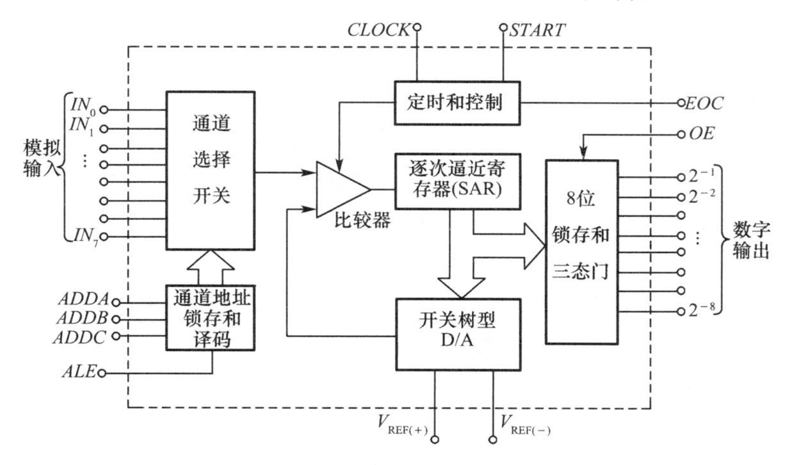

图 11.2.5　ADC0809 的内部结构

(1)8 路模拟量选择开关

根据地址锁存与译码装置所提供的地址,从 8 个输入的 0 V～5 V 模拟量中选择一个输出。

(2)8 位 A/D 转换器

能对所选择的模拟量进行 A/D 转换。

(3)3 位地址码的锁存与译码设置

对所输入的 3 位地址码进行锁存与译码,并将地址选择结果送给 8 路模拟量选择开关。

(4)三态输出的锁存缓冲器

是 TTL 结构,负责输出转换的最终结果。此结果可直接连到单片机的数据总线上。

2. ADC0809 的引脚

ADC0809 的引脚如图 11.2.6 所示。

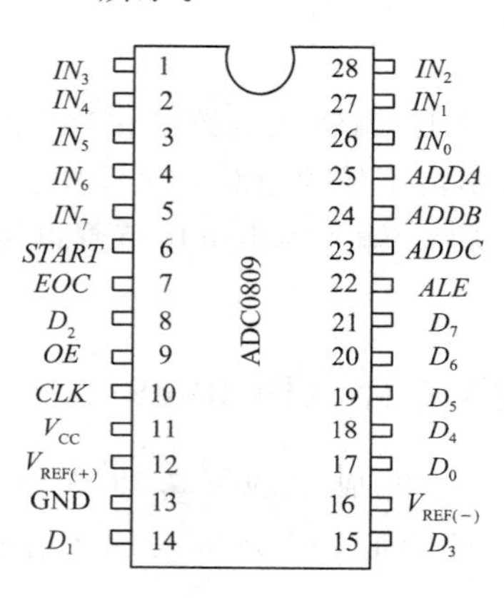

图 11.2.6 ADC0809 引脚图

下面对各引脚功能作简要说明。

(1)IN_0～IN_7:8 路模拟量输入端。

(2)D_0～D_7:8 位数字量输出端。

(3)*START*:启动 A/D 转换,加正脉冲后 A/D 转换开始。

(4)*OE*:输出允许信号,高电平有效。*OE* 端的电平由低变高时,转换结果被送到数据线上。此信号有效时,CPU 可以从 ADC0809 中读取数据,同时也可以作为 ADC0809 的片选信号。

(5)*CLK*:实时时钟,频率范围为 10 kHz～1280 kHz,典型值为 640 kHz。

(6)*ALE*:通道地址锁存允许信号,输入高电平有效。在 $ALE=1$ 时,锁存 *ADDA*～*ADDC*,选中模拟量输入。

(7)*ADDA*、*ADDB*、*ADDC*:通道地址选择输入,其排列顺序从低到高依次为 *ADDA*、*ADDB*、*ADDC*。该地址与 8 个模拟量输入通道的对应关系如表 11.2.3 所示。

表 11.2.3　　地址码与输入通道的对应关系

地址码			对应的输入通道	地址码			对应的输入通道
C	B	A		C	B	A	
0	0	0	IN_0	1	0	0	IN_4
0	0	1	IN_1	1	0	1	IN_5
0	1	0	IN_2	1	1	0	IN_6
0	1	1	IN_3	1	1	1	IN_7

(8)EOC：转换结束信号。转换开始时，EOC 信号变低电平；转换结束时，EOC 信号返回高电平。该信号可以作为 CPU 查询 A/D 转换是否完成的信号，也可以作为向 CPU 发出的中断申请信号。

EOC 和单片机有以下三种连接方式：

延时方式：EOC 悬空，启动转换后，延时 100 μs 读入转换结果。

查询方式：EOC 接单片机端口线，查得 EOC 变高，读入转换结果。

中断方式：EOC 经非门接单片机的中断请求端，转换结束作为中断请求信号向单片机提出中断申请，在中断服务中读入转换结果。

(9)$V_{REF(+)}$、$V_{REF(-)}$：正负参考电压。一般情况下，$V_{REF(+)}$ 接＋5 V，$V_{REF(-)}$ 接地。此时的转换关系如表 11.2.4 所示。

表 11.2.4　　ADC0809 的输入/输出关系

输入模拟电压(V)	输出数字量	输入模拟电压(V)	输出数字量
0	0000 0000B	…	…
…	…	5	1111 1111B
2.5	1000 0000B		

注：在 $V_{REF(+)}=+5V$，$V_{REF(-)}=0$ 的情况下。

(10)V_{CC}、GND：工作电源和地。

3. ADC0809 的工作时序

$START$ 引脚在一个高脉冲后启动 A/D 转换，当 EOC 引脚出现一个低电平时转换结束，然后由 OE 引脚控制，从并行输出端读取一字节的转换结果。转换后的结果是 0x00～0xFF(0～255)。

本章小结

随着微型计算机在各种工业测量、控制和信号处理系统中的广泛应用，A/D 和 D/A 转换技术得到迅速发展，而且，随着计算机精度和速度的不断提高，对 A/D 和 D/A 转换器的转换精度和速度也提出了更高的要求。

A/D 和 D/A 转换器的种类十分繁杂，不可能逐一列举。

1. 本章以 T 形电阻网络 D/A 转换器为例讨论了 D/A 转换器的工作原理，并对 D/A 转换器的主要技术指标进行了说明。

2. 在 A/D 转换器部分，主要讨论了逐次逼近型 A/D 转换器的工作原理，并对 A/D 转换器的主要技术指标进行了说明。逐次逼近型 A/D 转换器具有速度较高和价格低的优点，一般工业场合多采用这种 A/D 转换器。

习题十一

1. 有一个八位 T 形电阻网络 DAC，设 $U_R=+5$ V，$R_F=3R$，试求 $d_7 \sim d_0=$ 11111111，1000000，00000000 时的输出电压 U_O。

2. 有一个八位 T 形电阻网络 DAC，$R_F=3R$，若 $d_7 \sim d_0=00000001$ 时 $U_O=+0.04$ V，那么 $d_7 \sim d_0$ 取 00010110 和 11111111 时的 U_O 各为多少伏？

3. 某 DAC 要求十位二进制数能代表 0～50 V，试问此二进制数的最低位代表几伏？

4. 在 11.1 节的图 11.1.5 中，当 $d_3d_2d_1d_0=1010$ 时，试计算输出电压 U_O。设 $U_R=10$ V，$R_F=R$。

5. 在 11.1 节的图 11.1.5 中，设 $U_R=10$ V，$R=R_F=10$ kΩ，当 $d_3d_2d_1d_0=1011$ 时，试求此时的 I_R、I_{O1}、U_O 以及各支路电流 I_3、I_2、I_1、I_0。

6. 在四位逐次逼近型 ADC 中，设 $U_4=8.2$ V，试说明逐次比较的过程和转换的结果。

第12章 实训部分

12.1 电路基础部分实训

12.1.1 预备知识1 电阻、电容的识别与检测

1. 电阻的识别与检测

(1)电阻器的型号

电阻器型号命名方法如表12.1.1所示。

表12.1.1 电阻器型号命名方法

第一部分:主称		第二部分:材料		第三部分:特征			第四部分:序号
符号	意义	符号	意义	符号	电阻器	电位器	
R	电阻器	T	碳膜	1	普通	普通	对主称、材料相同,仅性能指标、尺寸大小有区别,但基本不影响互换使用的产品,给同一序号;若性能指标、尺寸大小明显影响互换时,则在序号后面用大写字母作为区别代号。
W	电位器	H	合成膜	2	普通	普通	
		S	有机实芯	3	超高频	—	
		N	无机实芯	4	高阻	—	
		J	金属膜	5	高温	—	
		Y	氧气膜	6	—	—	
		C	沉积膜	7	精密	精密	
		I	玻璃釉膜	8	高压	特殊函数	
		P	硼酸膜	9	特殊	特殊	
		U	硅酸膜	G	高功率	—	
		X	线绕	T	可调	—	
		M	压敏	W	—	微调	
		G	光敏	D	—	多圈	
		R	热敏	B	温度补偿用	—	
				C	温度测量用	—	
				P	旁热式	—	
				W	稳压式	—	
				Z	正温度系数	—	

例如:各种电阻如图12.1.1所示。

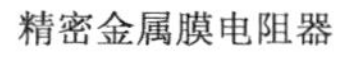

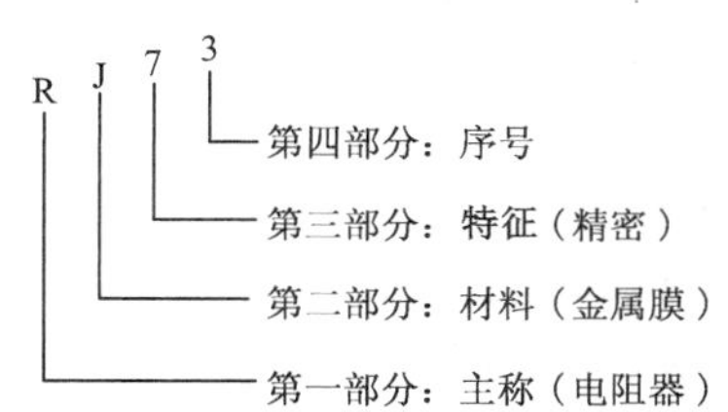

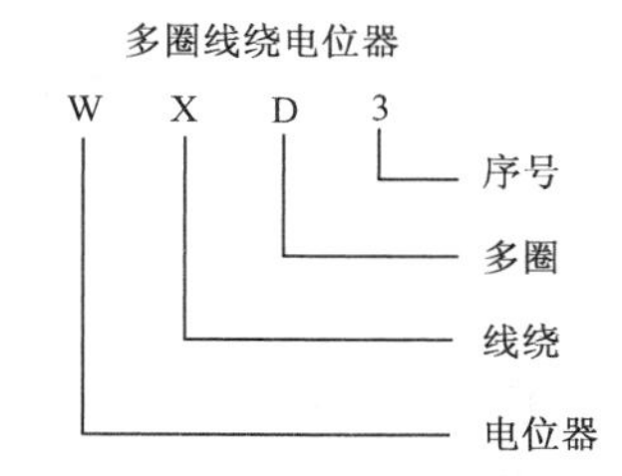

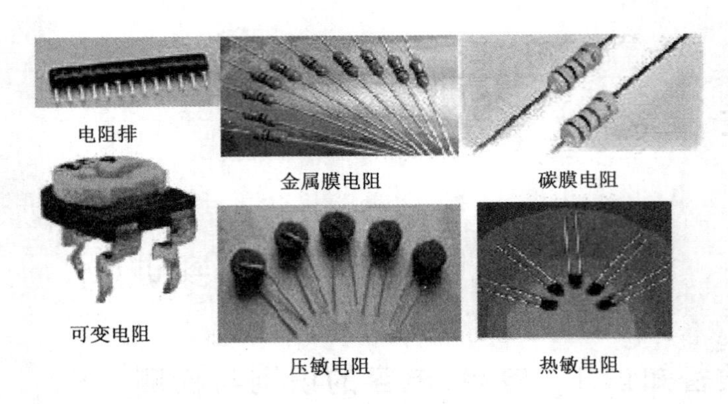

图 12.1.1 各种电阻

(2)电阻的阻值和误差表示

阻值和允许偏差的标注方法有直标法、色标法和文字符号法。下面介绍色标法。

将不同颜色的色环涂在电阻器(或电容器)上来表示电阻(或电容)的标称值及允许误差,各种颜色所对应的数值见表 12.1.2。固定电阻器色环标志读数识别规则如图 12.1.2 所示。

表 12.1.2 电阻器色标符号意义

颜色	有效数字第一位数	有效数字第二位数	倍乘数	允许误差%
棕	1	1	10^1	±1
红	2	2	10^2	±2
橙	3	3	10^3	—
黄	4	4	10^4	—
绿	5	5	10^5	±0.5
蓝	6	6	10^6	±0.2
紫	7	7	10^7	±0.1
灰	8	8	10^8	—
白	9	9	10^9	—
黑	0	0	10^0	—
金	—	—	10^{-1}	±5
银	—	—	10^{-2}	±(10)
无色	—	—	—	±20

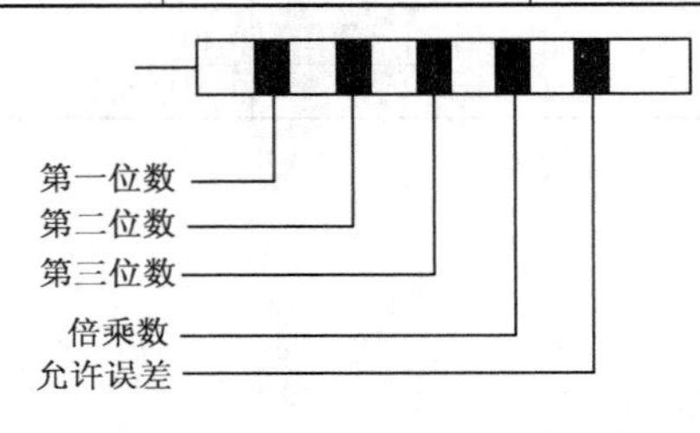

图 12.1.2 色环标志读数识别规则

例如:红 红 棕 金　　表示 220 Ω+5%

黄 紫 橙 银　　表示 47 kΩ+10%

棕 紫 绿 金 棕　　表示 17.5 Ω+1%

(3)电阻的检测

①固定电阻器

固定电阻器的测量方法如下：

把万用表拨到电阻挡的适当量程，将两支表笔(不分正负)分别与电阻器的两端引脚相接，即可测出实际的电阻值。

在电路带电的情况下，如果知道通过电阻的直流电流 I，也可以用万用表的电压挡来测得它两端的直流电压 U，然后根据欧姆定律来换算出电阻值。

②电位器和可调电阻器

测量方法为：

把万用表的电阻挡拨到适当的量程，把万用表的两支表笔连接电位器或可调电阻器的中心引脚(它与内部的活动触点连接)和其中任一引脚，同时徐徐旋转轴柄，表头指针应平衡地移动，将电位器的轴柄按顺时针和逆时针方向旋至极端位置时，阻值分别应该接近电位器的标称值和“0”。

2. 电容器的识别

(1)电容器的型号

电容器型号命名方法见表 12.1.3。表 12.1.3 中的规定对可变电容器和真空电容器不适用，对微调电容器仅适用于瓷介微调电容器。在某些电容器的型号中还用 X 表示小型，用 M 表示密封，也有的用序号来区分电容器的形式结构、外形尺寸等。

例如：CC1-1 型为圆片形瓷介微调电容器。

表 12.1.3　　电容器型号命名方法

第一部分：主称		第二部分：材料		第三部分：特征、分类						第四部分：序号
符号	意义	符号	意义	符号	意义					
					瓷介	云母	玻璃	电解	其他	
C	电容器	C	瓷介	1	圆片	非密封	—	箔式	—	对主称、材料相同，仅性能指标、尺寸大小有区别，但基本不影响互换使用的产品，给同一序号；若性能指标、尺寸大小明显影响互换时，则在序号后面用大写字母作为区别代号。
		Y	云母	2	管形	非密封	—	箔式		
		I	玻璃釉	3	叠片	密封	—	烧结粉固体		
		O	玻璃膜	4	独石	密封	—	烧结粉固体		
		Z	纸介	5	穿心	—	—	—		
		J	金属化纸	6	支柱	—	—	—		
		B	聚苯乙烯	7	—	—	—	无极性		
		L	涤纶	8	高压	高压	—	—		
		Q	漆膜	9	—	—	—	特殊		
		S	聚碳酸酯							
		H	复合介质							
		D	铝							
		A	钽							
		N	铌							
		G	合金							
		T	钛							
		E	其他							

图 12.1.3 所示为各种电容。

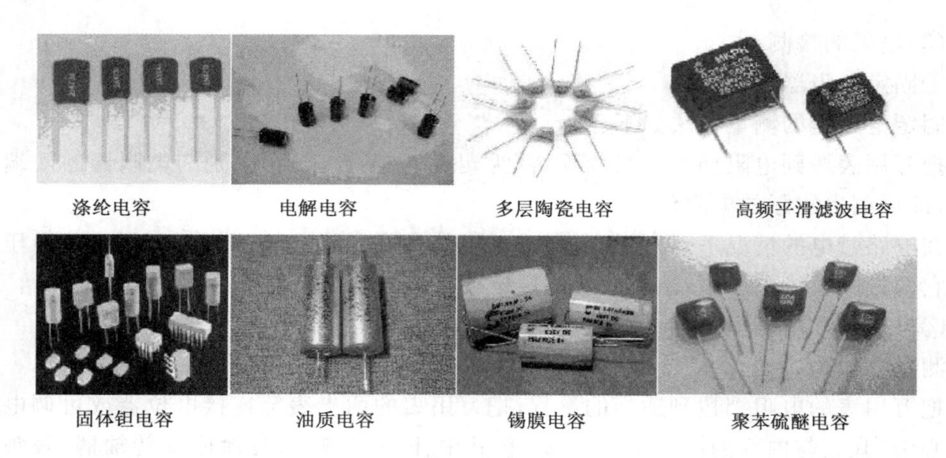

图 12.1.3 各种电容

(2)容量表示

国际电工委员会推荐的标示方法为:p、n、μ、m 表示法。其具体方法如下:

①字母数字混合标法

用 2～4 位数字表示电容量有效数字,用 1 位字母表示数值的量级,如:

1p2	表示:1.2 pF;	220n	表示:0.22 μF
3μ3	表示:3.3 μF;	2m2	表示:2200 μF

②数字直接表示法

这种方法用 1～4 位数字表示,不标单位。

当数字大于 1 时,其单位为 pF。

如:3300 表示 3300 pF,680 表示 680 pF,7 表示 7 pF。

当数字小于 1 时,其单位为 μF。

0.056 表示 0.056 μF,0.1 表示 0.1 μF。

(3)电容器的检测

首先观察电容的外表,应该完好无损、标志清晰。测量电容器的电容量要用电容表,有的万用表也带有电容挡。在通常情况下,电容用作滤波或隔直,电路中对电容量的精确度要求不高,故无需测量实际电容量。但是,使用中应掌握电容的一般检测方法。

①电容器漏电的测量(适用于 0.1 μF 以上容量的电容)

用万用表的最高量程,将表笔接触电容器的引线。刚接触时,由于电容充电电流大,表头指针向 $R=0$ 的方向偏转,角度最大,随着充电电流减小,指针逐渐向 $R=\infty$ 方向返回,最后稳定处即漏电电阻阻值。

测量时,若表头指针指到或接近欧姆零点,表明电容器内部短路;若指针不动,始终指在 $R=\infty$ 处,则意味着电容器内部断路或已失效。

电解电容由于容量比一般电容器大得多,选用 $R\times1$ k 挡或 $R\times100$ 挡。

②容量的测量

5000 pF 以下的固定电容容量太小,用万用表测量只能定性地检查是否漏电、内部短路或击穿。测量时,可选用万用表的最高电阻挡(如 $R\times10$ k)来测量,阻值应为无穷大。

5000 pF以上的较大容量电容，仍用 $R\times10$ k挡来测量，方法与测量电容的漏电相同。电容的容量越大，表头指针的偏转就越大，同时表头指针复原的速度也越缓慢。

③电解电容的"＋"、"－"极性的判别

交换表笔前后两次测量漏电电阻，阻值大的一次，黑表笔接触的是"＋"极。

12.1.2　预备知识2　万用表

1. 数字万用表的分类

数字万用表种类繁多，型号各异，目前国内外生产的数字万用表型号已多达数百种。

数字万用表按其功能可分为以下几类：

(1)普及型数字万用表

普及型数字万用表电路简单，价格较低，除具备测量电压(V)、电流(A)、电阻(Ω)等基本功能之外，一般还设有二极管和蜂鸣器，有的还带有HFE插孔。图12.1.4为MY60数字万用表。

图12.1.4　MY60数字万用表

(2)多功能数字万用表

多功能数字万用表一般都增加了电容挡、测温挡、频率挡、电导挡等功能，有的还设有逻辑电平测试挡。

(3)多重显示数字万用表

多重显示数字万用表采用"数字/模拟条图"双显示技术，解决了数字万用表不适宜测量连续变化量的问题。这类数字万用表显示器分为数字显示和41段模拟条显示两部分，既可通过数字显示读取数据，又可通过模拟条观察被测电量变化情况。

2. MY60数字万用表的技术参数

(1)32挡量程；

(2)自动关机(可选择)；

(3)显示器：30×60 mm LCD；

(4)直流电压：200 m/2/20/200 V±0.5%，1000 V±0.8%；

(5)交流电压：200 mV±1.2%，2/20/200 V±0.8%，700 V±1.2%；

(6)直流电流：20 μA±2%，200 μA/2 mA/20 mA±0.8%，200 mA/2 A±1.5%；10 A±2%；

(7)交流电流：200 μA/200 mA/2 A±1.8%，2 mA/20 mA±1.0%，10 A±3%；

(8)电阻：200 Ω/2 kΩ/20 kΩ/200 kΩ/2 MΩ±0.8%，20 MΩ±1.0%，200 MΩ±5.0%；

(9)蜂鸣器通断测试；

(10)二极管测试：正向直流电流约为1 mA，反向直流电压约为2.8 V；

(11)晶体管HFE测试：1～1000。

3. 数字万用表的面板介绍

数字万用表种类很多，功能各异，其面板分布更是千差万别。一般地，数字万用表上有显示器、电源开关、HFE测量插孔、电容测量插孔、量程转换开关、电容零点调节旋钮、四个输入插孔等。数字万用表面板上各插孔、开关、旋钮都标有一些符号，搞清这些符号所代表的意义，是使用好数字万用表的前提。

POWER：电源；

HFE：测量晶体三极管共发射极连接时的电流放大系数挡；

Ω：欧姆挡；

→|—：二极管挡；

V—：直流电压挡；

V～：交流电压挡；

A—：直流电流挡；

A～：交流电流挡；

COM：公共地插孔，接黑表笔；

V/Ω：电压、电阻测量插孔；

mA：小电流测量插孔；

10A：大电流测量插孔。

4. 数字万用表的使用

(1)直流电压挡的使用

将电源开关置于“ON”，红表笔插入“V/Ω”插孔内，黑表笔插入“COM”插孔，量程开关置于“V—”某量程上，即可测量直流电压了。

在使用直流电压挡时，应注意以下几点：

①在无法估计被测量电压大小时，应先拨到最高量程，然后再根据情况选择合适的量程(在交流电压、直流电流、交流电流的测量中也应如此)；

②数字万用表电压挡测量输入电阻很高，当表笔开路时，万用表低位上会出现无规律变化的数字，属于正常现象，并不影响测量准确度；

③严禁在测量高压(100 V 以上)或大电流(0.5 A 以上)时拨动量程开关。

(2)交流电压挡的使用

将量程开关置于“V～”范围内合适的量程位置，表笔接法同前，即可测量交流电压。

使用交流电压挡的基本方法和原则与直流电压挡相同，使用中应注意以下几点：

①如果被测交流电压含有直流分量，二者电压之和不得超过交流电压挡最高输入电压(700 V)；

②数字万用表频率特性较差，交流电压频率不得超过 45～500 Hz 的范围。

(3)直流电流挡的使用

将量程开关置于“A—”范围内合适的量程位置，红表笔插入“mA”插孔，黑表笔插入“COM”插孔，即可测量直流电流。使用直流电流挡时，应注意以下几点：

①测量电流时，应把数字万用表串联在被测量电路中；

②当被测量电流源内阻很低时，应尽量选用较大量程，以提高测量准确度；

③当被测电流大于 200 mA 时，应将红表笔改插入“10A”插孔内，测量大电流的最长时间不得超过 15 分钟。

(4)交流电流挡的使用

使用交流电流挡时，应将量程开关置于“A～”挡，表笔接法与直流电流挡相同。交流电流挡的使用与直流挡基本相同，这里不再重复。

(5)电阻挡的使用

使用电阻挡时，红表笔应接“V/Ω”插孔，黑表笔接“COM”插孔，量程开关应置于“OHM”范围内合适的量程位置。使用电阻挡时，应注意以下几点：

①在用20 MΩ挡时，显示的数值几秒钟才能稳定下来，数值稳定后方可读数；

②在用20 MΩ挡时，应先短路两支表笔，测出表笔引线电阻值(一般为0.1～0.3 Ω)，再去测量电阻，并应从测量结果中减去表笔引线的电阻值；

③在测量低电阻时，应使表笔与插孔良好接触，以免产生接触电阻；

④测量电阻时，绝对不能带电，因为这样测量的结果是无意义的；

⑤测量电阻时，两手不能碰触表笔金属部分，以免引入人体电阻；

⑥测量二极管时，量程开关应置于二极管挡。测量二极管正向压降时，显示器能显示出“mV”的单位。

(6)HFE挡的使用

量程开关置于“HFE”挡时，可以测量晶体三极管共发射极连接时的电流放大系数。此时，应根据被测晶体管的类型，将e、b、c三个电极插入HFE插孔中NPN或PNP一侧相应的插孔中。使用HFE挡时，应注意以下几点：

①管子的导电类型和三个电极均不能插错，否则测量结果无意义；

②HFE插孔测量晶体管放大系数时，内部提供的基极电流仅有10 μA，管子工作在小信号状态时，测出来的放大系数与使用时的值相差较大，故测量结果只能作为参考；

③当管子穿透电流较大时，测得的结果会比用晶体管图示仪测出来的典型值偏高，一般相差20%～30%。

(7)数字万用表使用注意事项

①输入插孔旁边注有危险标记的数字为该插孔的极限值，使用中绝对不能超出此值；

②不得在高温、暴晒、潮湿、灰尘大等恶劣环境下使用或存放数字万用表；

③数字万用表使用完毕后，应将量程开关置于电压挡最高量程，再关闭电源；

④如果长期不使用，应将数字万用表内部的电池取出。

12.1.3 实训1 常用电子元器件的认识及检测(一)

1. 实验目的

(1)掌握对电阻、电容、电源等的认知

(2)掌握万用表测量电阻、电容、电源的方法

2. 实验器材

(1)数字万用表

(2)各种电阻、电容若干

(3)模/数实验箱

3. 实验内容和步骤

(1)测量电阻

先对照电阻上的色环，得出电阻的理论值，然后用万用表测电阻阻值。

(2)测量电源

用万用表测量电源的输出电压。

(3)认识电容

4. 实验总结

12.1.4 实训 2 KCL、KVL 定律

1. 实验目的

(1)掌握万用表电流挡、电压挡的应用

(2)掌握 KCL、KVL 的验证方法

2. 实验器材

(1)模/数实验箱

(2)单级、多级放大电路实验板

(3)数字万用表

3. 实验内容预习

(1)KCL 的内容

(2)KVL 的内容

4. 实验内容及步骤

(1)实验电路图如图 12.1.5 所示：

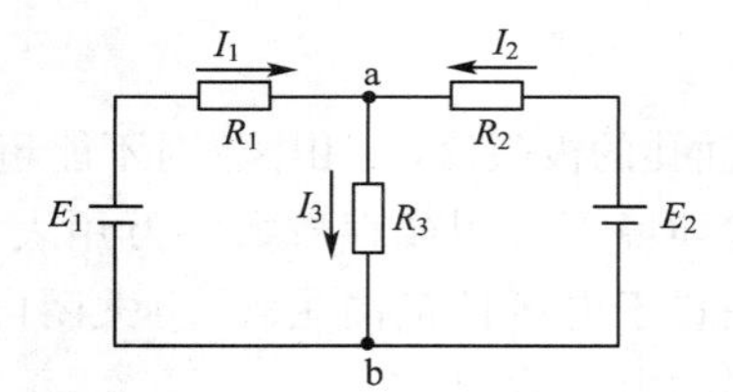

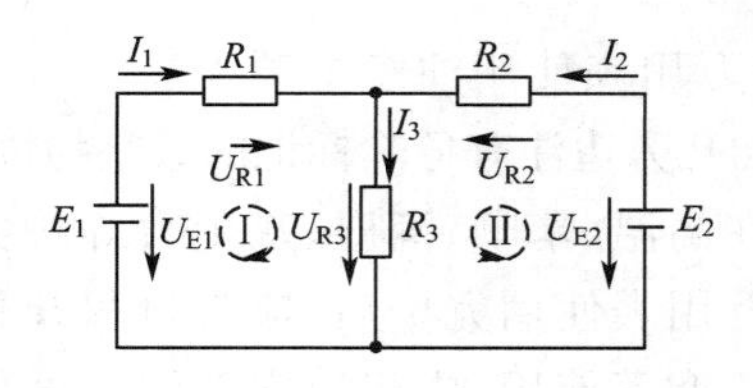

图 12.1.5 实验电路图

(2)按图连接电路，经检查无误后连通电源；

(3)用数字万用表直流电流挡测出 I_1、I_2、I_3 的值；

(4)用万用表直流电压挡测出 U_{R1}、U_{R2}、U_{R3} 的值。

5. 实验数据与结果

将实验所得数据填入表 12.1.4 和表 12.1.5 中。

表 12.1.4 KCL 实验数据

	I_1(mA)	I_2(mA)	I_3(mA)	验算栏 $\sum I=0$?
理论值				
测量值				

表 12.1.5　　KVL 实验数据

	U_{R1}(V)	U_{R2}(V)	U_{R3}(V)	验算栏 $\sum U=0$?
理论值				
测量值				

12.1.5　实训 3　叠加定理

1. 实验名称

用万用表验证叠加定理，电路图如图 12.1.6 所示。

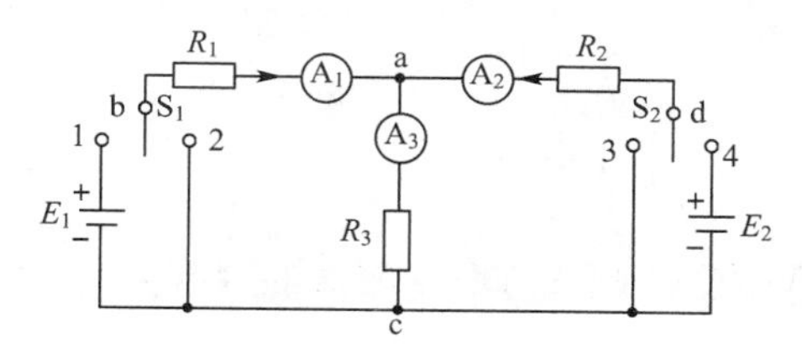

图 12.1.6　实验电路图

2. 实验目的

(1)熟悉掌握万用表直流电流挡的应用

(2)掌握叠加定理的验证方法

3. 实验器材

(1)模/数实验箱

(2)数字万用表

(3)单级、多级放大电路实验板

4. 实验内容预习

复习叠加定理的内容。

5. 实验内容及步骤

(1)实验电路图如图 12.1.6 所示；

(2)按图连接电路，经检验后打开电源；

(3)电压源 E_1、E_2 共同作用于电路的情况，将电流表测出的电流值及电压表测出的电压值填入表 12.1.6 中；

(4)电压源 E_1 单独作用于电路的情况，将电流表测出的电流值及电压表测出的电压值填入表 12.1.6 中；

(5)电压源 E_2 单独作用于电路，也将所测得的电流值和电压值填入表 12.1.6 中。

表 12.1.6　　叠加定理实验数据

	I_1(mA)	I_2(mA)	I_3(mA)	U_{ac}(V)	U_{ba}(V)	U_{da}(V)
E_1、E_2 共同作用						
E_1 单独作用						
E_2 单独作用						

12.1.6 预备知识 3 信号发生器(FUNCTION GENERATOR)

本实验室采用 EE1641 函数信号发生器,如图 12.1.7 所示。能直接产生正弦波、三角波、方波、锯齿波和脉冲波,且具有 VCF 输入控制功能。TTL / CMOS 与 OUTPUT 同步输出,直流电平可连续调节,频率计可作内部频率显示,也可作外测频率、电压用 LED 显示。

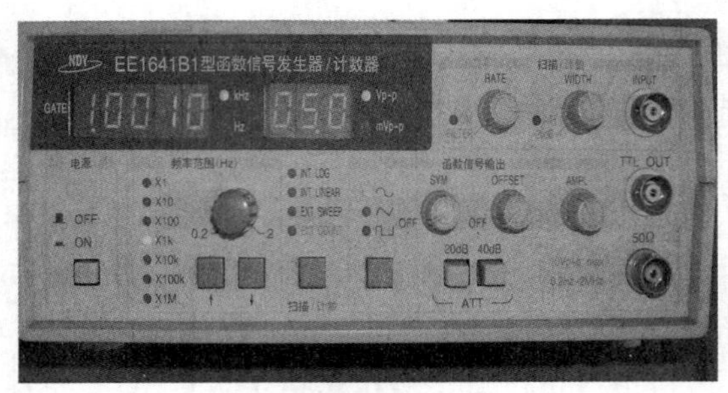

图 12.1.7 信号发生器实物图

1. 主要技术参数

频率范围:0.1 Hz～2 MHz,分七挡。

波形:正弦波、三角波、方波、正向或负向脉冲波、正向或负向锯齿波。

TTL 输出脉冲波:低电平≤0.4 V,高电平≥3.5 V。

CMOS 输出脉冲波:低电平≤0.5 V,高电平 5～12 V 连续可调。

输出阻抗:50 Ω±10%。

输出幅度:≥20 V_{P-P}(空载)。

输出衰减:20 dB,40 dB。

直流偏置:0～±10 V 连续可调。

VCF 输入:DC～1 kHz,0～5 V。

频率计:1 Hz～10 MHz,灵敏度 100 mV/ms,最大 15 V(AC+DC)。

电源:220 V±10%,50±2 Hz。

2. 面板的认识与使用

EE1641 函数信号发生器的使用并不复杂,主要问题是面板上的一些符号。

(1)电源

电源开关键(POWER):按下接通电源(ON),弹起关断电源(OFF)。

(2)信号选择

频率范围(RANGE(Hz)):有七挡,即×1,×10,×100,×1 k,×10 k,×100 k,×1 M;

频率调节旋钮(FREQUENCY):与量程选择键配合使用,如果量程键按下 1 kHz,改变频率调节旋钮可获得 0.2 kHz～2 kHz 范围内的任一频率信号,其余依此类推;

功能键(FUNCTION):有三个键,即方波⊓⊔(占空比为 50%)、三角波/\/(正、负斜率相等)和正弦波∿。

(3)扫描/计数部分

扫描/计数按钮:可选择多种扫描方式和外测频方式。有 INT LOG(内对数)、INT LINEAR(内线性)、EXT SWEEP(外扫描)、EXT COUNT(外计数)。

RATE:扫描频率调节旋钮。调节此旋钮可调节扫频输出的频率范围。在外测频时,逆时针旋到底(绿灯亮),为外输入测量信号经过低通开关进入测量系统。

WIDTH:扫描宽度调节旋钮。调节此旋钮可以改变内扫描的时间长短。在外测频时,逆时针旋到底(绿灯亮),为外输入测量信号经过"20 dB"衰减进入测量系统。

INPUT:扫描/计数输入。当扫描/计数键选择扫描状态或外测频功能时,外扫描控制信号或外测频信号由此输入。

TTL OUT:输出端口,输出标准正弦波 100 Hz,输出幅度 2 $V_{p\text{-}p}$。该端口专门为晶体管逻辑电路(TTL)设置。

(4)输出控制部分

50 Ω:输出 / OUTPUT,为被测电路提供信号,输出阻抗约 50 Ω。

SYM:波形对称旋钮。如果按下功能键中的三角波键∧∨,这时输出为正、负斜率相等的三角波,此时若拉出该旋钮并旋转,则可获得正、负斜率不等的锯齿波。如果按下功能键中的方波键⊔⊔,按下波形对称旋钮,这时输出占空比为 50%的方波,此时若拉出该旋钮并旋转,则可获得占空比为 5%~95%的脉冲波。

OFFSET:直流偏移旋钮。其功能是不拉出时,由前述方法中获得的正弦波、方波、三角波、脉冲波或锯齿波,其直流分量均为零。拉出该旋钮并旋转,则可以在输出信号获得−10 V~10 V 的直流分量。

AMPL/INV:输出幅度调节/ 倒相旋钮,用于调节输出信号的幅度大小,调节时相应的电压值会在液晶显示屏上显示出来。拉出时使输出信号倒相(相位差为 180°),按下时输出信号不倒相。

ATT:输出衰减键 / ATTENUATOR,按下 20 dB 键,使输出相对衰减 10 倍,按下 40 dB 键,使输出相对衰减 100 倍。20 dB 键和 40 dB 键都按下,则可使输出相对衰减 1000 倍。

12.1.7　预备知识4　示波器(OSCILLOSCOPE)

示波器是一种能在示波管屏幕上显示出电信号变化曲线的仪器,它不但能像电压表、电流表那样读出被测信号的幅度(注意:电压表、电流表如无特殊说明,读出的数值为有效值),还能像频率计、相位计那样测试信号的周期(频率)和相位,而且还能用来观察信号的失真,脉冲波形的各种参数等。

实验室常用的示波器有三种型号,即 YB4340G、DF4351 和 V-252。这三种示波器均为双踪示波器,由于型号不同,面板结构也不同。各种旋钮(或按键)功能有的用中文表示,有的用英文表示,DF4351 示波器如图 12.1.8 所示。

1. 主要技术参数

Y 轴频带宽度:DC~50 MHz ,AC 耦合,频率下限−3 dB。

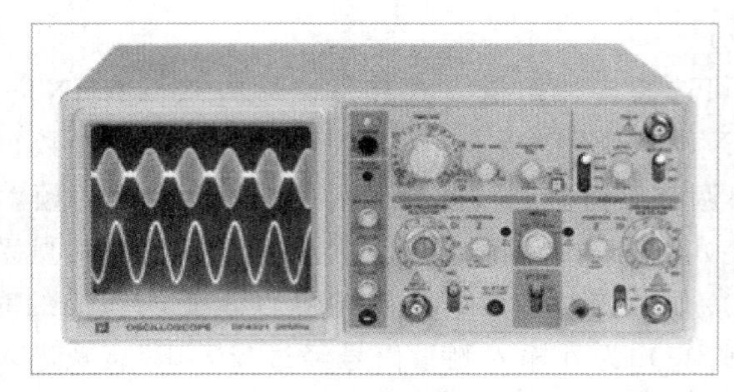

图 12.1.8 DF4351 双踪示波器面板图

输入阻抗：1 MΩ±2%，25 pF±5 pF。

灵敏度：5 mV/div～5 V/div，按 1-2-5 顺序分 10 挡。

扩展×5：1 mV/div ～ 1 V/div。

工作方式：CH1、CH2、ALT、CHOP、ADD。

X 轴频带宽度：DC：0～1 MHz，AC：10 Hz～1 MHz。

扫描速度：0.2 s/div～0.2 μs/div，按 1-2-5 顺序分 19 挡，扩展×10，最快扫描 20 ns/div。

X-*Y* 工作方式：DC～2 MHz。

X-*Y* 相位差：<3°(DC～50 kHz)。

触发源：CH1，CH2，电源，外接。

电源：220 V±10%，50±2 Hz。

2. 面板介绍

下面列出面板上的一些旋钮(或按键)的中、英文名称及作用，这些旋钮(或按键)都有其通用性，分为四部分：

(1)电源部分，如图 12.1.9 所示，从上到下依次为：

①电源开关(POWER)：按下时电源接通，弹出时关闭。当电源在“ON”状态时，指示灯亮。

②轨迹旋转(TRACE ROTATION)：用来调节扫描线和水平刻度线的平行。

③辉度(INTENSITY)：轨迹亮度调节。

④聚焦(FOCUS)：调节光点的清晰度，使其又圆又小。

⑤刻度照明(ILLUM)：在黑暗的环境或照明刻度线时调此旋钮。

⑥校正信号(CAL)：提供幅度为 0.5 V，频率为 1 kHz 的方波信号，具有调整探头的补偿和检测垂直与水平电路的基本功能。

(2)垂直通道(VERTICAL)，如图 12.1.10 所示。

①CH1(X)、CH2(Y)：X、Y 通道输入(INPUT)。

②AC/GND/DC：

AC：信号经过电容耦合至放大器输入；

GND：放大器输入端接地；

DC：信号直接耦合至放大器输入。

图 12.1.9 电源部分

③VOLTS/DIV：5 mV/div～5 V/div 选择开关。当 10∶1 的探头与仪器组合使用时，读数倍乘 10。

④VAR PULL×5：微调扩展控制开关。当旋转此旋钮时，可小范围地改变垂直偏转灵敏度，当逆时针旋转到底时，其变化范围应大于 2.5 倍，通常将此旋钮顺时针旋到底。当旋钮位于 PULL 位置时（拉出状态），垂直轴的增益扩展 5 倍，且最大灵敏度为 1 mV/div，UNCAL 灯亮表示微调旋钮没有处在校准位置。

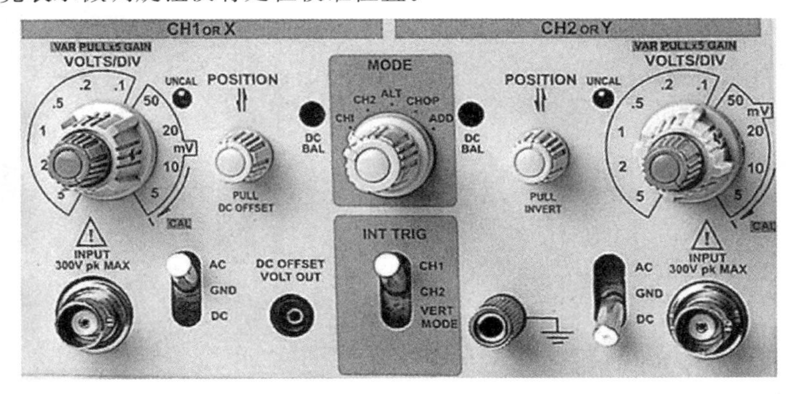

图 12.1.10　垂直通道

⑤POSITION PULL DC OFFSET：在 CH1 部分，用于调节垂直方向位移。当旋钮拉出时，垂直轴的轨迹调节范围可通过 DC 偏置功能扩展，可测量大幅度的波形。

⑥POSITION PULL INVERT：在 CH2 部分，用于调节垂直方向位移。当旋钮处于 PULL 位置时（拉出状态），用来倒置 CH2 上的输入信号极性。此控制键可方便地用于比较不同极性的两个波形，利用 ADD 功能键还可获得（CH1）－（CH2）的信号差。

⑦垂直工作方式（MODE）

CH1：屏幕上仅显示 CH1 的信号；

CH2：屏幕上仅显示 CH2 的信号；

ALT：屏幕上显示 CH1、CH2 两路信号，ALT 为“交替”，用于较高频率；

CHOP：屏幕上显示 CH1、CH2 两路信号，CHOP 为“继续”，用于较低频率；

ADD：显示 CH1 和 CH2 信号的代数和。

（3）水平通道（HORIZONTAL），如图 12.1.11 所示。

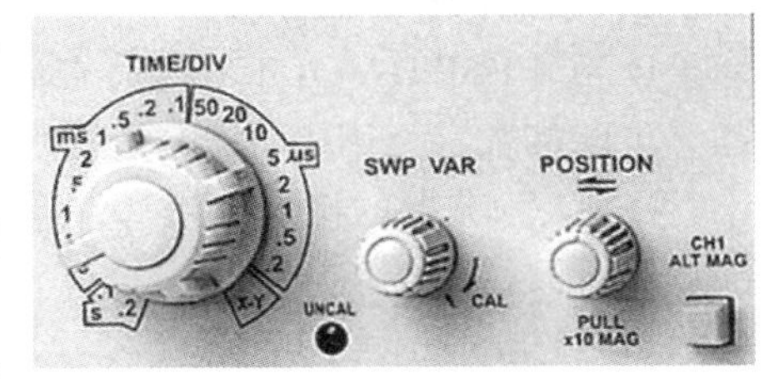

图 12.1.11　水平通道

①TIME/DIV：扫速选择开关，扫描时间分 19 挡，从 0.2 μs/div～0.2 s/div。*X*-*Y*：此位置用于仪器工作在 *X*-*Y* 状态，在此位置时，*X* 轴的信号连接到 CH1 输入，*Y* 轴信号加到 CH2 输入，并且偏转范围为 1 mV/div～5 V/div。

②SWP VAR：扫描微调控制，（当开关不在校正位置时）扫描因素可连续改变。当开关按箭头的方向顺时针旋转到底时，为校正状态，此时扫描时间由 TIME/DIV 开关准确读出。逆时针旋转到底扫描时间扩大 2.5 倍，UNCAL 灯亮表示扫描因素不校正。

③POSITION PUL×10MAG：此旋钮用于水平方向移动扫描线，在测量波形的时间时适用。当旋钮顺时针旋转，扫描线向右移动，逆时针向左移动。拉出此旋钮，扫速倍乘10 。

④CH1 ALT MAG：通道1交替扩展开关，CH1输入信号能以×1(常态)和×10(扩展)两种状态交替显示。

(4)触发系统(TRIGGER)，如图12.1.12所示。

①SOURCE：触发源选择

INT：输入信号触发；

LINE：电源信号触发；

EXT：外部信号触发。

②INT TRIG：输入信号触发

CH1：CH1输入信号触发；

CH2：CH2输入信号触发；

VERT MODE：交替触发，用于稳定显示两个不同频率的信号，故不能用于测信号的相位差。

③MODE：触发方式选择

AUTO：自动，仪器始终自动触发，并能显示扫描线。当有触发信号存在时，并且正常的触发扫描，波形才能稳定显示，该功能使用方便；

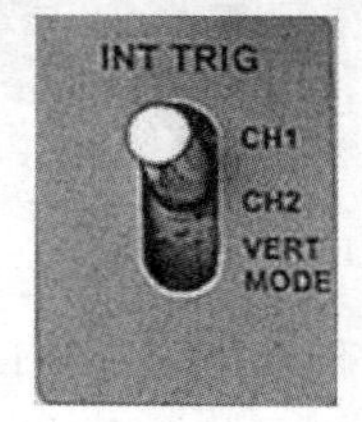

图12.1.12　触发部分

NORM：常态，只有当触发信号存在时，才能触发扫描，在没信号和非同步状态情况下，没有扫描线。该工作方式适合信号频率较低的情况(25 Hz以下)；

TV-V：电视场，本方式能观察电视信号中的场信号波形；

TV-H：电视行，本方式能观察电视信号中的行信号波形。

注：TV-V和TV-H同步仅适用于负的同步信号。

(5)其他，见图12.1.8。

DC OFFSET VOLT OUT：直流电压偏置输出口，当仪器设置为DC偏置方式时，该插口可配接数字万用表，读出被测量的电压值。

GND：示波器的接地端。

3.示波器的使用

(1)直流电压测量

①将触发方式置自动(AUTO)，使屏幕上出现扫描基线，Y轴微调置校正(CAL)。

②CH1或CH2的输入接地(GND)，此时的基线，即为0 V基准线。

③加入被测信号，输入置DC，观察扫描基线在垂直方向平移的格数，与VOLTS/DIV开关指示的值相乘，即为信号的直流电压。例如，VOLTS/DIV置0.5 V/div，读得扫描线上移动为3.4格，则被测电压为：$U=0.5\ \text{V/div}\times 3.4\ \text{div}=1.7\ \text{V}$(如果采用10∶1的探头，则为17 V)。

(2)交流电压测量

①将输入置 AC(或 DC)。

②利用垂直移位旋钮,将波形移至屏幕中心位置,按波形所占垂直方向的格数,即可测出电压波形的峰-峰值。例如,VOLTS/DIV 置 0.2 V/div,被测波形占 5.2 格,则被测电压为:$U_{P-P}=0.2\ V/div\times5.2\ div=1.4\ V$(置 DC 时,将被测信号中的直流分量也考虑在内,置 AC 时,则直流分量无法测出)。

(3)时间测量

扫描开关的微调置于校正位置(CAL)。

①测间隔时间(周期)

例如,TIME/DIV 置于 0.2 ms/div,间隔在水平方向占 6 格,则其间隔时间为:$T=0.2\ ms/div\times6\ div=1.2\ ms$。

②测量脉冲前(后)沿时间

脉冲的前沿(或后沿)时间是指脉冲的幅度由 10%上升到 90%(或由 90%下降到 10%)的时间。测量时可调节扫速开关,将波形的前沿(或后沿)适当展宽,以便精确读数。

③测脉冲宽度

调节 VOLTS/DIV、TIME/DIV 开关,使脉冲在垂直方向占 2～4 格,水平方向占 4～6 格,此时脉冲前沿及后沿中心点之间的距离为脉冲宽度时间 T_u。

④测量频率

测量周期性信号的频率,有两种方法。

第一种方法,测一个周期的时间,例如,波形周期为 8 格,扫描开关置于 1 μs,则 $T=1\times8=8\ \mu s$,$f=1/T=125\ kHz$。

第二种方法,使被测信号在屏幕上显示较多周期,则可以减小测量误差,精度可接近于扫描速度时间的精度(±2%),此时按 X 轴方向 10 格内占有多少个周期的方法来计算,公式为:

$$f=\frac{N}{10\times \mathrm{TIME/DIV}}$$

式中,f:被测信号的频率(Hz) N:10 格内占有的周期数 TIME/DIV:面板上扫描开关指示的数值

4.使用中的注意事项

(1)寻找扫描光迹点

在开机半分钟后,如仍找不到光点,可调节亮度旋钮,并按下“寻迹”面板键,从中判断光点位置,然后适当调节垂直(↑↓)和水平(→←)移位按钮,将光点移至荧光屏的中心位置。

(2)为显示稳定的波形,需注意示波器面板上的下列几个控制开关(或旋钮)的位置。

①扫速选择开关(TIME/DIV):它的位置应根据被观察信号的周期来确定。

②触发源选择:通常选为内触发。

③内触发源选择:通常置于常态(推进位置)。此时对单一从 Y_A 或 Y_B 输入的信号均能同步,仅在作双路同时显示时,为比较两个波形的相对位置,才将其置于 CH2,由于此时触发信号仅取自 CH2,故仅对由 CH2 输入的信号同步。

④触发方式开关:通常可先置于"自动",以便找到扫描线或波形,如波形稳定情况较差,再置于"高频"或"常态"位置,但必须同时调节电平旋钮,使波形稳定。

(3)示波器有五种显示方式

属单踪显示的有 CH1、CH2、"叠加";属双踪显示的有"交替"与"继续"。作双踪显示,通常采用"交替"显示方式,仅当被观察信号频率很低时(如几十赫兹以下),为在一次扫描过程中同时显示两个波形,才采用"继续"显示方式。

(4)在测量波形的幅值时,应注意 Y 轴的灵敏度"微调"旋钮置于"校准"位置(顺时针旋到底)。在测量波形周期时,应将扫描速率"微调"旋钮置于"校准"位置(顺时针旋到底)。

12.1.8 实训 4 使用示波器观察低频信号

1. 实验目的

(1)掌握信号发生器的使用方法

(2)掌握示波器的使用方法

2. 实验器材

(1)信号发生器

(2)示波器

(3)万用表

(4)模/数实验箱

3. 实验内容及步骤

(1)用万用表测量信号发生器的输出电压

接通信号发生器电源,调节频率为 1 kHz,输出电压为 4 V(监视器上显示)。将信号发生器输出衰减开关先后置于 0 dB、20 dB、40 dB、60 dB 的位置,分别测量输出电压。注意此时量程要选择适当。

(2)示波器准备

①调出示波器的扫描基线。将"扫描方式"调到 AUTO;将"输入耦合选择"调到 GND;调节"水平位移、垂直位移",使扫迹移至荧光屏的中央;调节"辉度"使扫迹的亮度合适;调节"聚焦"使扫迹纤细清晰。

②方波信号测量

用 CH1(或 CH2)观测示波器本身的校准信号(CAL),调节示波器各有关旋钮,将触发方式开关置“自动”位置，触发源开关置“内”，内触发选择开关置常态，对校准信号的频率和幅值，正确选择扫速开关（TIME/DIV）及 Y 轴灵敏度开关（V/DIV）的位置，则在荧光屏上可显示出一个或数个周期的方波。

将测量数据填入表 12.1.7 中，分别画出波形图，在图上标出 U_{P-P} 和周期 T。

表 12.1.7　　测量数据表

校正信号	标称值	示波器测得的原始数据		测量值
幅度 $U_{P\text{-}P}$	V	div	V/div	V
频率 f	Hz	div	ms/div	Hz

分别将触发方式开关置“高频”和“常态”位置，并同时调节触发电平旋钮，调出稳定波形，体会三种触发方式的操作特点。

③交流电压的测量

信号发生器选定为正弦波输出，频率和幅值分别为表 12.1.8 各值时，完成表 12.1.8。

表 12.1.8　　交流电压的测量表

	信号 1	信号 2	信号 3	信号 4
频率	50 Hz	50 Hz	1 kHz	10 kHz
幅值	3.0 V	5.0 mV	5.0 mV	5.0 mV
测得频率	ms/div	ms/div	ms/div	ms/div
	div	div	div	div
	Hz	Hz	Hz	Hz
测得幅度 $U_{P\text{-}P}$	V/div	V/div	V/div	V/div
	div	div	div	div
	V	V	V	V
万用表/毫伏表测值	V	V	V	V

4．实验总结

（1）说明使用示波器观察波形时，为了达到以下要求，应调节哪些旋钮？

①波形清晰且亮度适中；

②波形在荧光屏中央且大小适中；

③波形稳定；

④波形完整。

（2）用示波器观察正弦波时，若荧光屏上出现图 12.1.13 所示波形时，是哪些旋钮位置不对？应如何调节？

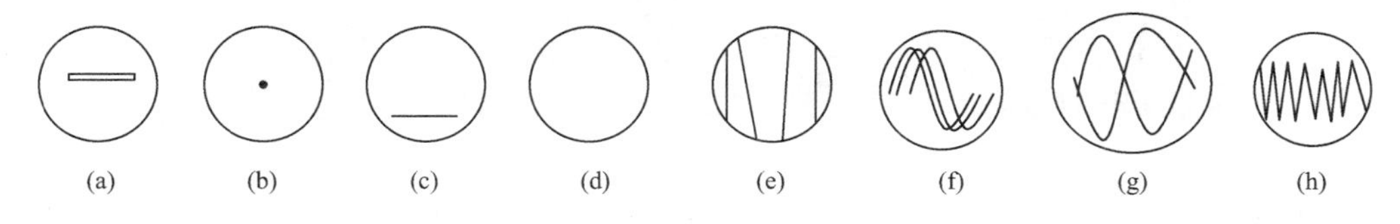

图 12.1.13　显示波形

（3）使用数字万用表，说明当被测电压高于所选择的量程时会产生的现象和后果？

12.2 模拟电路部分实训

12.2.1 预备知识5 二极管、三极管的识别与检测

1.半导体型号

如表12.2.1所示。

表12.2.1 半导体型号

第一部分		第二部分		第三部分			
符号	意义	符号	意义	符号	意义	符号	意义
2	二极管	A	N型，锗材料	P	普通管	D	低频大功率管
		B	P型，锗材料	V	微波管		$f_{hfb}<3$ MHz
		C	N型，硅材料	W	稳压管		$P_C<1$ W
		D	P型，硅材料	C	参量管	A	高频大功率管
				Z	整流管		$f_{hfb}\geq 3$ MHz
				L	整流堆		$P_C<1$ W
				S	隧道管	T	半导体晶闸管
				N	阻尼管	B	雪崩管
				U	光电器件	J	阶跃恢复管
				X	低频小功率管	CS	场效应器件
					$f_{hfb}<3$ MHz	BT	半导体特殊器件
					$P_C<1$ W	FH	复合管
				G	高频小功率管	PIN	PIN型管
					$f_{hfb}\geq 3$ MHz	JG	激光器件
					$P_C<1$ W		

2.二极管的识别与检测

二极管通常用玻璃、塑料或者金属封装，由于它具有单向导电特性，因此它的两根引脚有正极和负极之分，图12.2.1所示为各种二极管。

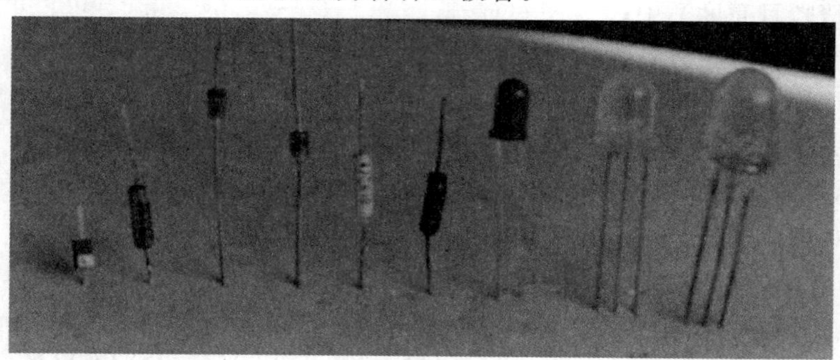

图12.2.1 各种各样的二极管

外观识别电极：在二极管外壳上大多采用一道色圈标示出负极（例如玻璃封装的有一道黑色环，黑色塑料封装的有一道银色或白色环），也有的二极管将二极管的图形符号

印刷在外壳上来标志它的正、负极。发光二极管的正负极可以从引脚的长短来识别，长引脚为正极，短引脚为负极。

(1)性能的检测

性能的好坏，可以依据单向导电性的测量予以简单的判断。方法是将万用表置于R×100 挡或 R×1k 挡，测量二极管的反向电阻和正向电阻，如图 12.2.2 所示。

①测得的反向电阻(约几百 kΩ 以上)和正向电阻(约几 kΩ 以下)之比值在 100 以上，表明二极管性能良好，反向、正向电阻之比为几十，甚至仅有几倍，表明二极管的单向导电性不佳，不宜使用；

②正向、反向电阻均为无穷大，表明二极管断路；

③正向、反向电阻均为零，表明二极管短路。

(2)极性的判别

在万用表欧姆挡的电路中，万用表的红表笔(即万用表“＋”端)是与表内电池的负极连接的，黑表笔(即万用表“－”端)是与表内电池的正极连接的。因此，当二极管正偏时(测得的电阻值小)，黑表笔连的一端应为二极管的正极，红表笔连的一端应为二极管的负极。

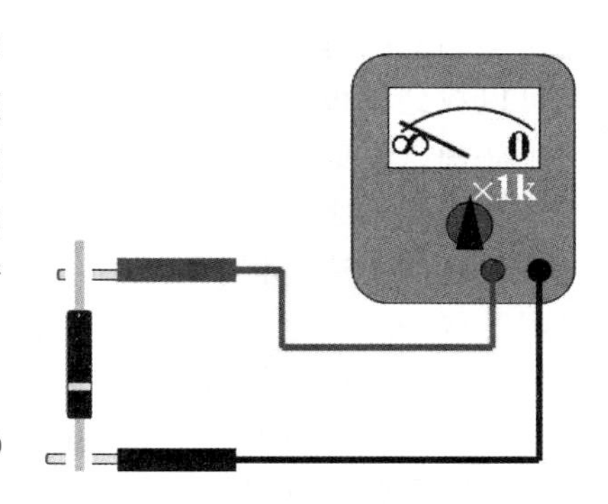

图 12.2.2　二极管的测量方法

(3)测试注意点

①测量小功率二极管时，应将万用表置于 R×100 挡或 R×1k 挡。

②测量中功率和大功率二极管时，应将万用表置于 R×1 挡或 R×10 挡。

3. 三极管的识别与检测

三极管的识别检测包括判断三极管的类型、识别三极管电极、评估三极管的质量和放大能力等。我们可以用万用表方便地对三极管进行简单的识别检测。

外观识别电极：如图 12.2.3 所示是管脚排列的一般规律，若管壳上无管脚标志，则以测量为准。

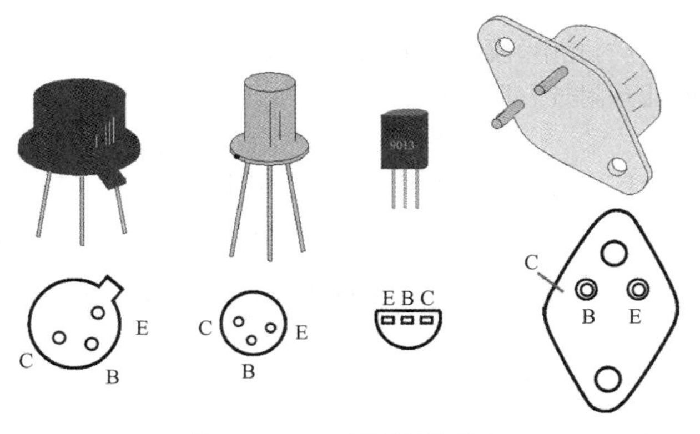

图 12.2.3　三极管的管脚排列

(1)判断三极管的类型

对于一般的三极管,万用表置于 R×100 或 R×1k 电阻挡。

用万用表的表笔分别测试三极管任意 1 只引脚与其他两只引脚之间的电阻值,最多经过 3 次交换测试后,必然可以找到其中有 1 只引脚与其他两只引脚都为“通”(电阻值较小)。这种情况下,如果这 1 只引脚所接的是黑表笔,那么所测的是 NPN 型的;反之,如果这 1 只引脚所接的是红表笔,那么所测的是 PNP 型的。

(2)识别三极管电极

这里以 NPN 型三极管为例来说明。

①确认基极

在判断电极时,首先要找到基极。将万用表拨到 R×100 或 R×1k 电阻挡,用黑表笔接触三极管中任意 1 只引脚,再用红表笔去测量另外两只引脚,如果都为“通”,那么黑表笔所接触的引脚是基极(B),如果不是这种情况,就更换引脚再测量,最多进行 3 次测量,就可以找到基极。

②确认发射极和集电极

基极找到之后,再找集电极和发射极。

可靠的方法是将表笔分别接在除基极以外的两只引脚上,再把 1 个 100 kΩ 左右的电阻跨接在黑表笔与基极之间,记住这时测得的电阻值,然后将表笔对调,电阻仍然跨接在黑表笔与基极之间,再测 1 次,万用表又指出一个电阻值。

比较两次阻值的大小,阻值小的那次黑表笔所接的引脚即为三极管的集电极(C),红表笔接的引脚为发射极(E)。

这是因为,集电极所接的黑表笔是万用表内的电池正极,发射极所接的红表笔则是万用表内的电池负极,由于基极通过电阻接到万用表内的电池正极,所以晶体管导通,万用表显示出较小的阻值。

也可以不用 100 kΩ 左右的电阻,而用手指捏住两根引脚,利用人体电阻来代替。

注:PNP 型三极管,只要将上述说明文字中的“红”与“黑”对调,“正”与“负”对调就可以了。

(3)三极管的放大能力

如果万用表有测量三极管直流电流放大系数 HFE 的功能,只要把三极管的 3 个引脚插入万用表板上对应的孔中,就能测出 HFE 值。要注意,通常 PNP 和 NPN 管要插入不同的插孔,面板的插孔附近有明确标记。

(4)测试注意点

①测量小功率管时,应将万用表拨到 R×100 或 R×1k 电阻挡。

②测量中功率管和大功率管时,应将万用表拨到 R×1 或 R×10 电阻挡。

12.2.2 实训 1 常用电子元器件的认识及检测(二)

1. 实验目的

(1)学会用万用表检测二极管的好坏,区分阳极、阴极

(2)学会用万用表检测三极管的好坏,区分 e、b、c,测量 β 值

(3)验证二极管的单向导电性及限幅作用

2. 实验器材

(1)万用表

(2)二极管 2AP1、2CK9、2CP31、2CZ11;发光二极管 2EF102、2EF225;光电二极管 2AUA、2CUA、2DUA

(3)NPN、PNP 型三极管若干:3AX31、3AX81、3AG54、3BX81、3CG35、3DA105、3DG6、3DG140、3DK4、3DD15A

3. 实验内容预习

(1)复习 12.2.1 小节的预备知识

(2)熟记二极管、三极管的万用表检测方法

4. 实验内容

(1)二极管的认识和检测

①根据型号及外形估计其能够使用的场合(从电流、频率及作用三方面考虑);

②根据二极管外形或标记,判断二极管的电极;

③用万用表检测二极管的电极和性能。

(2)三极管的认识和检测

①认识不同封装的三极管;

②根据型号及外形估计其能够使用的场合(从电流、频率及作用三方面考虑);

③根据三极管外形或标记,判断三极管的基极;

④用万用表检测三极管的电极、类型和好坏。

12.2.3　实训 2　单级放大器静态工作点的调整与测试

1. 实验目的

(1)熟悉模拟电路实验板

(2)掌握放大器静态工作点的调试方法

2. 实验器材

(1)模/数实验箱

(2)示波器

(3)低频信号发生器

(4)数字万用表

3. 实验内容预习

(1)复习信号源、示波器的使用方法

(2)熟悉单级放大器工作原理

(3)计算电路的静态工作点理论值

4. 实验内容及步骤

(1)实验电路如图 12.2.4 所示

①用万用表检测实验箱上三极管 V 的极性和好坏,电解电容的好坏。

②将 R_p 的阻值调到最大位置，按实验电路连接（注意：接线前先测量＋12 V 电源，关闭电源后再连接，在连接前需用万用表的电阻挡检测连接线的好坏）。

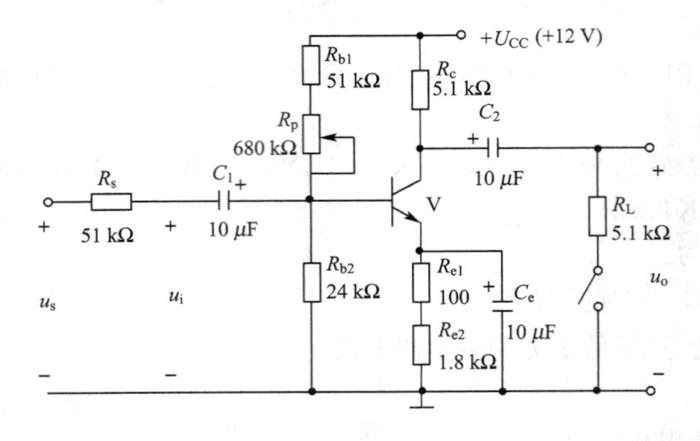

图 12.2.4 实验电路图

(2)静态工作点调整

调整 R_p 使 U_E＝2.2 V，记录表 12.2.2 要求填写的各数值，此值为修正前的静态值。

表 12.2.2 填写表

静态值	U_{BE}(V)	U_{CE}(V)	I_C(mA)	R_b(kΩ)

12.2.4 实训 3 单级放大器放大性能的测试

1. 实验目的

(1)熟悉模拟电路实验板

(2)学习测量放大器 A_u、R_i、R_o 的方法

(3)观察和研究静态工作点的选择对输出波形失真与电压放大倍数的影响

2. 实验器材

(1)模/数实验箱

(2)示波器

(3)低频信号发生器

(4)数字万用表

3. 实验内容预习

(1)熟悉单级放大器工作原理

(2)计算电路的放大倍数理论值

(3)计算电路的输入电阻、输出电阻理论值

4. 实验内容及步骤

实验电路如图 12.2.4 所示。

(1)静态工作点调整

调整 R_p 使 U_E＝2.2 V。

(2)动态测量

①将信号发生器调到 $f=1$ kHz,幅值为 3 mV,接到放大器的输入端 V_i,观察输入端和输出端的波形,并比较相位;

②信号频率不变,逐渐加大幅度 5 mV～10 mV,观察 V_o 不失真时的最大值,并填表 12.2.3;

表 12.2.3　　　　$R_L=\infty$

U_{im}(mV)	U_{om}(V)	A_u

③保持 $V_i=5$ mV 不变,放大器接入负载 $R_L=5.1$ kΩ,观察 V_o 的最大值并填表 12.2.4;

表 12.2.4　　　　$R_L=5.1$ kΩ

U_{im}(mV)	U_{om}(V)	A_u

④观察 R_P 对输出波形的影响。保持 $V_i=5$ mV 不变,增大和减小 R_p,观察 V_o 波形变化,填入表 12.2.5 中。

表 12.2.5　　　　$V_i=5$ mV

R_p 值	V_b	V_c	V_e	输出波形变化
最大				
合适				
最小				

(3)输入、输出电阻的测量

①输入电阻 R_i 的测量

如图 12.2.5 所示,在输入端串接一个 R_s 电阻,测量 U_s 和 U_i,即可计算 R_i。

$$R_i=\frac{U_i}{U_s-U_i}R_s$$

②输出电阻 R_o 的测量

如图 12.2.6 所示,在输出端接入可调电阻 R_L 作为负载,选择合适的 R_L 值,使放大器输出不失真,测量有负载的输出 U_{Lm} 和空载时的 U_{om},即可计算 R_o。

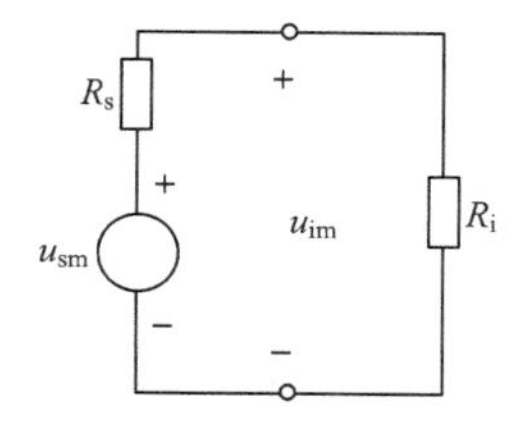

图 12.2.5　电路图

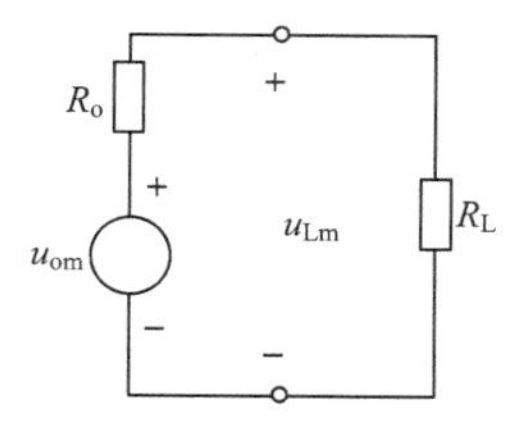

图 12.2.6　电路图

$$R_o=\frac{U_{om}-U_{Lm}}{U_{Lm}}R_L$$

将上述测量及计算结果填入表 12.2.6 中。

表 12.2.6　输入电阻和输出电阻的测量

测量输入电阻 R_i(R_s=5.1 kΩ)				测量输出电阻 R_o				
V_s	V_i	测算	理论值	V_{om}	V_{im}	R_L	测算	理论值

12.2.5 实训 4 射极跟随器

1. 实验目的

(1)掌握射极跟随器的特性及测量方法

(2)进一步学习放大器各项参数的测量方法

2. 实验器材

(1)示波器

(2)低频信号发生器

(3)数字万用表

3. 实验电路

实验电路如图 12.2.7 所示。

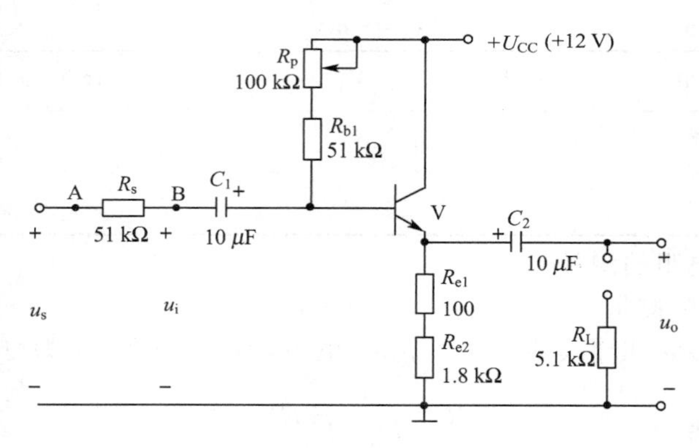

图 12.2.7　电路图

4. 实验内容预习

(1)认真阅读教材有关章节的内容,了解与共射电路相比射随器有哪些特点

(2)根据实验电路参数,估算静态工作点,画交直流负载线

5. 实验内容及步骤

(1)按实验电路图 12.2.7 接线

(2)直流工作点的调整

将电源+12 V 接上,调整 R_p 使晶体管 U_{CE} 约为 6 V,在 A 点接入 f =1 kHz 正弦信号(尽量大一些),输出端用示波器监视,反复调整 R_p 及信号源的大小,使输出幅度在示波器屏幕上得到一个最大不失真对称波形,然后断开输入信号,用万用表测量晶体管各极对地的电位,即为该放大器静态工作点,将所测数据填入表 12.2.7 中。

表 12.2.7　　晶体管各极对地的电位测量

U_E(V)	U_B(V)	U_C(V)	$I_E=U_E/R_e$

(3)测量电压放大倍数 Au

接入负载 $R_L=1.5\ k\Omega$,在 A 点接入 $f=1$ kHz 的正弦信号,调输入信号幅度(此时 R_p 不能再旋动),用示波器测量在输出不带负载时最大不失真输出电压 U_{om} 和带负载情况下的 U_{Lm} 以及此时的 U_{sm}、U_{im},将所测数据填入表 12.2.8 中。

表 12.2.8　　电压放大倍数 A_u 的测量

U_{sm}(V)	U_{im}(V)	U_{Lm}(V)	U_{om}(V)	$A_u=U_{Lm}/U_{im}$

(4)测量输出电阻 R_o

根据单级放大器测量输出电阻的方法,利用以下公式计算出射极跟随器的输出电阻。

$$R_o=\left(\frac{U_{om}}{U_{Lm}}-1\right)R_L$$

(5)测量放大器输入电阻 R_i(采用换算法),利用 U_{sm} 及 U_{im} 的值计算输入电阻 R_i。

$$R_i=\frac{U_{im}}{U_{sm}-U_{im}}R_s$$

(6)测射极跟随器的跟随特性并测量输出电压值 U_{opp}。

接入负载 $R_L=1.5\ k\Omega$,在 A 点接入 $f=1$ kHz 的正弦信号,逐渐增大输入信号 U_{im} 幅度,用示波器监视输出端与输入端,在波形不失真的情况下,测量输入信号从小到大变化时所对应的 U_{Lm} 值。计算出 A_u 并用示波器测量输出电压的峰-峰值 U_{opp} 与电压表所测的对应电压有效值比较,将所测数据填入表 12.2.9 中。

表 12.2.9　　跟随特性和 U_{opp} 的测量

	1	2	3	4
U_{im}	10 mV	20 mV	30 mV	40 mV
U_{Lm}				
U_{opp}				
A_u				

12.2.6　实训 5　比例求和运算电路

1. 实验目的

(1)掌握用集成运算放大器组成比例、求和电路的特点及性能

(2)学会上述电路的测试和分析方法

2. 实验器材

(1)数字万用表

(2)示波器

(3)信号发生器

(4)模/数实验箱

3. 实验内容预习

(1)电路如图 12.2.8 所示,计算 U_o 填入表 12.2.10 中;

(2)电路如图 12.2.9 所示,计算 U_o 填入表 12.2.11 中;

(3)电路如图 12.2.10 所示,计算 U_o 填入表 12.2.12 中。

4. 实验内容及步骤

(1)反相比例放大器

按图 12.2.8 所示连接电路,输入信号并测试数据,所测结果填入表 12.2.10 中(U_i 的直流信号由实验箱的 OUTI 提供,正弦信号由低频信号发生器提供,直流输出用万用表直流电压挡测,正弦信号用示波器测)。

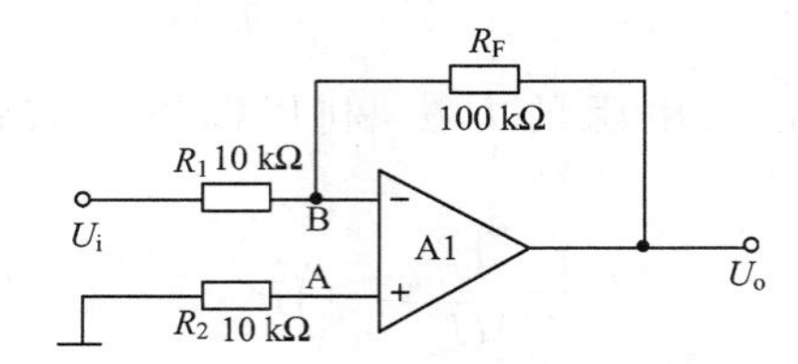

图 12.2.8 反相比例放大器

表 12.2.10 测量表(1)

输入电压 U_i(mV)		30	300	$10\sin\omega t$ $f=1$ kHz
输出电压 U_o	理论估算(mV)			
	实测值(mV)			
	误差			

(2)反相求和放大电路

按图 12.2.9 所示连接电路,依照前面实验步骤进行(交流的两个信号可由低频信号发生器输出的两个电阻分压得到)。

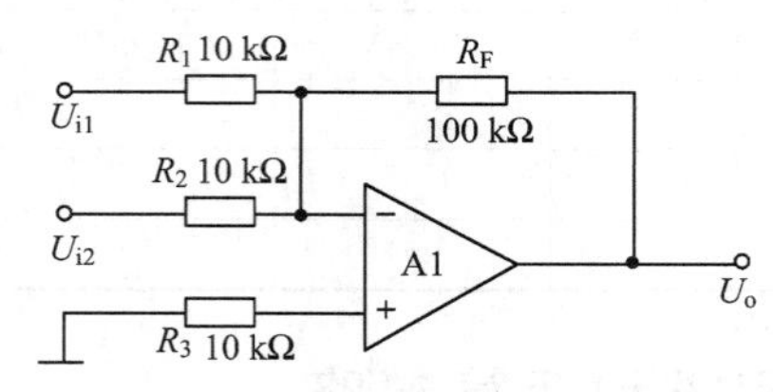

图 12.2.9 反相求和放大电路

表 12.2.11 测量表(2)

U_{i1}(V)	0.3	−0.3	$100\sin\omega t$(mV)
U_{i2}(V)	0.2	0.2	$60\sin\omega t$(mV)
U_o(V)(理论)			
U_o(V)(实测)			

(3)差动比例运算电路

按图12.2.10所示连接电路,输入信号并测试数据,所得结果填入表12.2.12中。

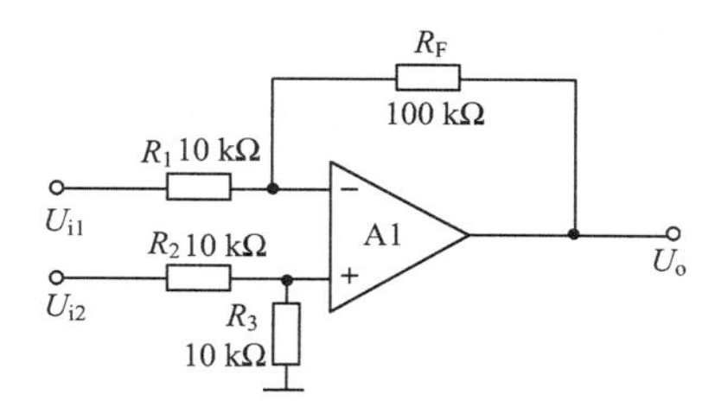

图12.2.10 差动比例运算电路

表12.2.12 测量表(3)

U_{i1}(V)	1	0.2
U_{i2}(V)	0.5	−0.2
U_o(V)(理论)		
U_o(V)(实测)		

12.2.7 实训6 积分电路与微分电路

1. 实验目的

(1)学会用运算放大器组成积分、微分电路

(2)了解积分、微分电路的特点及性能

2. 实验器材

(1)示波器

(2)信号发生器

(3)万用表

3. 实验内容预习

(1)分析图12.2.11所示的电路,若输入正弦波,u_I 的波形;

(2)分析图12.2.12所示的电路,若输入方波,u_O 的波形。

4. 实验内容及步骤

(1)积分电路

实验电路如图12.2.11所示

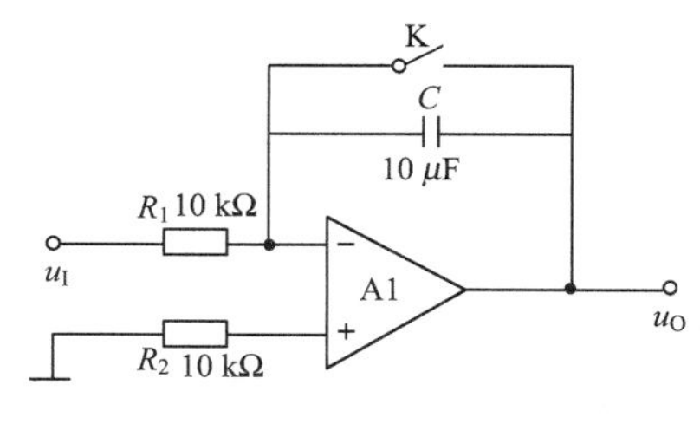

图12.2.11 积分电路

①取 u_I= −1 V,断开开关(开关K用一连线代替,拔出连线一端作为断开),用示波器观察 u_O 的变化;

②测量饱和输出电压及有效积分时间；

③将图 12.2.11 中积分电容改为 0.1 μF，断开 K，u_I 分别输入幅值为 100 Hz，2 V 的方波和正弦波信号，观察 u_I 和 u_O 大小及相位关系，并记录波形；

④改变图 12.2.11 中电路的频率，观察 u_I、u_O 的相位、幅值关系。

(2)微分电路

实验电路如图 12.2.12 所示。

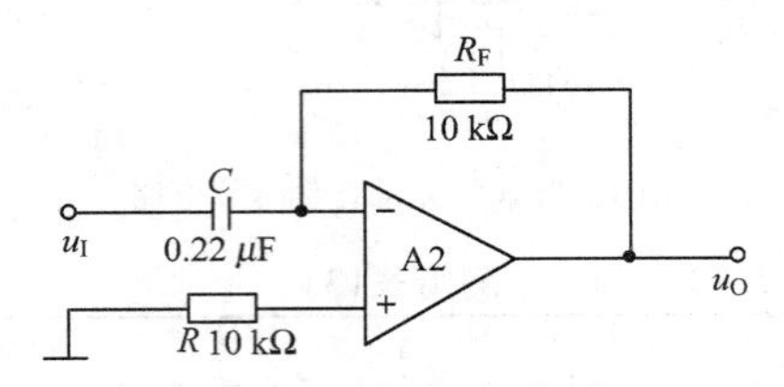

图 12.2.12 微分电路

①输入正弦信号 f =160 Hz，有效值为 1 V，用示波器观察 u_I 与 u_O 波形并测量输出电压；

②改变正弦信号频率(20 Hz～400 Hz)，观察 u_I 与 u_O 的相位、幅值变化情况并记录；

③输入方波信号 f =200 Hz，有效值为 5 V，用示波器观察 u_O 波形。按上述步骤重复实验。

5. 实验报告

(1)整理实验中的数据及波形，总结积分、微分电路的特点；

(2)分析实验结果与理论计算存在误差的原因。

12.2.8 实训 7 稳压电源

1. 实验目的

(1)了解三端集成稳压器的工作原理

(2)熟悉常用的三端集成稳压器件，掌握其典型的应用方法

(3)掌握三端集成稳压电源特性的测试方法

2. 实验器材

(1)工频电源

(2)双踪示波器

(3)交流毫安表

(4)万用表

(5)三端集成稳压器 CW317(1 只)

(6)可调电位器 4.7 kΩ、1 kΩ 各 1 只

(7)电阻、电容、导线若干

3. 实验内容预习

三端电压可调集成稳压器分为正输出可调集成稳压器(如 CW117/217/317)与负输

出可调集成稳压器(如 CW137/237/337)。正输出可调集成稳压器的输出电压范围为 1.2 V～37 V,输出电流可调范围为 0.1 A～1.5 A。它同样有三个引脚,即输入端、输出端和调整端,在输出与调整端之间为 U_{REF}=1.25 V 的基准电压,从调整端流出的电流 I_Q=50 μA。其引脚图和常用基本稳压电路如图 12.2.13 和图 12.2.14 所示。

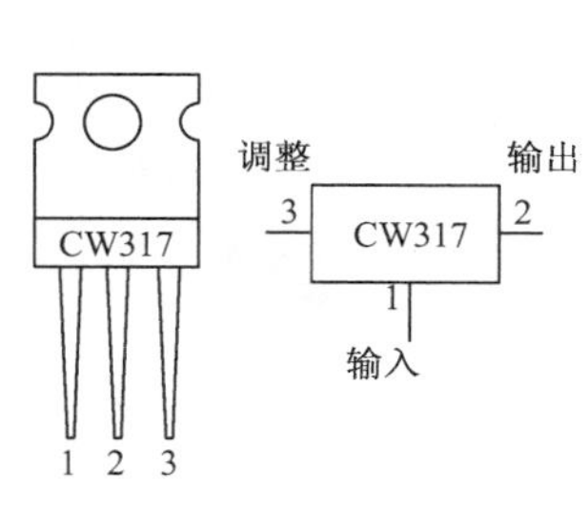

图 12.2.13　CW317 稳压器引脚图

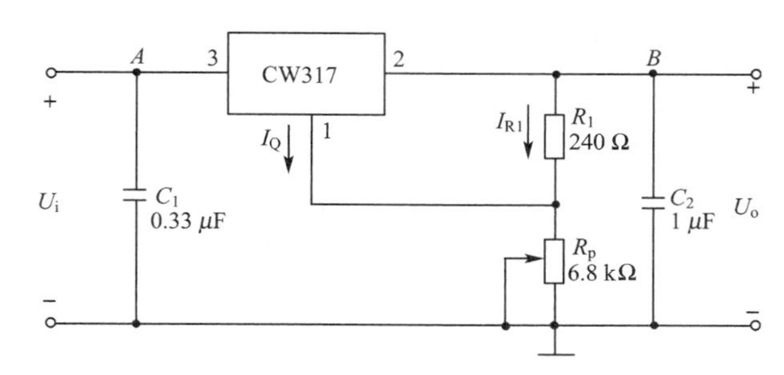

图 12.2.14　常用基本稳压电路

为了保证稳压器空载时也能正常工作,要求流过 R_1 的电流不能太小,一般可取 I_{R1}=5 mA～1.5 mA,故 $R_1=U_{REF}/I_{R1}$=120 Ω～240 Ω,输出电压的表达式为:

$$U_o=1.25(1+R_p/R_1)+50\mu A\cdot R_p\approx 1.25(1+R_p/R_1)V$$

调节 R_p,可改变输出电压的大小。

4. 实验内容及步骤

按图 12.2.14 接线,经检查无误后接通工频电源。

(1)在实验电路中,加入 U_i=20 V 的直流电压信号,分别测量 A 点(稳压电路输入)和 B 点(稳压电路输出)的直流电压值,调节 R_p,观察输出电压 U_o 的变化情况,若有变化说明电路工作正常。

(2)测量输出电压范围

通过调整 R_p,分别测量稳压电路的最大、最小输出电压及与之相对应的输入电压值,验证公式。

(3)测量电压调整率 S

调整 R_p 的大小,使输出电压为 12 V,改变输入电压 U_i 的值,使其在±10%的范围内变化,测出相应的 U_i、U_o 及 ΔU_i、ΔU_o 的大小,记录数据,并计算出电压调整率。

(4)测量输出电阻 R_o

在电路的输出端加上一个负载电阻 R_L,改变负载电阻 R_L(改变输出电流 I_o),测出对应 ΔU_o 的大小,计算出 R_o 的值。

5. 思考

(1)对三端集成稳压器,一般要求输入、输出端的电压差至少为多少才能正常工作?通过实验验证结论。

(2)集成稳压器输入、输出端接电容 C_1、C_2 的作用是什么?

(3)对三端集成稳压器,在使用的过程中应注意什么问题?

12.2.9 预备知识6 焊接

1.焊接工具和材料

(1)电烙铁

常用的电烙铁分为外热式和内热式两大类。外热式电烙铁的功率一般较大,内热式电烙铁功率比较小。

①外热式电烙铁功率通常有25 W、45 W、75 W、100 W、150 W、200 W和300 W等多种规格。

②内热式电烙铁功率通常有20 W、30 W、35 W、50 W等多种,如图12.2.15所示。

图12.2.15 内热式电烙铁

(2)焊锡

焊接电子元器件,一般采用有松香芯的焊锡丝,这种焊锡丝使用大约63%的锡和37%的铅制成,俗称63焊锡,它的熔点较低,而且内含松香助焊剂,使用起来非常方便。

(3)助焊剂

电子制作中常用的助焊剂是固体松香或松香水助焊剂。

(4)辅助工具

为了方便焊前处理和焊接时的操作,常使用平口钳或尖嘴钳、小刀、镊子和斜口钳(也称剪线钳)等作为辅助工具。

2.焊接技术

(1)五步焊接法

对热容量比较大(传热比较快)的焊件,可以采用五步焊接法进行焊接。

①准备:将电烙铁充分预热,并使烙铁头带上一定量的焊锡;

②加热被焊件:用烙铁头的搪锡面去接触被焊点(元器件引脚和焊盘),电烙铁与水平面大约成60°角,以便于熔化的焊锡从烙铁头流到焊点上;

③熔化焊料:将焊锡移近焊点处,使熔化的焊锡流到已被加热的焊点上;

④移开焊锡:当熔化的焊锡浸润焊盘和元器件引脚后,及时将焊锡移开;

⑤移开电烙铁:在助焊剂尚未挥发完之前应快速而轻巧地将电烙铁移开,烙铁头在焊点处停留的时间应控制在1～3秒。

注意:在焊点处焊锡的冷却凝固过程中,不可移动被焊物件,否则容易造成虚焊。在焊锡完全凝固后,才可用剪线钳(斜口钳)剪去多余的引线。

(2)焊接的质量要求

焊接时,要保证焊接质量,每个焊点都要焊接牢固、接触良好。质量优良的焊点应该是焊点表面光亮、圆滑,锡量适中,焊点没有空隙、毛刺、起渣或其他缺陷,且焊锡和被焊物结合牢固。

虚焊是焊点处只有少量的焊锡焊住,造成接触不良,时通时断。假焊是指表面上好像是焊住了,但实际上并没有焊上,有时用手一拔,引线就可以从焊点中拔出。这两种情况将给电子制作的调试和检修带来极大的困难,会产生一些时好时坏、莫名其妙的故障。

只有经过大量的、认真的焊接实践，才能避免这两种情况的发生。

(3)使用电烙铁的注意事项

①烙铁头的温度太低则熔化不了焊锡，或会使焊点的焊锡未完全熔化而焊接不牢靠；烙铁头的温度太高又会使烙铁头“烧死”(表现为温度很高，却蘸不上焊锡)。

②焊接的时间：电烙铁停留的时间太短，焊锡不易完全熔化，会形成“虚焊”；而焊接的时间太长又容易使印制电路板的铀箔翘起脱落，或者烫坏元器件。

焊接技术是电子工作者必须掌握的一项基本功，也是保证电子电路将来工作可靠的重要前提，初学者一定要多加练习，才能在实践中不断提高焊接技巧，最终才能使用起来得心应手，达到炉火纯青的境界。

12.2.10　实训 8　可调音量放大器的制作

1. 实验目的

(1)掌握焊接的要点，能够较好地焊接元件，不出现虚焊等问题

(2)掌握如何设置静态工作点，学会两级放大器的测量

(3)掌握焊接放大器的步骤，学会排除故障

2. 实验器材

(1)万用表

(2)音频信号发生器

(3)示波器

(4)电烙铁 1 支、万用板 1 块、电阻、电容、三极管等若干

3. 实验内容预习

(1)认识万用板，如图 12.2.16 所示；

图 12.2.16　万用板

(2)熟悉两级阻容耦合可调音量小信号电压放大器的原理图，如图 12.2.17 所示；

(3)计算出放大器的各性能参数的理论值。

4. 实验内容及步骤

(1)练习焊接；

(2)将第一级放大器元件摆好；

(3)进行焊接；

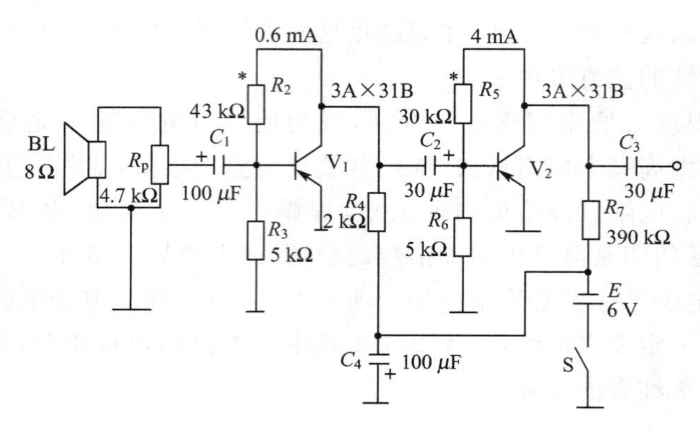

图 12.2.17 原理图

(4)调试好；

(5)将第二级放大器元件摆好；

(6)进行焊接，先不要和第一级连接；

(7)单独调试第二级放大器，直到调试好；

(8)两级放大器连接在一起；

(9)调试整体。

12.3 数字电路部分实训

12.3.1 预备知识 7 常用数字集成电路一览表

表 12.3.1 常用数字集成电路一览表

类型	功 能	型 号
与非门	四 2 输入与非门	00,1000,4011,37
	四 2 输入与非门(OC)	01,03,26,38,39,1003
	四 2 输入与非门(带施密特触发)	132
	三 3 输入与非门	10,1010,4023
	三 3 输入与非门(OC)	12
	双 4 输入与非门	20,1020,4012,40
	双 4 输入与非门(OC)	22
	8 输入与非门	30,4068
或非门	四 2 输入或非门	02
	双 5 输入或非门	260
	双 4 输入或非门(带选通端)	25
非门	六反相器	04,1004,4069
	六反相器(OC)	05,1005

（续表）

与门	四 2 输入与门	08,1008,4081
	四 2 输入与门(OC)	09
	三 3 输入与门	11,1011,4073
	三 3 输入与门(OC)	15
	双 4 输入与门	21,4082
或门	四 2 输入或门	32,1032,4071
与或非门	双 2 路 2-3 输入与或非门	74LS51、74HC51
	4 路 4-3-3-2 输入与或非门	64
异或门	四 2 输入异或门	86
	四 2 输入异或门(OC)	74LS136
缓冲门	六反相缓冲/驱动器(OC)	7406
	六缓冲/驱动器(OC)	7407、74HC07
	四 2 输入或非缓冲器	74LS28
	四 2 输入或非缓冲器(OC)	74LS33
	四 2 输入与非缓冲器	74LS37
	四 2 输入与非缓冲器(OC)	74LS38
	双 4 输入与非缓冲器	74LS40
驱动器	八缓冲器/驱动器	230
	六总线驱动器(反相、3*S*、公共控制)	366
编码器	8 线-3 线优先编码器	148,348,4532,14532
	10 线-4 线优先编码器	147,40147
译码器	4 线-16 线译码器/分配器	154,159,4514,4515
	4 线-10 线译码器	42,43,44,537,4028
	3 线-8 线译码器(带地址锁存)	138,238,538,548
	双 2 线-4 线译码器/多路分配器	131,137,237,547
数据选择器	16 选 1 数据选择器	150,250,850,851,4067
	双 4 选 1 数据选择器/多路转换器	153,352,4052,4539
	四 2 选 1 数据选择器(有存储)	604,605,606,607
	双 8 选 1 数据选择器	351,4097,40097
代码转换器	BCD-二进制代码转换器	184,484
	二进制-BCD 代码转换器	185,485
触发器	双 *D* 触发器	74,4013
	双 *JK* 触发器	76,4027
施密特触发器	双施密特触发器	4583
	六施密特触发器	4584,14584
计数器	十进制计数器	160,162
	十进制加/减计数器	190,192
	4 位二进制计数器	191,193
寄存器	8 位移位寄存器(串入、串出)	91
	5 位移位寄存器(并入、并出)	96
	16 位移位寄存器(串入、串/并出,3*S*)	673
	8 位总线寄存器	4034
	四总线缓冲寄存器(4*D* 型,3*S*)	173

（续表）

锁存器	8D 型锁存器(3S 输出、公共控制)	373
	4 位双稳态锁存器	75,77
	四 R-S 锁存器	279,4043,4044

注：表 12.3.1 中凡是 2 位或 3 位型号的集成电路均为 54 或 74 系列。

12.3.2 实训 1 TTL 集成电路逻辑功能和电压传输特性的测试

1. 实验目的

(1)熟悉 TTL 与非门逻辑功能的测试方法

(2)熟悉 TTL 与非门电压传输特性的测试方法

(3)熟悉 TTL 门电路的使用注意事项

2. 实验器材

(1)直流稳压电源一台

(2)函数发生器一台

(3)双踪示波器一台

(4)万用表一块

(5)数字逻辑实验箱一台

(6)74LS00 一片

(7)10 kΩ 电位器一支

3. 实验内容预习

(1)复习 TTL 与非门的逻辑功能；

(2)复习 TTL 与非门的电压传输特性及关门电平、开门电平、输入低电平噪声容限和输入高电平噪声容限等基本概念；

(3)详细阅读 TTL 电路的使用注意事项；

(4)做好实验的预习报告。

4. 实验内容及步骤

(1)TTL 与非门逻辑功能的测试

①选用四 2 输入与非门 74LS00，其外引脚排列见图 12.3.1，电源电压为 5 V，也可选用其他系列的 TTL 与非门做此实验；

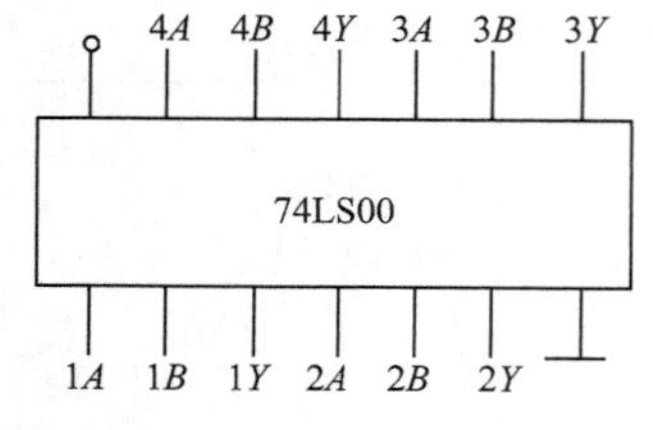

图 12.3.1 74LS00 引脚图

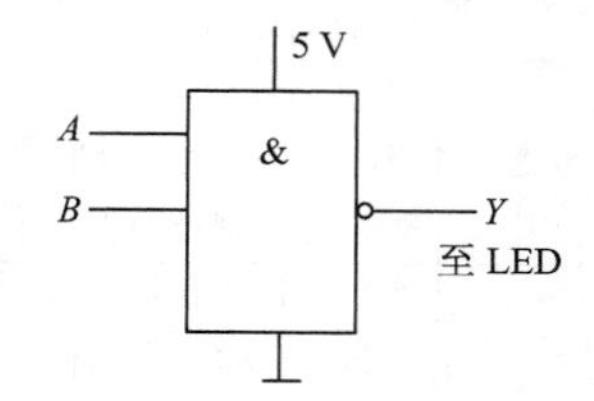

图 12.3.2 测试 TTL 与非门接线图

②测试 TTL 与非门的逻辑功能，接线见图 12.3.2。与非门的输入端 A、B 分别接到两个逻辑开关上，输出端 Y 接发光二极管 LED。根据表 12.3.1 给定输入端 A、B 的逻辑电平，观察发光二极管 LED 显示的结果。LED 亮表示输出 $Y=1$，LED 熄灭表示输出

$Y=0$，并将输出 Y 的结果填入表 12.3.2 中。

表 12.3.2　与非门的逻辑功能表

输入		输出
A	B	Y
0	0	
0	1	
1	0	
1	1	

(2)观察与非门对信号的控制作用

接线如图 12.3.3 所示。输入端 A 接振荡频率为 1 kHz、幅度为 4 V 的周期性矩形脉冲信号，同时将输入端 B 接逻辑开关。在逻辑开关使 $B=1$ 和 $B=0$ 时，用示波器观察输出端 Y 的输出波形，并记入表 12.3.3 中。并说明在 $B=1$ 和 $B=0$ 时，与非门对 A 端输入矩形脉冲的控制作用。

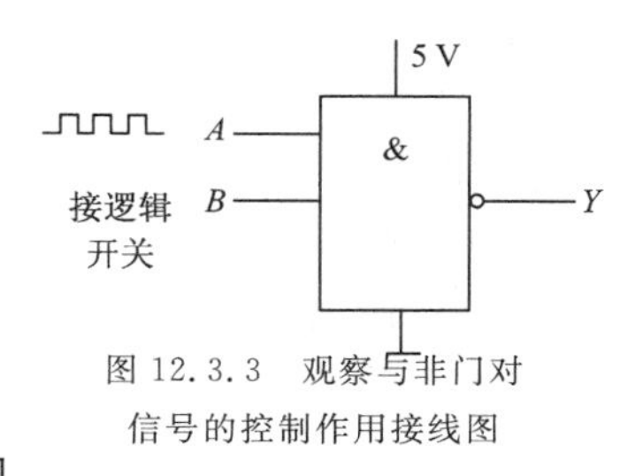

图 12.3.3　观察与非门对信号的控制作用接线图

表 12.3.3　输入状态对与非门输出的影响

输入波形	逻辑开关的状态	输出波形
周期性脉冲	1	
周期性脉冲	0	

(3)与非门电压传输特性的测试

接线见图 12.3.4。输入端 B 接高电平(也可悬空)，输入端 A 接入可调的输入电压 u_I，调节电位器 R_p 使输入电压 u_I 按表 12.3.4 中所示电压由 0 V 逐渐增大，用万用表测量输出电压并填入表 12.3.4 中。

表 12.3.4　TTL 与非门的电压传输特性

u_I/ V	0	0.3	0.6	0.8	1.0	1.1	1.2	1.3	1.4	1.5	1.6	1.7	1.8	2	3	4
u_O/V																

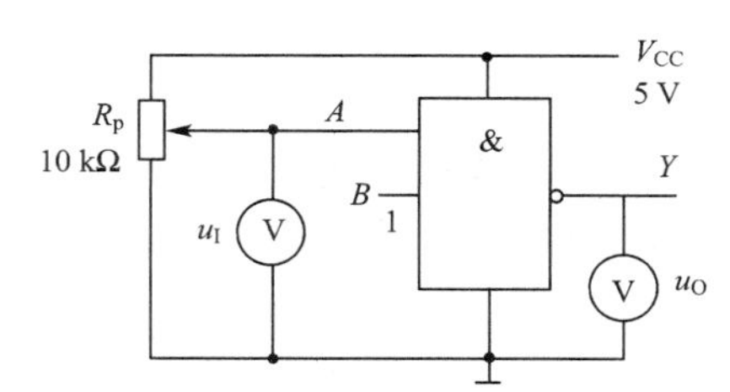

图 12.3.4　测试与非门电压传输特性接线图

5. 要求

(1)写出与非门的输出逻辑表达式，根据所测与非门的真值表和输出波形说明它的逻辑功能；

(2)在坐标纸上绘制 TTL 与非门的电压传输特性曲线，并由该曲线求得 U_{OH}、U_{OL}、U_{OFF}、U_{ON}、U_{NL} 和 U_{NH}。

12.3.3 实训2 常用集成电路的测试

1. 实验目的

(1)掌握数字电路板的使用方法

(2)学会快速测试常用的集成芯片的方法

(3)培养在搭试电路前先测试芯片的习惯

2. 实验器材

(1)数字电路板

(2)模/数实验箱

(3)74LS00、02、04、20、86芯片各一片

3. 实验内容及步骤

(1)认识数字电路板

注意:电源端和接地端已固定,14条引脚的芯片只有12个插孔。

(2)各个芯片引脚分布,如图12.3.5所示。

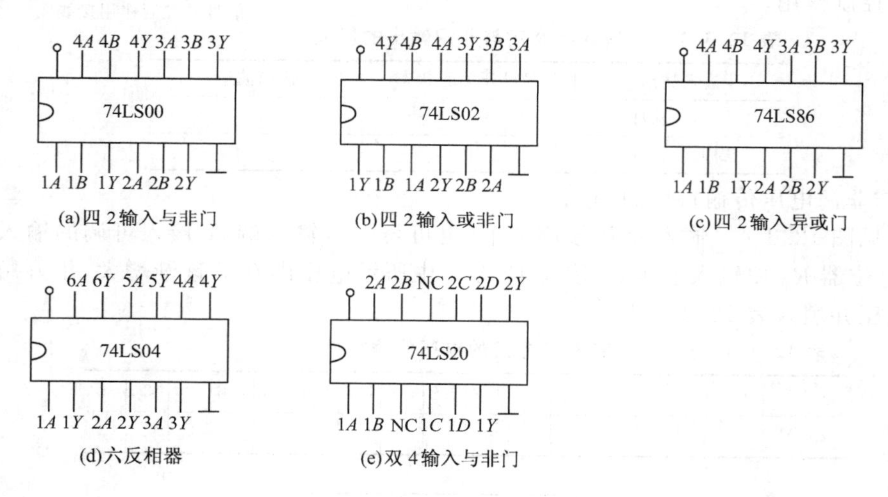

图12.3.5 各芯片引脚分布图

(3)把输入端接拨动开关,输出端接发光二极管,记录各个芯片的输出结果至表12.3.5,12.3.6,12.3.7,测试芯片好坏,记录坏的门,并将其标记。

表12.3.5 记录表(1)

AB	与非门				或非门				异或门			
	1Y	2Y	3Y	4Y	1Y	2Y	3Y	4Y	1Y	2Y	3Y	4Y
00												
01												
10												
11												

表 12.3.6　　记录表(2)

A	非门					
	$1Y$	$2Y$	$3Y$	$4Y$	$5Y$	$6Y$
0						
1						

表 12.3.7　　记录表(3)

$ABCD$	双 4 与非门(20 芯片)	
	$1Y$	$2Y$
0000		
0001		
0010		
0011		
0100		
0101		
0110		
0111		
1000		
1001		
1010		
1011		
1100		
1101		
1110		
1111		

12.3.4　实训 3　组合逻辑函数的实现

1. 实验目的

(1)掌握集成门电路的检测方法

(2)掌握用实际集成电路实现逻辑函数的方法

(3)学会在实际条件下,用有限的器材实现逻辑函数的方法

2. 实验器材

(1)模数实验母板

(2)数字实验板

(3)74LS00 芯片两片,74LS04、32 芯片各 1 片

3. 实验内容及预习

(1)实现下面的逻辑函数

$$Y = AB + \overline{B}C$$

①画出逻辑图，如图 12.3.6 所示；

②实验分析，要实现此逻辑函数，需要使用一个或门，两个与门，一个非门；

③画出实验接线图。

(2)仅仅用与非门实现上面的逻辑函数

①实验分析，先将此式化为与非-与非式。根据 $Y=\overline{A+B}=\overline{A}\cdot\overline{B}$，由此导出 $Y=A+B=\overline{\overline{A+B}}=\overline{\overline{A}\cdot\overline{B}}$。所以，$Y=AB+\overline{B}C=\overline{\overline{AB}\cdot\overline{\overline{B}C}}$；

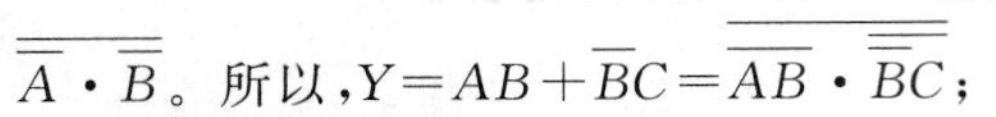

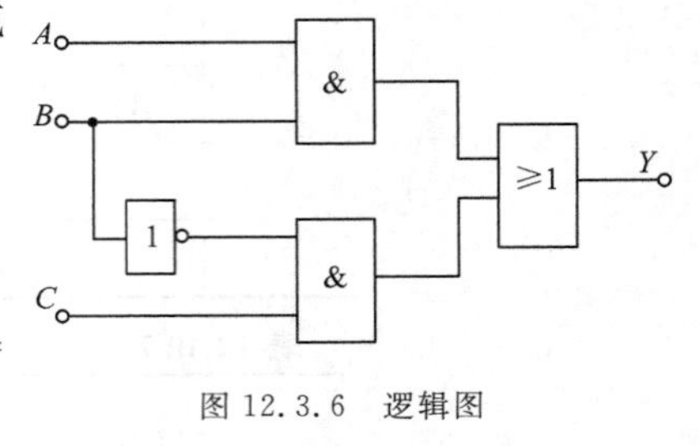

图 12.3.6 逻辑图

②根据化简好的与非-与非式画出逻辑电路图，如图 12.3.7 所示；

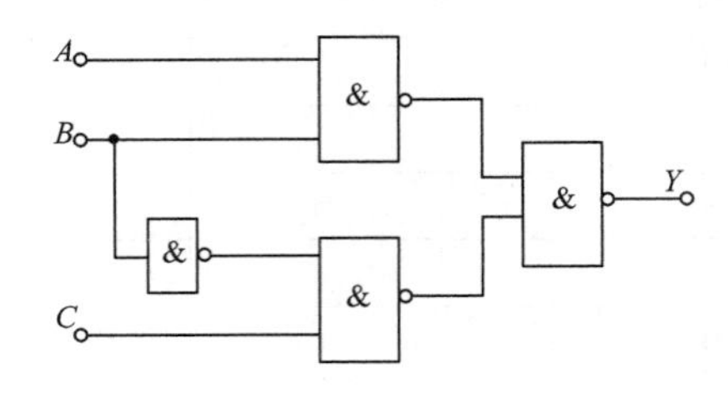

图 12.3.7 与非一与非式逻辑图

③此逻辑式中需要一个非门，非门可以用与非门代替，方法是将 2 输入与非门的一个引脚接高电平(或者悬空)，这时 2 输入与非门就成了 1 输入非门，如图 12.3.7 所示；

④画出实验接线图。

4. 实验步骤

(1)检测各芯片中每一个逻辑门的好坏。注意千万不要用坏的逻辑门(学生在实验中为省事不检测芯片，常出现此类错误)；

(2)用或门、与门和非门实现此逻辑函数。将 A、B、C 分别接三个开关，将输出接一个发光二极管，改变 A、B、C 的状态，观察输出结果，记录在表 12.3.8 中 Y1 列；

表 12.3.8 输出结果测量表

A	B	C	Y1	Y2
0	0	0		
0	0	1		
0	1	0		
0	1	1		
1	0	0		
1	0	1		
1	1	0		
1	1	1		
0	0	0		
0	0	1		
0	1	0		
0	1	1		
1	0	0		
1	0	1		
1	1	0		
1	1	1		

(3)仅仅用与门实现此逻辑函数。将 A、B、C 分别接三个开关,将输出接一个发光二极管,改变 A、B、C 的状态,观察输出结果,记录在表12.3.8中Y2列;

(4)对照预习中的真值表,看实验输出结果是否正确,若不正确,检查线路连接,直到输出结果全部正确。如果线路正确,输出结果仍有部分错误时,一定是用到了坏的逻辑门;

(5)分析实验中出现故障的原因。

12.3.5　实训4　组合逻辑电路的设计

1. 实验目的

(1)学会将一个实际问题变为逻辑问题的方法

(2)掌握调试方法

2. 实验器材

(1)模数实验母板

(2)数字实验板

(3)74LS00、04、86芯片各1片

3. 实验内容及预习

设计一个路灯控制电路,要求实现的功能是:当电源开关 S 闭合时,安装在3个不同地方的3个开关 A、B、C 都能将路灯打开或熄灭,当总电源开关断开时,路灯不亮。

(1)根据逻辑问题列出真值表,化简逻辑函数,画出逻辑图,如图12.3.8所示。

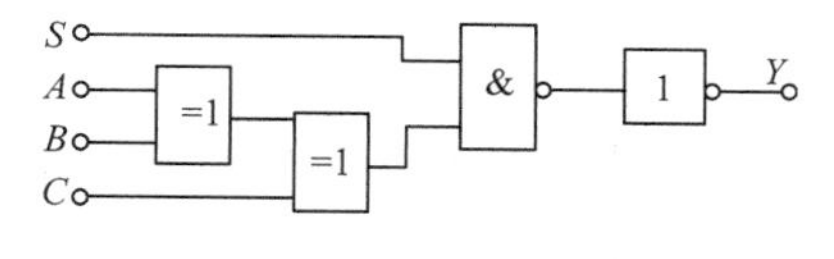

图12.3.8　逻辑图

(2)画出实验接线图。

4. 实验步骤

(1)检测各芯片中每一个逻辑门的好坏;

(2)用或门、与门和非门实现此逻辑函数。将 S、A、B、C 分别接4个开关,将输出接一个发光二极管,改变 S、A、B、C 的状态,观察输出结果,记录在表12.3.9中 Y 列;

(3)对照预习中的真值表,看实验输出结果是否正确,若不正确,检查连接线路,直到输出结果全部正确;

表 12.3.9 记录表

S	A	B	C	Y
0	0	0	0	
0	0	0	1	
0	0	1	0	
0	0	1	1	
0	1	0	0	
0	1	0	1	
0	1	1	0	
0	1	1	1	
1	0	0	0	
1	0	0	1	
1	0	1	0	
1	0	1	1	
1	1	0	0	
1	1	0	1	
1	1	1	0	
1	1	1	1	

(4)分析实验中出现故障的原因。

12.3.6 实训 5 译码器的测试及应用

1. 实验目的

(1)掌握 74LS138 的测试

(2)掌握 74LS138 实现逻辑函数的方法

2. 实验器材

(1)模数实验母板

(2)数字实验板

(3)74LS138,74LS00,74LS20,74LS04 芯片各一片

3. 实验内容预习

(1)熟悉 74LS138 的引脚图和功能表

(2)熟悉 74LS138 实现逻辑函数的方法

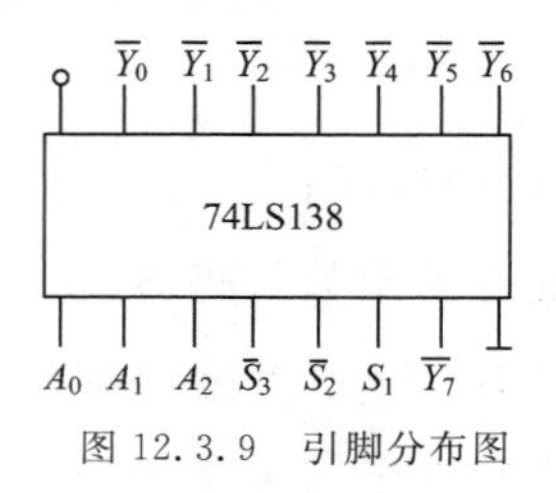

图 12.3.9 引脚分布图

4. 实验内容及步骤

(1)译码器的测试。

将 A_2, A_1,A_0 依次接三个开关,将 $\overline{Y_0}$~$\overline{Y_7}$ 依次接 8 个发光二极管。验证 74LS138 的逻辑功能。

①将 S_1 接低电平，记录输出状态。

②将 $\overline{S_2}$ 接高电平，记录输出状态。

③将 $\overline{S_3}$ 接高电平，记录输出状态。

④将 S_1 接高电平，$\overline{S_2}$ 和 $\overline{S_3}$ 接低电平，改变 A_2，A_1，A_0 的状态，记录输出状态。

将以上记录的输出状态填入表 12.3.10 中。对照教材中 74LS138 的功能表，看是否一致。

表 12.3.10　　输出状态填写表

S_1	$\overline{S_2}$	$\overline{S_3}$	A_2	A_1	A_0	$\overline{Y_0}$	$\overline{Y_1}$	$\overline{Y_2}$	$\overline{Y_3}$	$\overline{Y_4}$	$\overline{Y_5}$	$\overline{Y_6}$	$\overline{Y_7}$
0	×	×	×	×	×								
×	1	×	×	×	×								
×	×	1	×	×	×								
1	0	0	0	0	0								
1	0	0	0	0	1								
1	0	0	0	1	0								
1	0	0	0	1	1								
1	0	0	1	0	0								
1	0	0	1	0	1								
1	0	0	1	1	0								
1	0	0	1	1	1								

(2)译码器的应用。用 74LS138 实现图 12.3.9 所示<A>，<B>，<C>逻辑函数。注意当逻辑函数的卡诺图中“1”的个数多于 4 个时，可以先实现逻辑函数的反函数（反函数的卡诺图恰好是原卡诺图取反，这样“1”的个数就小于 4 个），然后再接非门就是原函数。如图 12.3.10 所示。

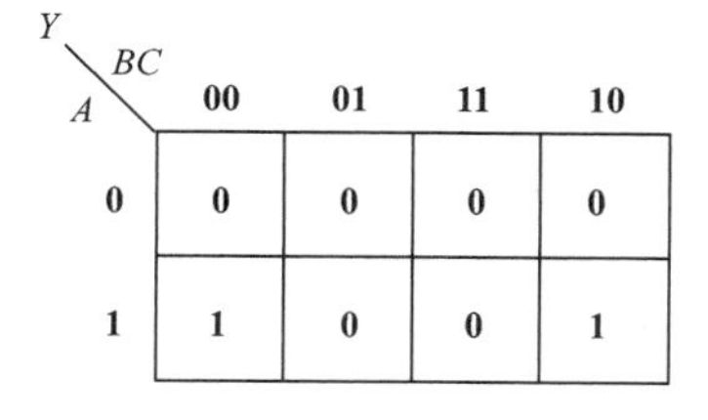

A \ BC	00	01	11	10
0	0	0	0	0
1	1	1	1	0

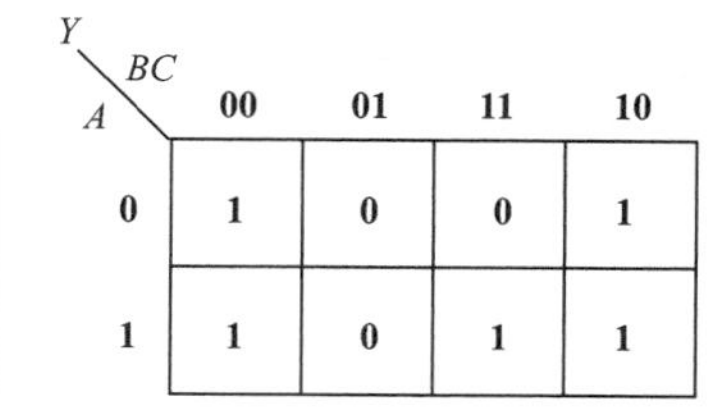

图 12.3.10　卡诺图

(3)对照预习中的真值表，看实验输出结果是否正确，若不正确，检查连接线路，直到输出结果全部正确，分析实验中出现故障的原因。

12.3.7　实训 6　数据选择器的测试及应用

1. 实验目的

(1)掌握数据选择器 74LS151 的使用方法

(2)掌握 74LS151 实现逻辑函数的方法

2. 实验器材

(1)模数实验母板

(2)数字实验板

(3)74LS151、74LS04 芯片各一片

3. 实验内容预习

(1)熟悉 74LS151 的引脚图和功能表

(2)熟悉 74LS151 实现逻辑函数的方法

(3)列出 4 输入偶校验的真值表

4. 实验内容及步骤

用 74LS151 实现 4 输入偶校验。引脚分布如图 12.3.11 所示。

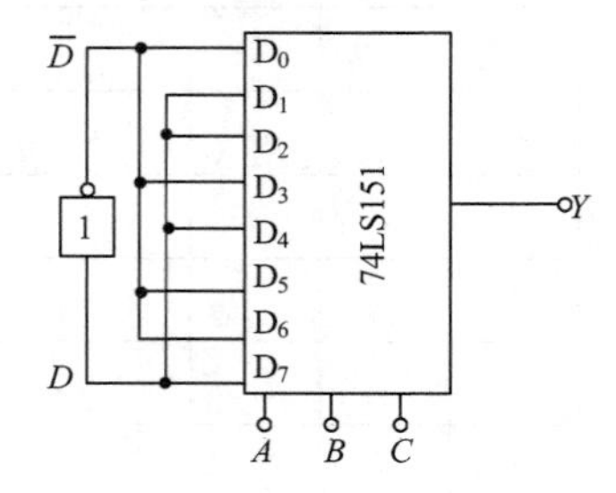

图 12.3.11 引脚分布图

(1)将 A、B、C、D 依次接四个开关；

将 Y 接发光二极管；

将 D 接 D_1、D_2、D_4、D_7 端；

将 $\overline{D}$ 接 D_0、D_3、D_5、D_6 端。

(2)改变 A、B、C、D 的状态，观察 Y 状态，其真值见表 12.3.11：

表 12.3.11 真值表

A	B	C	D	Y
0	0	0	0	1
0	0	0	1	0
0	0	1	0	0
0	0	1	1	1
0	1	0	0	0
0	1	0	1	1
0	1	1	0	1
0	1	1	1	0
1	0	0	0	0
1	0	0	1	1
1	0	1	0	1
1	0	1	1	0
1	1	0	0	1
1	1	0	1	0
1	1	1	0	0
1	1	1	1	1

(3)对照预习中的真值表，看实验输出结果是否正确，若不正确，检查连接线路，直到输出结果全部正确，分析实验中出现故障的原因。

12.3.8 实训7 基本*RS*触发器原理测试

1. 实验目的

(1)熟悉基本*RS*触发器的电路结构

(2)熟悉基本*RS*触发器的逻辑功能

2. 实验器材

(1)模数实验母板

(2)数字实验板

(3)74LS00两片

3. 实验内容及步骤

(1)按基本*RS*触发器的电路原理连线，如图12.3.12所示；

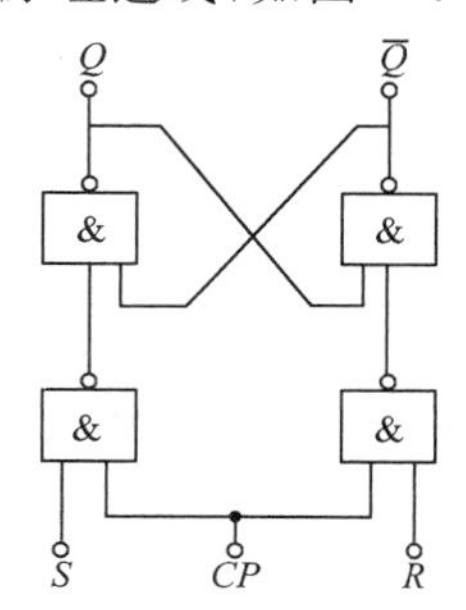

图12.3.12 电路原理连线图

(2)将*S*、*R*和*CP*依次接三个开关，将*Q*和$\overline{Q}$接两个发光二极管；

(3)改变*CP*、*S*、*R*的状态，观察前后输出状态Q^n和Q^{n+1}，填入表12.3.12中：

表12.3.12 输出状态Q^n和Q^{n+1}

CP	*S*	*R*	Q^n	Q^{n+1}	功能
1	0	0			
1	0	0			
1	0	1			
1	0	1			
1	1	0			
1	1	0			
1	1	1			
1	1	1			
0	0	0			
0	0	0			
0	0	1			
0	0	1			
0	1	0			
0	1	0			
0	1	1			
0	1	1			

12.3.9 实训 8 集成 JK 触发器的测试及应用

1. 实验目的

(1)学习触发器逻辑功能的测试方法

(2)掌握集成 JK 触发器的逻辑功能

2. 实验器材

(1)模数实验母板

(2)数字实验板

(3)74LS76 一片

3. 实验原理

74LS76 的引脚分布如图 12.3.13 所示。

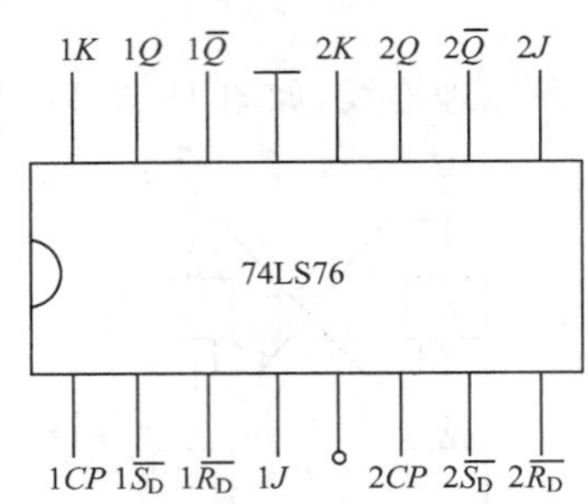

图 12.3.13 74LS76 的引脚分布图

4. 实验内容及步骤

(1)将 74LS76 的 $1CP$、$1\overline{S_D}$、$1\overline{R_D}$、$1J$、$1K$ 依次接 5 个开关,CP 的"↓"用开关实现,即从 1 到 0 的跳变;

(2)将 $1Q$ 和 $1\overline{Q}$ 接两个发光二极管;

(3)改变 5 个开关的状态,观察前后输出状态,填入表 12.3.13 中,对照 74LS76 的功能表,看是否一致;

表 12.3.13 74LS76 功能表

$\overline{S_D}$	$\overline{R_D}$	CP	J	K	Q^n	Q^{n+1}	功能
0	1	×	×	×	×		
1	0	×	×	×	×		
0	0	×	×	×	×		
1	1	↓	0	0	0/1		
1	1	↓	0	1	0/1		
1	1	↓	1	0	0/1		
1	1	↓	1	1	0/1		

(4)接上述步骤测试 74LS76 的第 2 个 JK 触发器。

12.3.10　实训 9　555 构成多谐振荡电路

1. 实验目的

(1)加深理解 555 定时器的功能

(2)掌握用 555 芯片构成多谐振荡器的方法

(3)进一步学习用示波器对波形进行定量分析,测量波形的周期、幅值、脉宽等

2. 实验器材

(1)数字、模拟实验装置

(2)数字电路实验板

(3)双踪示波器

(4)NE555

3. 实验内容预习

(1)熟悉 555 集成定时器的引脚图,如图 12.3.14 所示:

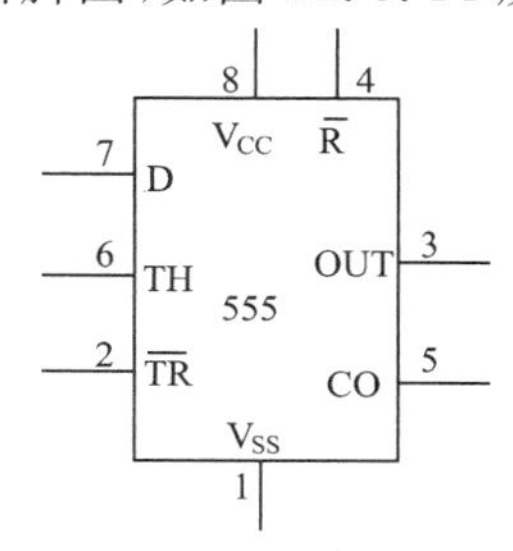

图 12.3.14　555 集成定时器引脚图

(2)熟悉用 555 集成定时器组成多谐振荡器的原理,如图 12.3.15 所示。

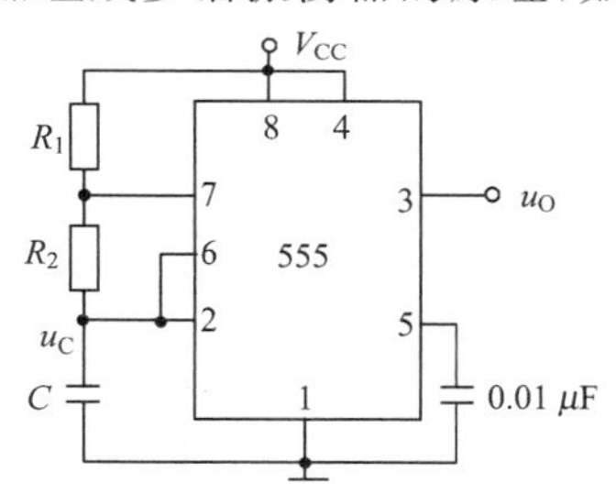

图 12.3.15　多谐振荡器

4. 实验内容及步骤

(1)用 555 定时器构成多谐振荡器,按图 12.3.15 接线,取 $V_{CC}=5$ V,$R_1=5.1$ kΩ,R_2 用 5.1 kΩ 与 51 kΩ 可变电阻串联,$C=0.1$ μF,调可变电阻分别取 0 Ω、51 kΩ,观测记录 u_O、u_C 的波形,记录输出脉冲的周期及脉宽,与理论值比较;

(2)整理实验数据,分析误差原因。

12.3.11 实训 10 *D* 触发器构成时序逻辑电路

1. 实验目的

(1)掌握 *D* 触发器构成计数器的方法

(2)学会搭试时序逻辑电路

2. 实验器材

(1)模拟数字母板

(2)数字实验板

(3)74LS74 芯片两片

3. 实验内容预习

(1)熟悉 74LS74 的引脚分布，如图 12.3.16 所示；

(2)熟悉 74LS74 的功能；

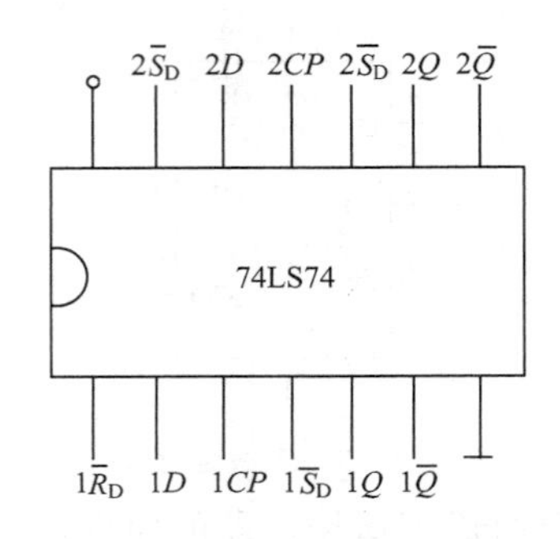

图 12.3.16 74LS74 引脚图

(3)画出 *D* 触发器构成三位二进制计数器的电路图，如图 12.3.17 所示。

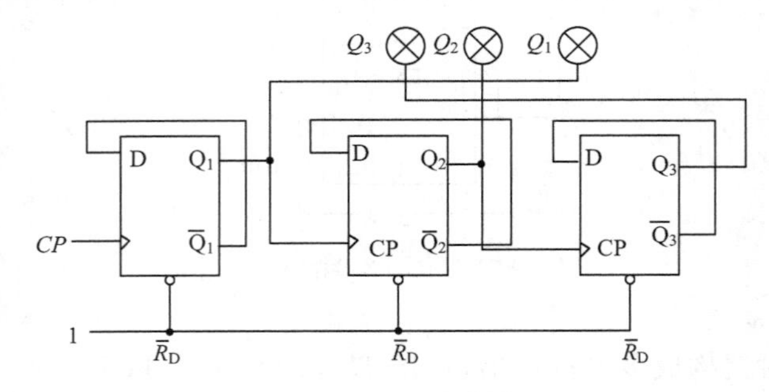

图 12.3.17 电路图

4. 实验内容及步骤

(1)将三个 *D* 触发器的$\overline{R_D}$ 和$\overline{S_D}$ 全接 1，将三个 *D* 触发器的输出端 Q_3、Q_2、Q_1 依次接三个发光二极管；

(2)将第一个触发器的 *CP* 接母板的时钟，其他线如电路图连接；

(3)接通电源，观察 Q_3、Q_2、Q_1 输出的变化，记录在图 12.3.18 中。

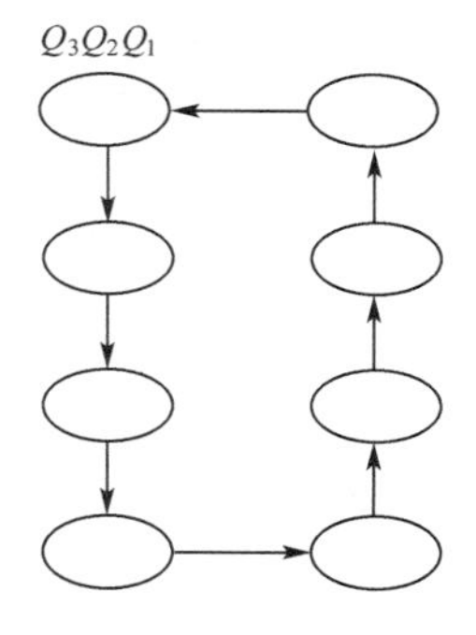

图 12.3.18　记录图

12.3.12　实训 11　移位寄存器的测试与使用

1. 实验目的

(1)掌握移位寄存器功能的测试方法

(2)掌握 74LS194 的应用

2. 实验器材

(1)模拟实验母板

(2)数字实验板

(3)74LS194 芯片一片

3. 实验内容预习

(1)熟悉 74LS194 的引脚图和功能表;

(2)熟悉 74LS194 的功能;

(3)画出 74LS194 构成环形计数器的电路图,如图 12.3.19 所示。

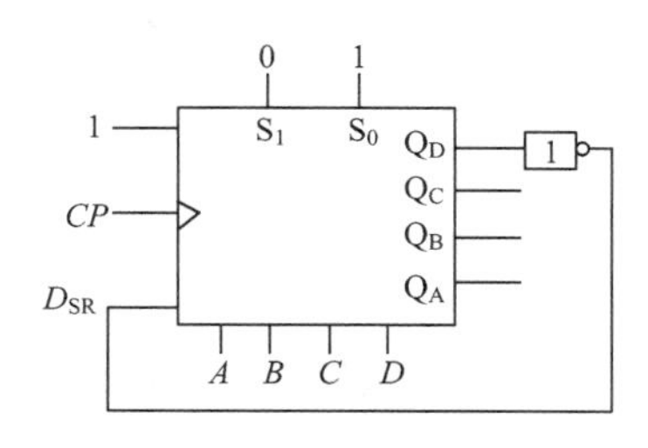

图 12.3.19　电路图

4. 实验内容及步骤

(1)测试 74LS194 的逻辑功能,测试记录于表 12.3.14 中。

表 12.3.14 测试记录表

CR	S_1S_0	CP	$DCBA$	D_{SR}	D_{SL}	$Q_DQ_CQ_BQ_A$
0	××	×	××××	×	×	
1	11	1	1000	0	×	
1	10	2	××××	0	×	
	10	3	××××	0	×	
	10	4	××××	0	×	
	10	5	××××	0	×	
1	01	6	××××	×	0	
	01	7	××××	×	0	
	01	8	××××	×	0	
	01	9	××××	×	0	
1	00	10	0111	×	×	
1	00	11	××××	×	×	

(2)用 74LS194 构成环型计数器。

CP 接母板的时钟,将 Q_A、Q_B、Q_C、Q_D 依次接四个发光二极管,其他线如电路图连接,记录状态变化,画出状态转移图,如图 12.3.20 所示。

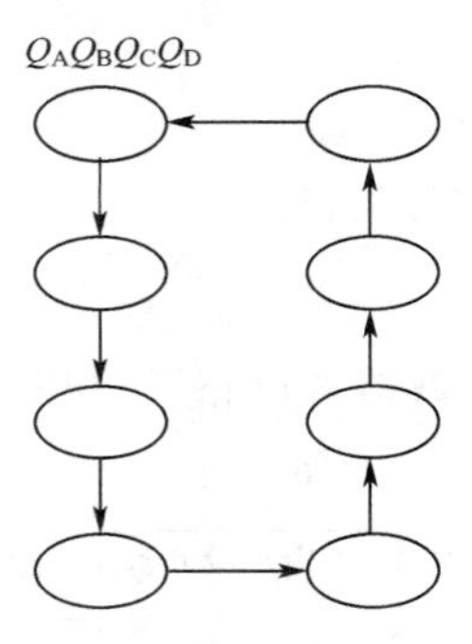

图 12.3.20 状态转移图

12.3.13 实训 12 *N* 进制计数器的实现

1. 实验目的

掌握 74LS161 的使用方法

2. 实验器材

(1)模拟实验母板

(2)数字实验板

(3)74LS161、74LS00 芯片各一片

3. 实验内容预习

(1)熟悉 74LS161 的引脚分布,如图 12.3.21 所示;

(2)熟悉 74LS161 的功能;

(3)用预置数法实现 9 进制计数器,画出电路图。

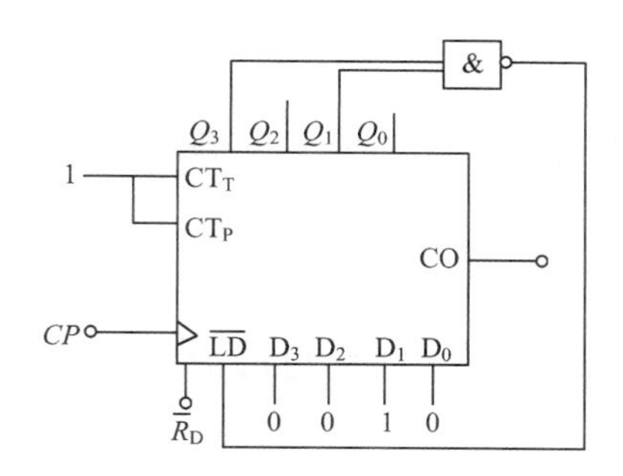

图 12.3.21　74LS161 的引脚图

4. 实验内容及步骤

CP 接母板的时钟,将 Q_3、Q_2、Q_1、Q_0 依次接四个发光二极管,其他线如电路图连接,记录状态变化,画出状态转移图,如图 12.3.22 所示。

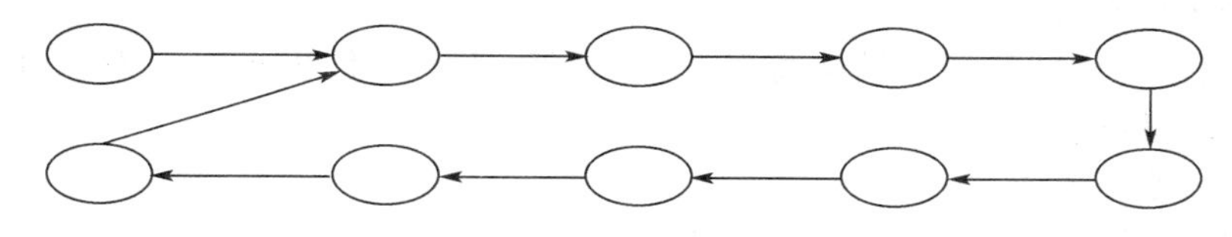

图 12.3.22　状态转移图

12.3.14　实训 13　D/A 转换器的应用

1. 实验目的

(1)加强对 D/A 转换器的理解,学会使用 D/A 转换器芯片

(2)掌握 D/A 转换电路零点和满度值的调整方法

2. 实验内容

用 D/A 转换器将数字量转换为模拟量。图 12.3.23 给出了一个 D/A 转换的参考电路。

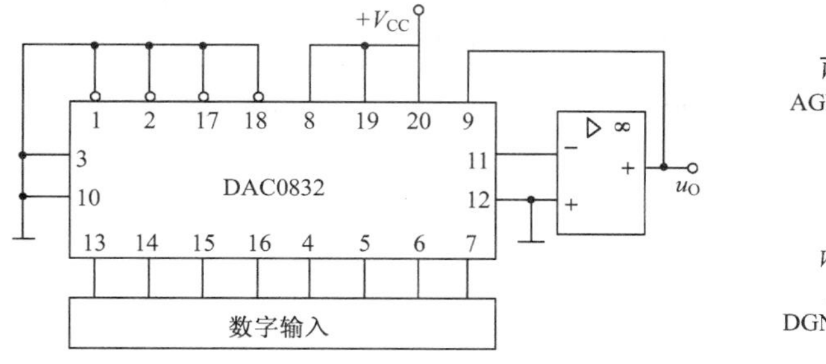

(a)D/A 转换原理图

(b)DAC0832 的引脚图

图 12.3.23　DAC0832 应用原理电路

3. 实验内容预习

熟悉 D/A 转换器的结构、工作原理和主要参数，复习运算放大器电路的零点调整方法。

4. 实验报告的要求

(1)自拟实验电路和实验方案，并画出电路原理图；

(2)写出实验步骤，设计数据记录表格；

(3)分析实验结果：分辨率、相对误差，并绘制转换曲线。

12.3.15 实训 14 A/D 转换器的应用

1. 实验目的

熟悉 A/D 转换器芯片的应用，加深对 A/D 转换器的理解，正确选择基准电压 V_{REF}。

2. 实验内容

用 A/D 转换器将模拟信号转换为数字量。图 12.3.24 给出了一个 A/D 转换器的参考电路。

3. 实验内容预习

熟悉三种 A/D 转换器的结构特点、工作原理，理解基准电压 V_{REF} 对 A/D 转换的影响(量化误差、转换精度等)。

4. 实验报告的要求

(1)自拟实验电路和实验方案，并画出电路原理图；

(2)写出实验步骤，设计数据记录表格；

(3)分析实验结果，绘制转换曲线。

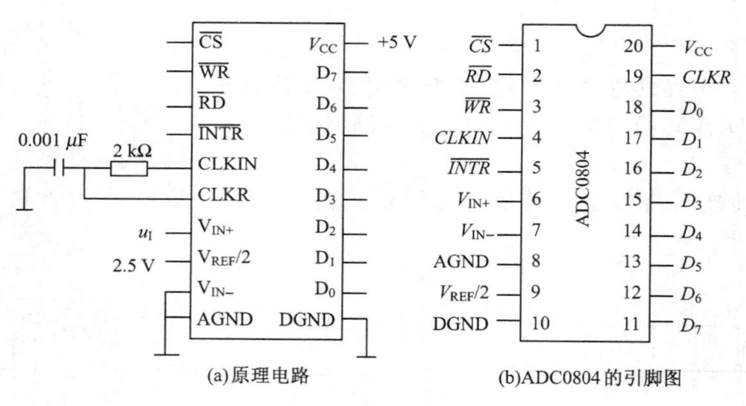

图 12.3.24 ADC0804 应用原理电路

第13章 仿真实验

13.1 复杂直流电路的求解

1. 实验要求与目的

学会使用 Multisim 软件分析复杂电路。

2. 实验原理

Multisim 提供了直流工作点的分析方法，可以对一个复杂的直流电路快速地分析出节点电压等。

3. 实验电路

某复杂直流电路如图 13.1.1 所示。

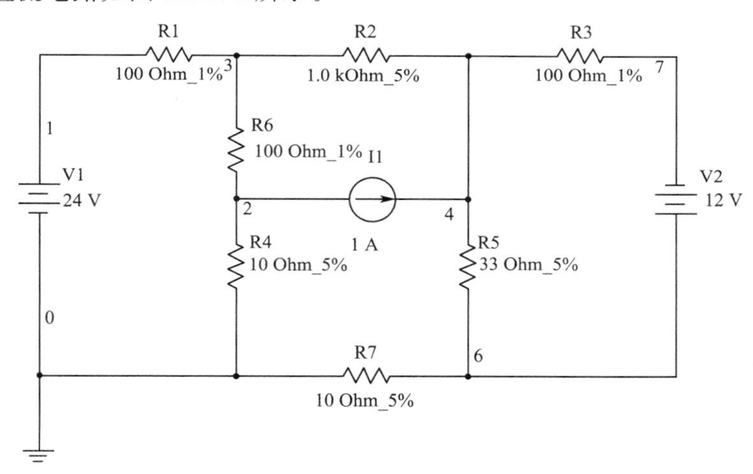

图 13.1.1　复杂直流电路

4. 实验步骤

(1)在电路窗口按图 13.1.1 构建一个复杂的直流电路。

(2)显示各节点编号。启动菜单 Options/Sheet Properties...，打开对话框设置参数，在 Circuit 选项卡中将 Show all 选中，电路就会自动显示节点的编号。

(3)直接分析各节点电压。启动菜单 Simulate/Analyses/DC Operating Point...，打开对话框设置参数，选取要分析的节点编号，在这里将全部变量设置为分析变量。仿真分析后的结果如图 13.1.2 所示。

5. 数据分析与结论

由图 13.1.2 可知 $U_1=24$ V，$U_2=-8.27572$ V，$U_3=8.96705$ V，$U_4=31.0653$ V，$U_6=9.77902$ V，$U_7=-2.22098$ V。若求流过 R_2 的电流，则

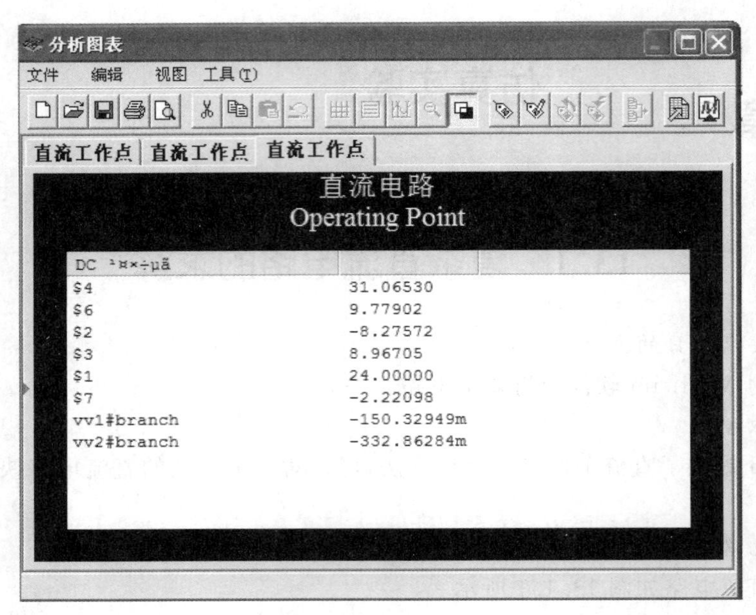

图 13.1.2 仿真分析结果

$$i_{R_2}=\frac{U_4-U_3}{R_2}=\frac{31.0653-8.96705}{1000}=22.09825\ \text{mA}$$

采用 Multisim 提供的直流工作点分析方法可以快速得到各节点电压和电压源支路的电流，从而可以很方便地求得其他支路的电流。

13.2 半导体二极管特性仿真实验

1. 实验要求与目的

(1)测量半导体二极管的伏安特性，掌握半导体二极管各工作区的特点。

(2)掌握半导体二极管正向电阻、反向电阻的特性。

(3)用温度扫描的方法测试半导体二极管电压及电流的变化情况，了解温度对半导体二极管的影响。

2. 实验原理

半导体二极管主要是由一个 PN 结构成的，为非线性元件，具有单向导电性。一般半导体二极管的伏安特性可分成 4 个区：死区、正向导通区、反向截止区和反向击穿区。

3. 实验电路

(1)测试半导体二极管正向伏安特性的电路如图 13.2.1 所示。

(2)测试半导体二极管反向伏安特性的电路如图 13.2.2 所示。

4. 实验步骤

(1)测试半导体二极管的正向伏安特性。按图 13.2.1 连接电路，按 A 键或 Shift+A 键改变电位器的大小，先将电位器的百分数调为 0%，再逐渐增加百分数，从而改变加在二极管两端的正向电压的大小。启动仿真开关，将测试结果依次填入表 13.2.1 中。

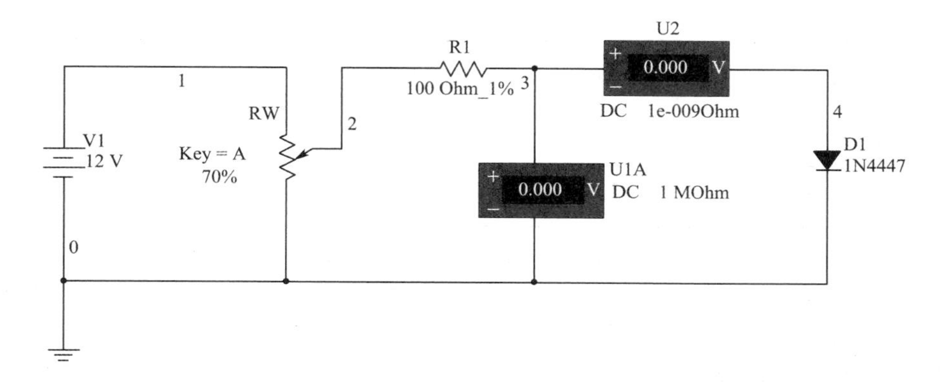

图 13.2.1 测试半导体二极管正向伏安特性的电路

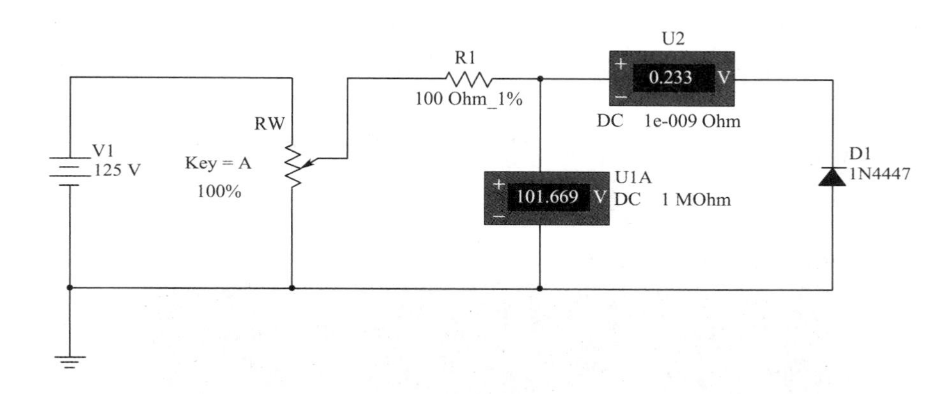

图 13.2.2 测试半导体二极管反向伏安特性的电路

表 13.2.1　　正向伏安特性的测试结果

R_W	10%	20%	30%	50%	70%	90%	100%
U_D/V	0.3	0.548	0.591	0.612	0.642	0.685	0.765
I_D/mA	0	0.153	0.744	1.48	3.513	8.572	22
$R_D=\frac{U_D}{I_D}/\Omega$	∞	3582	794	414	183	80	35

结论：从表 13.2.1 中 R_D 的值可以看出，半导体二极管的电阻值不是一个固定值。半导体二极管两端加正向电压时，若正向电压比较小，则半导体二极管呈现很大的正向电阻，正向电流非常小，半导体二极管工作在“死区”；当半导体二极管两端的电压为 0.6 V 左右时，电流急剧增大，电阻减小到只有几十欧姆，而两端的电压几乎不变，此时半导体二极管工作在“正向导通区”。

(2)测试半导体二极管的反向伏安特性。按图 13.2.2 连接电路。改变 R_W 的百分比，启动仿真开关，将测试结果依次填入表 13.2.2 中。

表 13.2.2 反向伏安特性的测试结果

R_W	10%	20%	30%	50%	70%	90%	100%
U_D/V	12.5	50.001	75.001	100.002	100.747	100.894	101.670
I_D/mA	0	0	0	0	0.019	0.049	0.233
$R_D=\frac{U_D}{I_D}/\Omega$	∞	∞	∞	∞	5.3 M	2 M	436 k

结论：由表 13.2.2 所示的测试结果可知，半导体二极管两端加反向电压时，电阻很大，电流几乎为 0。比较表 13.2.1 和表 13.2.2 可发现，半导体二极管反偏时电阻大，正偏时电阻小，说明半导体二极管具有单向导电性。但若加在半导体二极管两端的反向电压太大时，半导体二极管工作在“反向击穿区”，反向电流急剧增大，而电压值变化很小。

(3)研究温度对半导体二极管参数的影响。对图 13.2.1 所示的电路进行温度扫描分析，R_W 调到 70%，启动菜单 Simulate/Analyses/Temperature Sweep...，打开对话框后，在 Sweep Variation Type 的下拉列表中选择 List，在 Value List 文本框中输入扫描的温度打开对话框后，在 0、27 和 100，选择节点 4 为分析变量，点击 Simulate 按钮，仿真结果如图 13.2.3 所示。

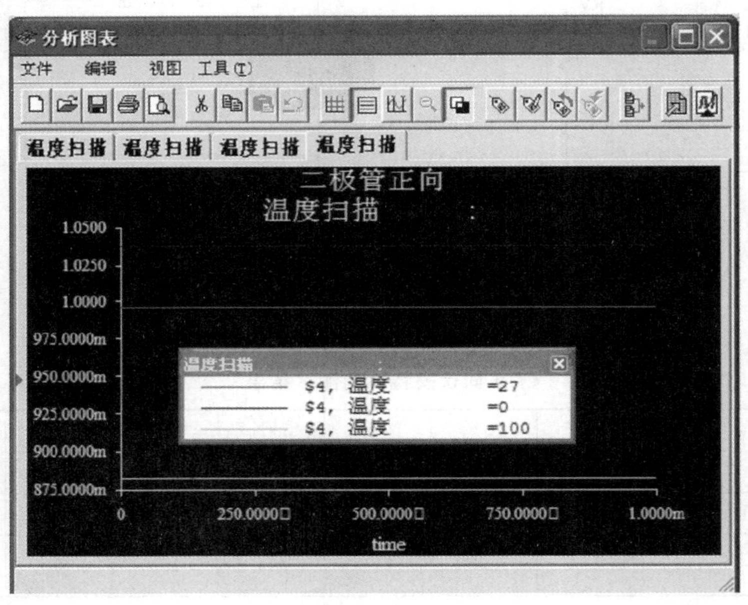

图 13.2.3 温度扫描分析的结果

5. 结论

随着温度的升高，半导体二极管的正向压降减小，PN 结具有负的温度特性。

13.3 共发射极放大电路仿真实验

1. 实验要求与目的

(1)建立单管共发射极放大电路。

(2)调整静态工作点,观察静态工作点的改变对输出波形和电路放大倍数的影响。

(3)测量电路的放大倍数、输入电阻和输出电阻。

2. 实验原理

晶体三极管具有电流放大作用,可构成共射、共基、共集三种组态放大电路。为了保证放大电路能够不失真地放大信号,电路必须有合适的静态工作点,信号的传输路径必须通畅,而且输入信号的频率要在电路的通频带内。

3. 实验电路

某共发射极放大电路如图 13.3.1 所示。

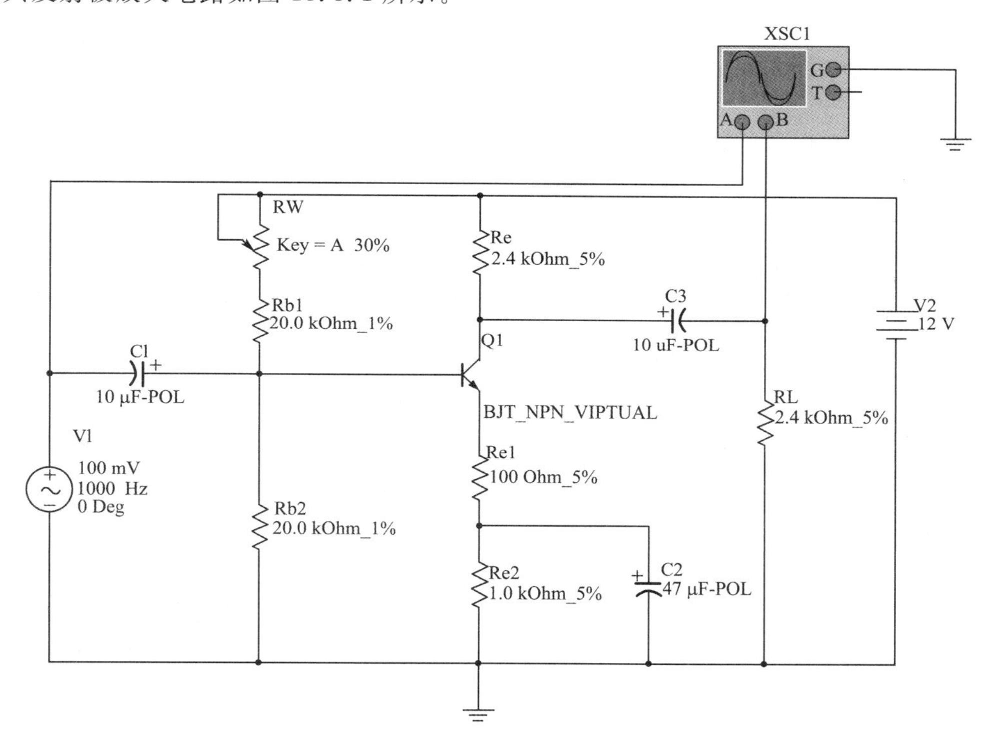

图 13.3.1 共发射极放大电路

4. 实验步骤

(1)调整静态工作点。通过调节放大电路的基极电阻 R_W,可以改变 U_B 的大小,从而改变晶体三极管的静态工作点。用示波器监测输出波形,当 R_W 调到 30%时电路处于放大状态。这时可用仪表测量电路的静态值,也可采用静态工作点分析法得到电流的静态值。

(2)测试电压放大倍数。当电路处于放大状态时,用示波器或万用表的交流电压挡测量输入、输出信号,用公式 $A_V=U_o/U_i$ 算出电路的放大倍数。示波器观察到的输入、输出波形如图 13.3.2 所示。根据示波器参数的设置和波形的显示可以知道输出信号的最大值 $U_{om}=1000$ mV,输入信号的最大值 $U_{im}=100$ mV,放大倍数 $A_V=U_{om}/U_{im}=1000$ mV/100 mV=10。再注意到输入、输出波形是反相的关系,所以它的放大倍数应该是负值，$A_V=-10$。

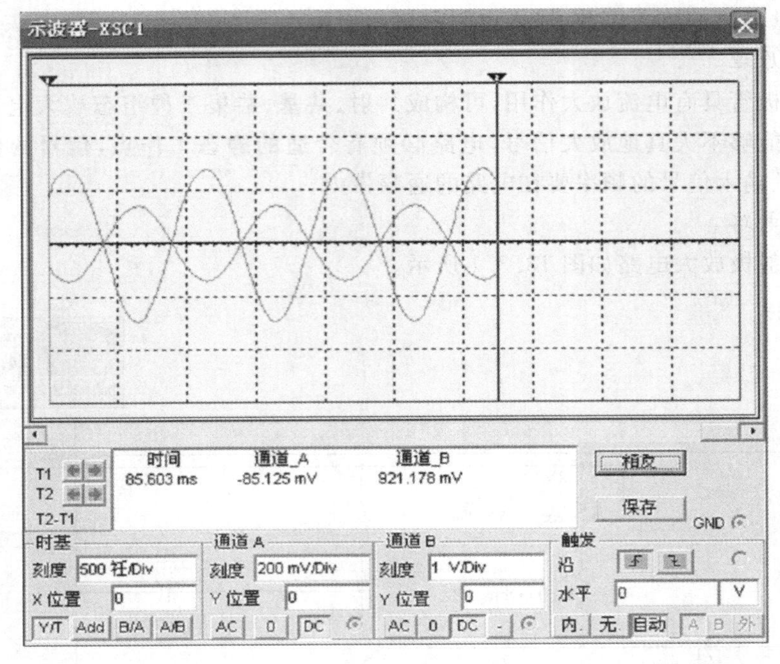

图 13.3.2　电路处于放大状态时的输入、输出波形

（3）测量输入电阻。测量输入电阻的电路如图 13.3.3 所示，接入辅助测试电阻 R_1，用示波器监测输出波形，要求该波形不失真，电压表和电流表设置为“AC”状态，读取电压表和电流表的数据。

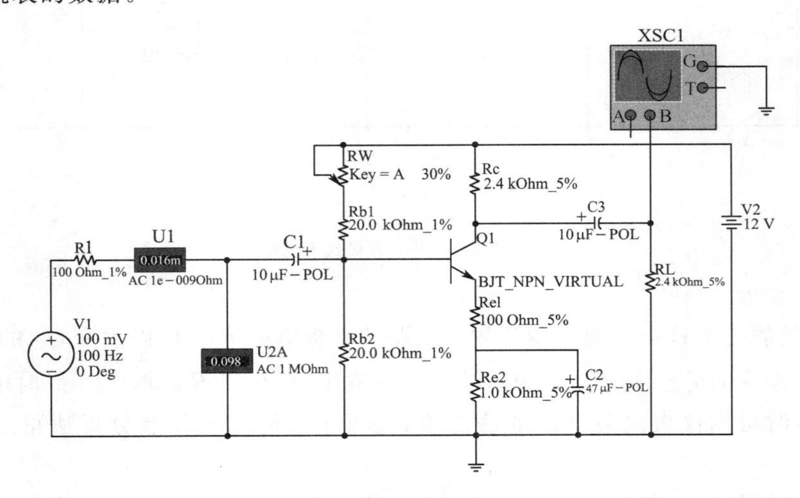

图 13.3.3　测量输入电阻的电路

电路的输入电阻为

$r=U_i/I_i=U_i/(U_s-U_i)\times R_1=0.098/(0.1-0.098)\times 100=4900\ \Omega$，约等于 5 kΩ。

（4）测量输出电阻。测量输出电阻的电路如图 13.3.4 所示，在负载支路加一个开关

J_1，在 J_1 断开时测量输出电压 U_{o1}，在 J_1 闭合时测量输出电压 U_{o2}，U_{o1}、U_{o2} 的测量值如图 13.3.5 所示。

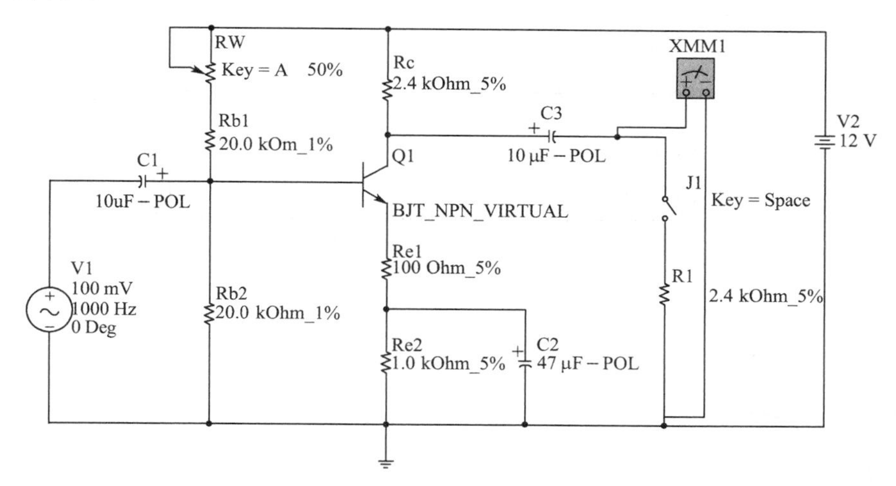

图 13.3.4 测量输出电阻的电路

U_{o1}　　　　U_{o2}

图 13.3.5 开关断开和闭合时输出电压的测量结果

电路的输出电阻为

$R_o=(U_{o1}-U_{o2})/U_{o2}\times R_1=(1.973-0.986)/0.986\times 2400=2402\ \Omega$

(5)测量电路的频率特性。电路频率特性的测量有两种方法，一种是使用波特图仪来测量，另一种是采用交流分析法得到电路的频率特性曲线。下面采用交流分析法测量电路的频率特性。将 R_W 调到 30%的位置，电路处于放大状态。启动菜单 Simulate/Analyses/AC Analysis，在打开的对话框中设置相应的参数，选择输出信号的节点为分析节点。仿真结果如图 13.3.6 所示。

可以发现，频率的高端放大倍数很大，通频带很宽，这与实际电路是不相符的，原因在于这次试验电路中采用的晶体三极管是虚拟三极管。若将虚拟三极管更换成现实元件 2N2222A 再仿真一次，则得到的仿真波形如图 13.3.7 所示。显示数轴，可以测得电路的下限频率 $f_1\approx 88$ Hz，上限频率 $f_2\approx 13$ MHz，通频带 $BW\approx 13$ MHz。

5. 结论

(1)要使放大电路工作在放大状态，必须给三极管加上合适的静态偏置。

(2)共发射极放大电路的输出信号与输入信号是反相的。

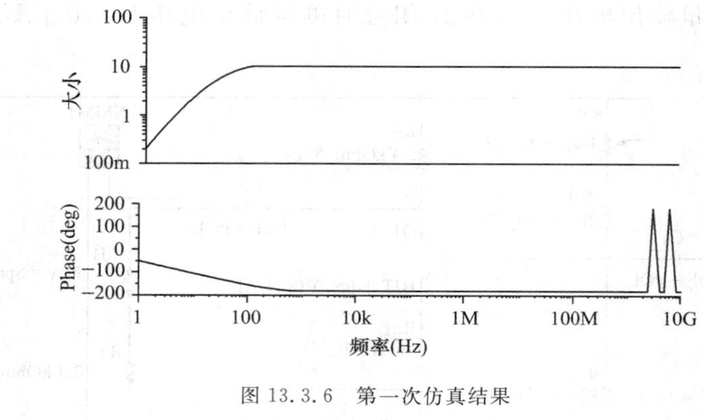

图 13.3.6　第一次仿真结果

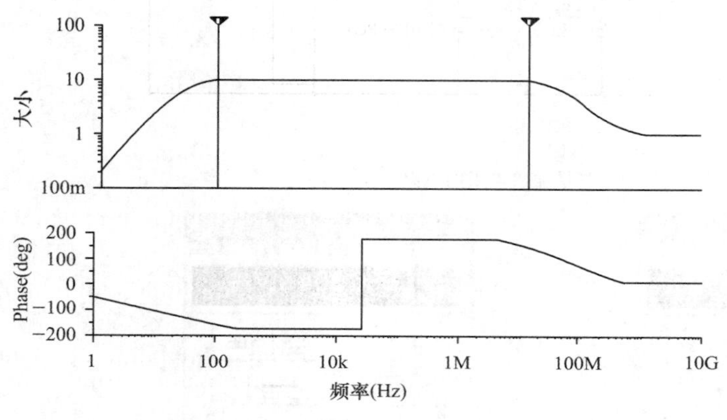

AC Analysis

	$10
x1	88.2699
y1	9.6486
x2	13.1288M
y2	9.7332
dx	13.1288M
dy	84.5973m
1/dx	76.1687n
1/dy	11.8207
min x	1.0000
max x	10.0000G
min y	215.6910m
max y	10.3345

图 13.3.7　第二次仿真结果

(3)共发射极放大电路的输入电阻较大,输出电阻也较大。

(4)电路在通频带内具有放大能力,超出通频带的频率范围则放大倍数减小。

(5)仿真时尽量使用现实元件箱中的元件,使仿真更接近于实际情况。

6. 问题探讨

(1)如何确定最佳的静态工作点?

(2)将发射极的旁路电容 C_2 拆除,对静态工作点会有什么影响?对交流信号有什么影响?

(3)如何提供本次试验电路的放大倍数?

13.4　集成运放线性应用仿真实验

1. 实验要求与目的

(1)研究集成运放线性应用的主要电路(加法电路、减法电路、微分电路和积分电路等),掌握各种电路的结构形式和运算功能。

(2)观察微分电路和积分电路波形的变换。

2. 实验原理

集成运放实质上是一个高增益的多级直接耦合放大电路。它的应用主要分为两类，一类是线性应用，此时电路中大都引入了深度负反馈，运放两输入端间具有"虚短"和"虚断"的特点，主要应用是和不同的反馈网络构成各种运算电路，如加法、减法、微分、积分等。

另一类就是非线性应用，此时电路一般工作在开环或反馈的情况下，输出电压不是正饱和电压就是负饱和电压，主要应用是构成各种比较电路和波形发生器等。本次实验主要研究集成运放的线性应用。

3. 实验电路

体现集成运放线性应用的加法电路、减法电路、积分电路和微分电路分别如图 13.4.1～图 13.4.4 所示。

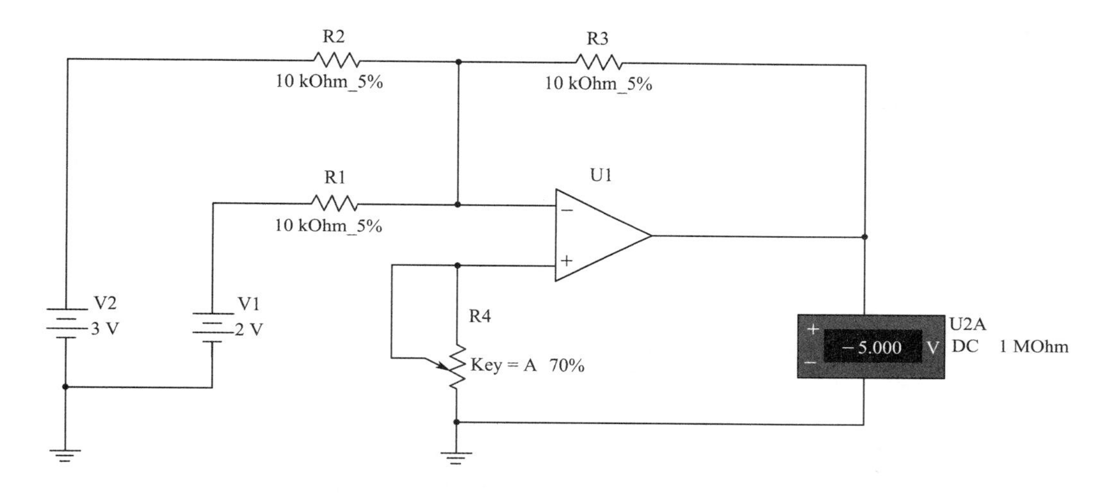

图 13.4.1 加法电路

4. 实验步骤

(1)测量加法电路的输入与输出关系。按图 13.4.1 连接电路，两输入信号 V_1 和 V_2 从集成运放的反相输入端输入，构成反相加法电路。设置 $V_1=2$ V，$V_2=3$ V，电压表选择"DC"状态，打开仿真开关，测得输出电压 $U_o=-5$ V。反相加法电路的输出电压与输入电压的关系为

$$U_o=-(\frac{R_f}{R_1}V_1+\frac{R_f}{R_2}V_2)$$

按图 13.4.1 中给定的各参数计算得

$$U_o=-(V_1+V_2)=-5\ \text{V}$$

由此可说明此电路的输出与输入关系是求和运算关系。

(2)测量减法电路的输入与输出关系。按图 13.4.2 连接电路，V_1 从反相输入端输入，V_2 从同相输入端输入，设置 $V_1=2$ V，$V_2=3$ V，电压表选择"DC"状态，打开仿真开关，测得输出电压 $U_o=1$ V。减法电路的输出电压与输入电压之间的关系为

$$U_o=-\frac{R_f}{R_1}(V_1-V_2)$$

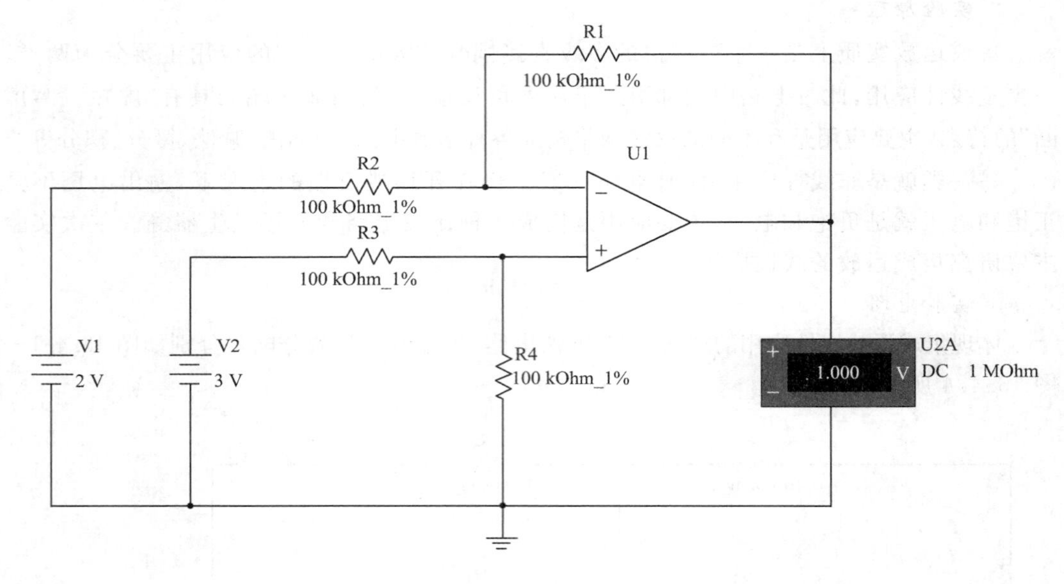

图 13.4.2 减法电路

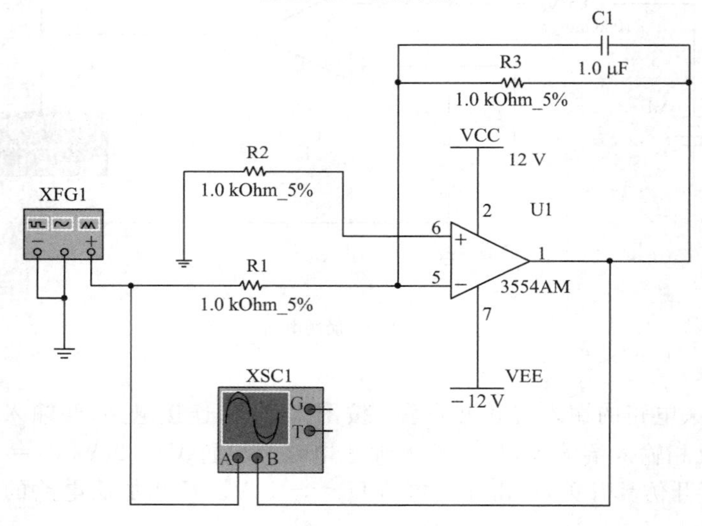

图 13.4.3 积分电路

按图 13.4.2 中给定的各参数计算得

$$U_0 = V_2 - V_1 = 1\ \text{V}$$

由此可说明此电路的输出与输入关系是减法运算关系。

(3)观察积分电路的输入与输出波形。按图 13.4.3 连接电路，双击函数信号发生器，输入信号设置为频率为 100 MHz，幅值为 5 V 的方波信号。打开示波器，观察输入、输出波形，如图 13.4.5 所示。输入信号是方波，输出信号是三角波，由此可见，积分电路具有波形变换的功能。积分电路的输出电压与输入电压之间的关系为

$$U_o = -\frac{1}{RC}\int V_i \mathrm{d}t$$

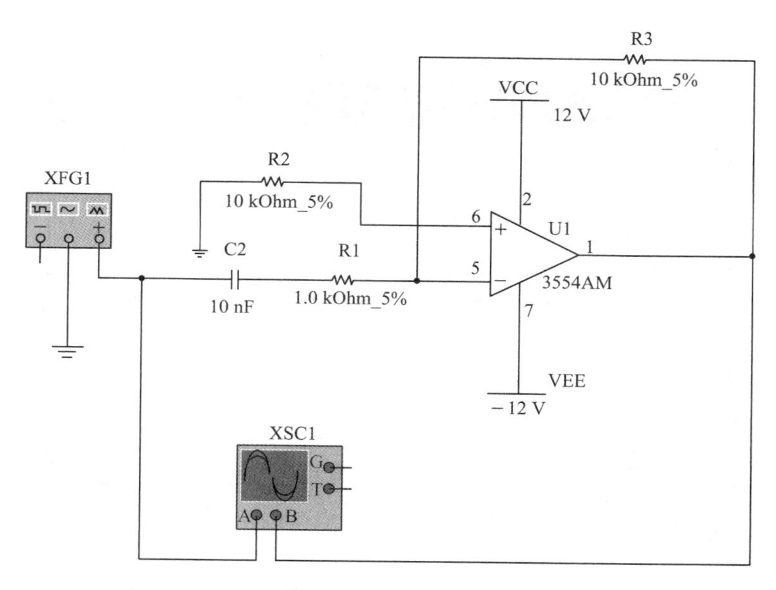

图 13.4.4　微分电路

如果输入电压是直流电压(常数),那么输出电压将随时间呈线性变化(一次函数)。从波形可以看出,输出信号与输入信号之间符合积分运算关系。

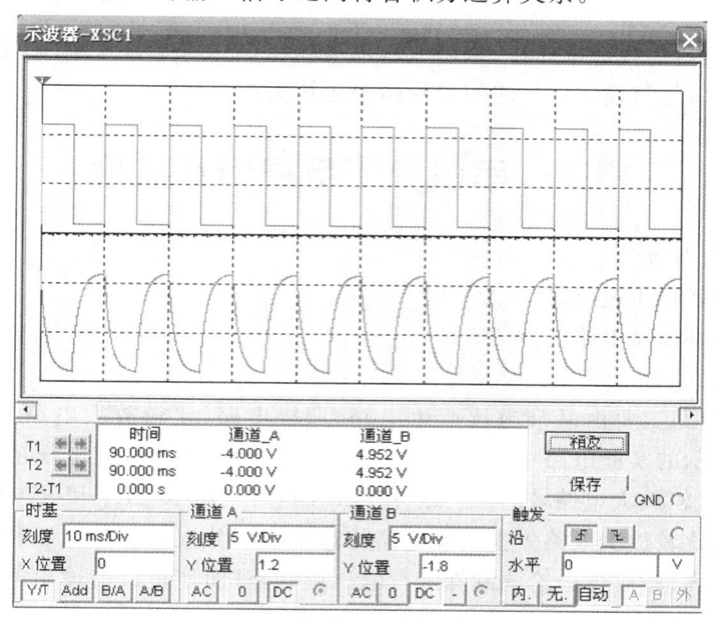

图 13.4.5　积分电路的输入、输出波形

(4)观察微分电路的输入与输出波形。按图 13.4.14 接电路,双击函数信号发生器,输入信号设置为频率为 100 Hz,幅值为 5 V 的三角波信号。打开示波器,观察输入、输出波形,如图 13.4.6 所示。输入信号是三角波,输出信号是方波,由此可见,微分电路也具有波形变换的功能。微分电路的输出电压与输入电压之间的关系为

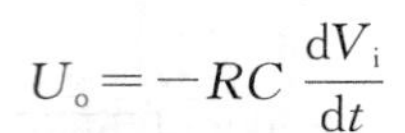

$$U_o = -RC\frac{dV_i}{dt}$$

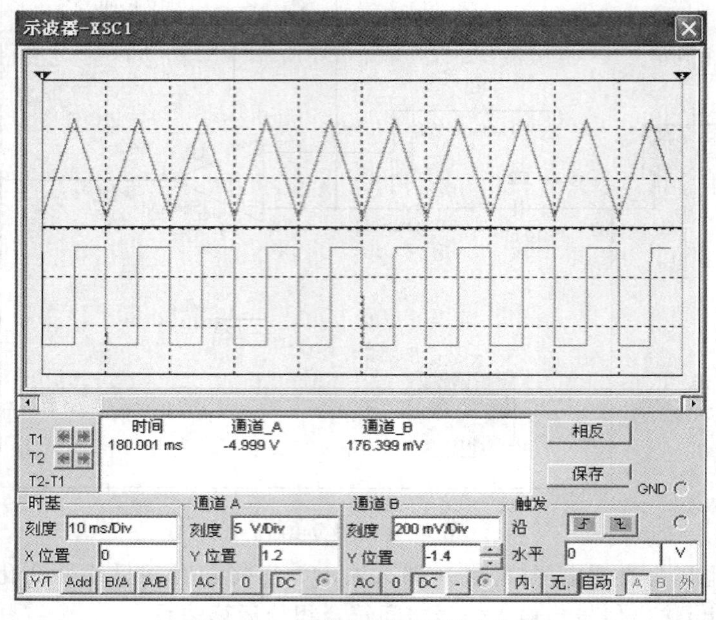

图 13.4.6 微分电路的输入输出波形

如果输入电压是线形电压(一次函数),那么输出电压将是直流电压(常数)。从波形可以看出,输出信号与输入信号之间符合微分运算关系。

13.5 串联稳压电路仿真实验

1. 实验要求与目的

(1)建立串联稳压电路。

(2)分析串联稳压电路的性能。

2. 实验原理

串联稳压电路主要由基准电压产生电路、取样电路、比较放大电路和调制管组成。在图 13.5.1 所示的实验电路中,稳压管构成的稳压电路作为基准电压产生电路。集成运放电路构成比较放大电路,晶体管 Q_1 作为调制管,电阻 R_2、R_3 和 R_4 组成取样电路。在电路工作时,比较放大电路先把取样电路从输出电压分取的部分电压和稳定的基准电压进行比较、放大,然后再送给调制管进行电压调制,进而使负载的输出电压基本保持不变。由于调制管与负载串联,所以该电路称为串联稳压电路。

3. 实验电路

串联稳压电路如图 13.5.1 所示。在电路中变压器 T_1 将 220 V 的交流电降压,D_1、D_2、D_3、D_4 构成桥式全波整流电路,C_1 为滤波电容,可以通过开关 J_1 控制是否接入滤波电容,BC237BP 为调制管,R_3、R_2、R_4 组成取样电路,R_1 与稳压二极管 D_5 构成基准电压电路,提供基准电压,U_1 为虚拟三端运放,构成比较运放电路,R_5 为负载。XSC2 示波器

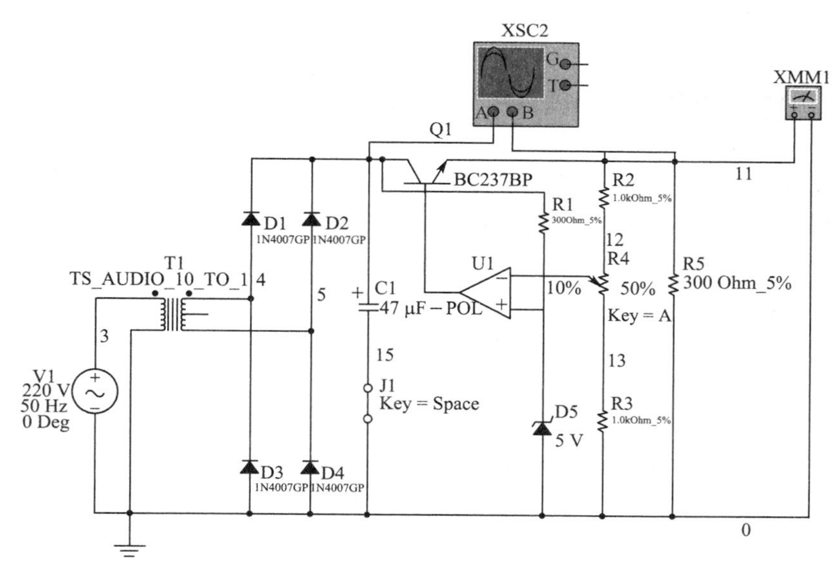

图 13.5.1　串联稳压电路

的 A 端接稳压电路的输入电压，B 端接稳压电路的输出电压，XMM1 电压表调到直流电压挡，测量输出电压的大小。

4. 实验步骤

(1)建立图 13.5.1 所示的串联稳压电路。220 V 交流电经过变压器降压和桥式全波整流电路滤波后，送到串联稳压电路的输入端。

(2)打开仿真开关，用示波器观察串联稳压电路的输入波形和输出波形。示波器观察到的输入、输出波形如图 13.5.2 所示。

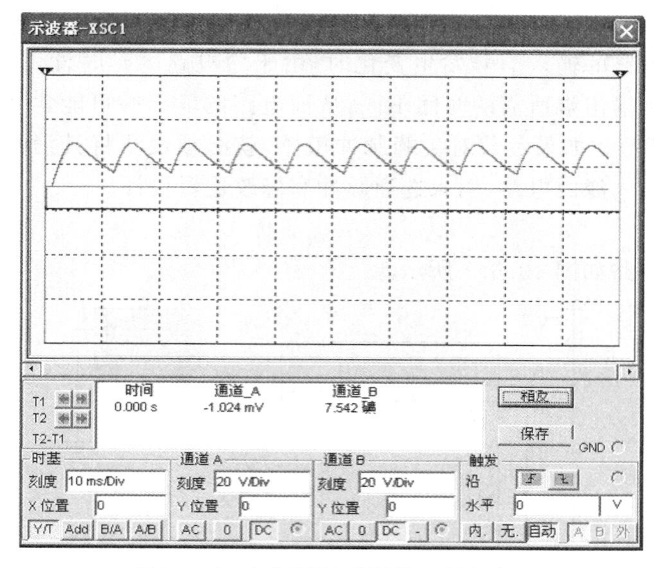

图 13.5.2　串联稳压电路的输入、输出波形

图 13.5.2 中，上面的波形是经降压、整流、滤波后得到的，作为输入波形，下面的波

形是稳压后的输出波形。稳压后的输出波形中纹波成分明显减少，同时从示波器上可以读出输入电压为 10 V。

(3)按 A 键或 Shift+A 键，通过调节电位器调节输出电压。找出输出电压的最大值和最小值，并与理论计算结果比较。

当电位器 R_4 调到 0%，即滑动端调到了最下端时，万用表显示最大输出电压为 15 V；当电位器 R_4 调到 100%，即滑动端到了最上端时，万用表显示最小输出电压为 7.5 V。

理论计算：

已知基准电压 $V_Z=5$ V，当电位器 R_4 调到最上端时，输出电压的值为

$$U_0=\frac{R_3+R_2+R_{4总}}{R_2+R_4}V_Z=\frac{1+1+1}{2}\times 5=7.5\ \text{V}$$

当电位器 R_4 调到最下端时，输出电压的值为

$$U_0=\frac{R_3+R_2+R_{4总}}{R_2+R_4}V_Z=\frac{1+1+1}{1}\times 5=15\ \text{V}$$

调节电压器 R_4 可以使串联稳压电路的输出在 7.5～15 V 范围内变化。万用表测量结果与理论计算结果一致。

13.6 组合逻辑电路中的竞争冒险现象仿真

1. 实验要求与目的

(1)分析给定的组合逻辑电路有无竞争冒险现象。

(2)采用修改逻辑设计的方法消除竞争冒险现象。

2. 实验原理

当组合逻辑电路的输入信号发生变化时，由于门电路的延时性，信号从输入端经过不同的通路传输到输出端所需的时间不同，从而电路的输出中可能含有违反逻辑功能的尖峰脉冲(0 型冒险)。如果负载对尖峰脉冲敏感，就必须设法将其消除。常用的消除竞争冒险的方法有接入滤波电路、引入选通脉冲和修改逻辑设计。

3. 实验电路

某组合逻辑电路如图 13.6.1 所示。

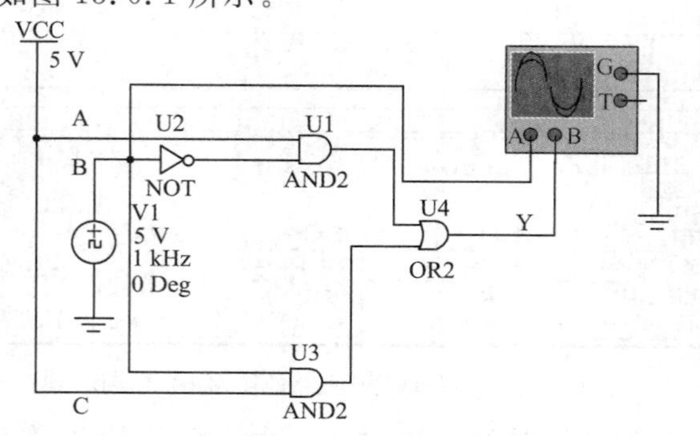

图 13.6.1 组合逻辑电路

4. 实验步骤

(1)按图13.6.1连接电路,输入 A、C 接高电平,输入 B 接脉冲信号,脉冲信号的频率设置为1 kHz,输入信号 B 和输出信号 Y 接示波器,以监测输入、输出信号的波形。

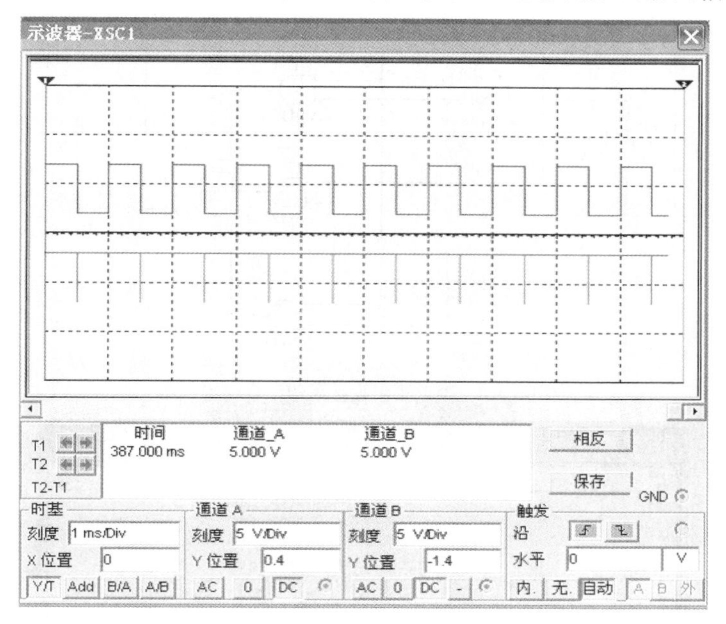

图13.6.2 组合逻辑电路的竞争冒险

(2)由示波器观察到的信号波形如图13.6.2所示。分析图中所示的组合逻辑电路,输出 $Y=A\overline{B}+BC$,当 $A=C=1$ 时,$Y=B+\overline{B}=1$,输出恒为1。再观察输出波形,在输入信号 B 由1变为0时,输出波形中出现了负尖峰脉冲,此时逻辑电路由于竞争冒险而产生了错误的逻辑输出;在输入信号 B 由0变为1时,电路也有竞争,但没有产生错误的逻辑输出。所以冒险一定是由竞争产生的,但竞争不一定产生冒险。

(3)用修改逻辑设计的方法来消除电路中产生的竞争冒险。增加冗余项 AC,即 $Y=A\overline{B}+BC+AC$。当 $A=C=1$ 时,无论 B 如何变化,Y 始终保持为1,不会出现竞争冒险。修改后的组合逻辑电路如图13.6.3所示。

(4)用示波器观察输入、输出波形,如图13.6.4所示。可以看到,修改电路的逻辑设计后,电路的输出恒为1,消除了竞争冒险现象。

5. 思考题

(1)设计一个可能会产生正尖峰脉冲(1型冒险)的组合逻辑电路,并进行仿真。

(2)消除(1)中电路的竞争冒险,并进行仿真。

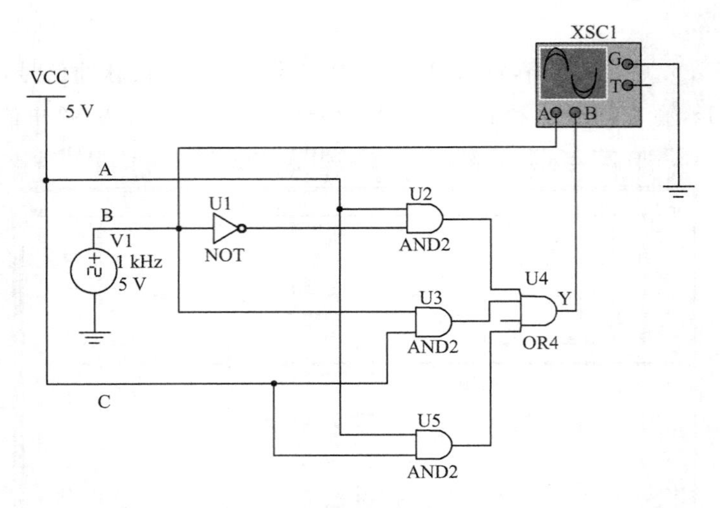

图 13.6.3 修改逻辑设计后的组合逻辑电路

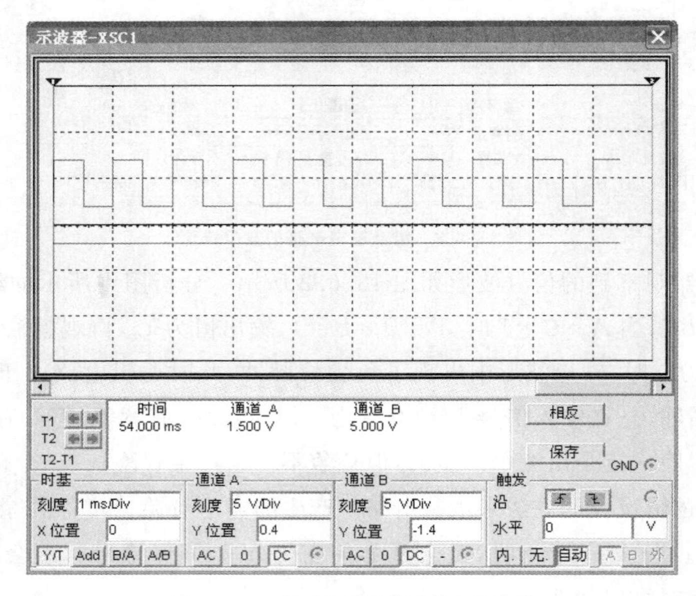

图 13.6.4 修改逻辑设计后的电路波形

13.7 555 定时器应用电路仿真实验

1. 实验要求与目的

(1)用 555 定时器设计一个多谐振荡器,观察输入信号的波形。

(2)用 555 定时器设计一个单稳态触发器,观察在输入脉冲的作用下电路状态的变化。

(3)用 555 定时器设计一个施密特触发器,观察电路的输入、输出波形,并分析其电压传输特性。

(4)掌握由 555 定时器构成的各种应用电路。

2. 实验原理

以 555 定时器为核心的各种应用电路具有结构简单，性能可靠，外接电源少等优点。典型的应用电路有多谐振荡器、单稳态触发器、施密特触发器等。

3. 实验电路

由 555 定时器构成的多谐振荡器电路如图 13.7.1 所示，单稳态触发器电路如图 13.7.3 所示，施密特触发器电路如图 13.7.6 所示。

4. 实验步骤

(1)多谐振荡器

①按图 13.7.1 连接电路。

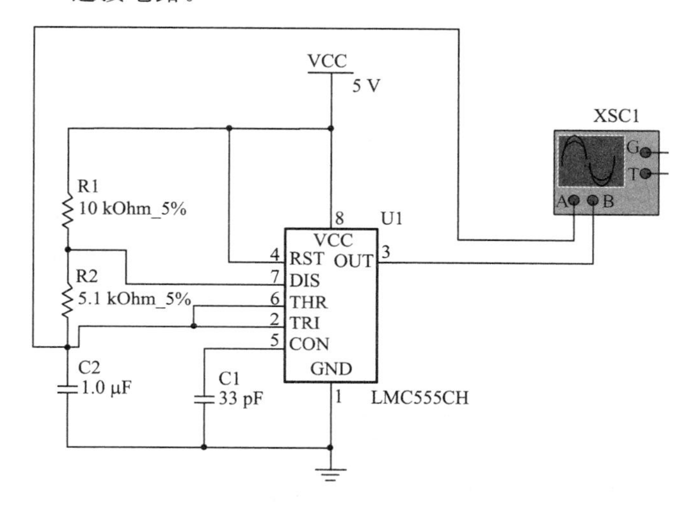

图 13.7.1　由 555 定时器构成的多谐振荡器

②打开仿真开关，利用示波器观察电容 C_2 的充、放电波形和 555 定时器的输出波形。打开示波器，观察到的信号波形如图 13.7.2 所示。

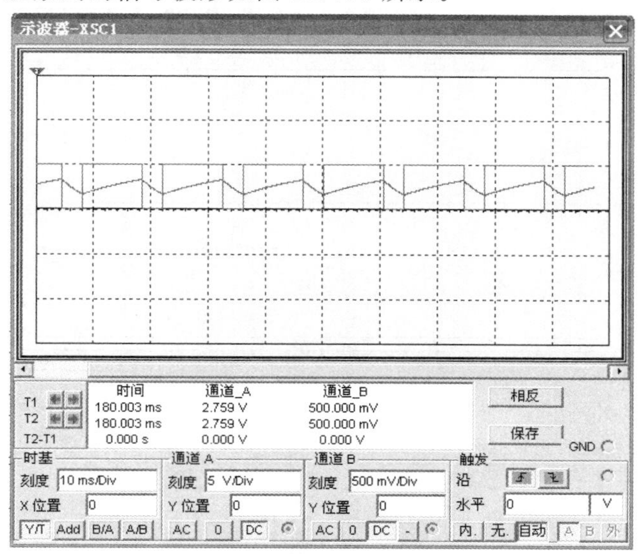

图 13.7.2　多谐振荡器的仿真波形

移动数轴，读取数据，可以测得输出信号的周期为 13.8 ms，根据理论公式计算为

$$T=0.7(R_1+2R_2)C_2=0.7\times(10+2\times5.1)\times10^3\times1\times10^{-6}=14.14\times10^{-3}=14.14\ \text{ms}$$

计算结果和测量结果基本一致。

③改变 R_1 的大小，观察波形的变化。

④改变 R_2 的大小，观察波形的变化。

⑤改变 C_2 的大小，观察波形的变化。

(2)单稳态触发器

①按图 13.7.3 连接电路。输入信号采用脉冲信号，频率设置为 10 Hz，占空比设置为 99%。

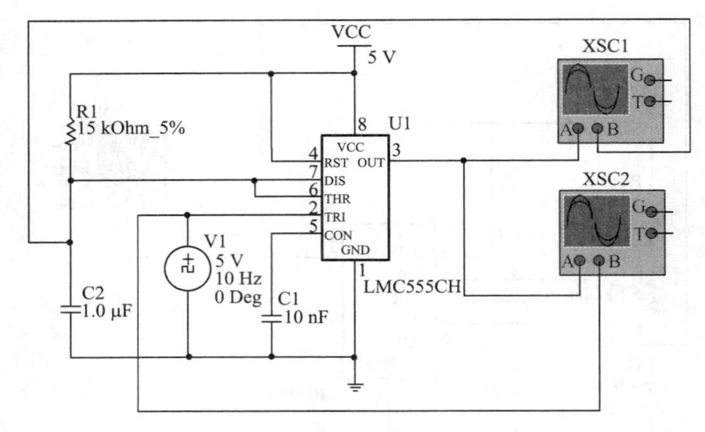

图 13.7.3　由 555 定时器构成的单稳态触发器

②打开仿真开关，利用示波器观察输入、输出和电容上的信号波形。由于一台示波器只能同时观察两路信号波形，因此为了能同时观察到输入、输出和电容上的波形，这里使用了两台示波器。由示波器 XSC1 观察到的波形如图 13.7.4 所示，可以看到，当输入负脉冲时，输出信号由低电平翻转成高电平。

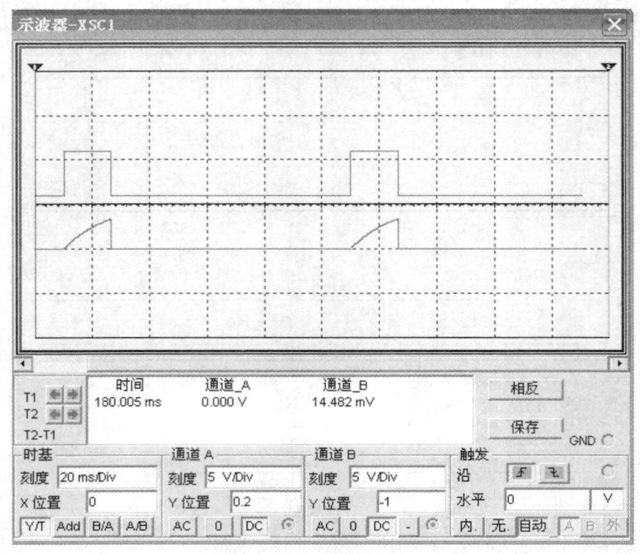

图 13.7.4　单稳态触发器的输出和电容上的波形

同时打开示波器 XSC2,观察到的波形如图 13.7.5 所示。当输出信号翻转为高电平时,电容 C_2 开始充电,当充电到 $(2/3)V_{CC}$ 时,输出信号由高电平翻转为低电平,直到下一次输入负脉冲时为止。所以,电路的高电平状态是暂态的,维持的时间由电容的充电时间决定;低电平状态是稳态的,如果没有输入负脉冲触发,就会一直保持下去。

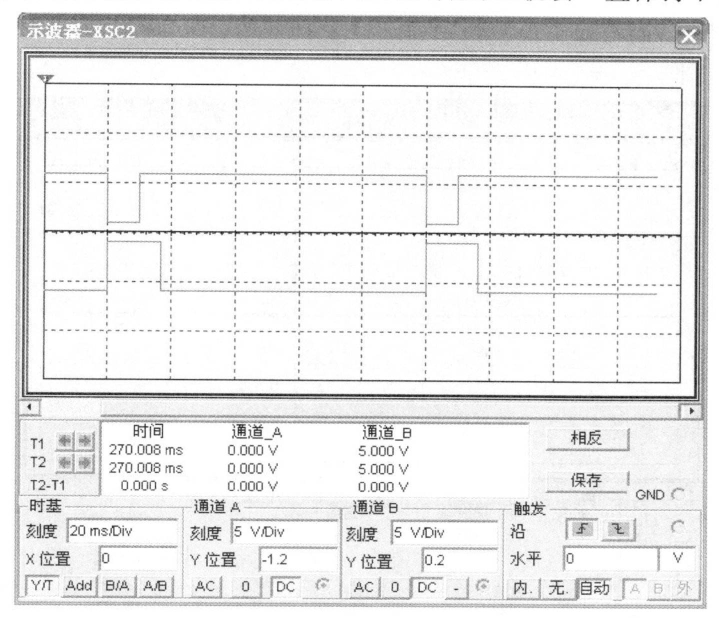

图 13.7.5　单稳态触发器的输入、输出波形

移动数轴,读取暂态维持的时间为 16 ms,根据理论公式计算为

$$T_W = 1.1RC = 1.1 \times 15 \times 10^3 \times 1 \times 10^{-6} = 16.5 \text{ ms}$$

计算结果与测量结果基本一致。

③改变 R_1 的大小,观察各波形的变化。

④改变 C_2 的大小,观察各波形的变化。

(3)施密特触发器

①按图 13.7.6 连接电路。

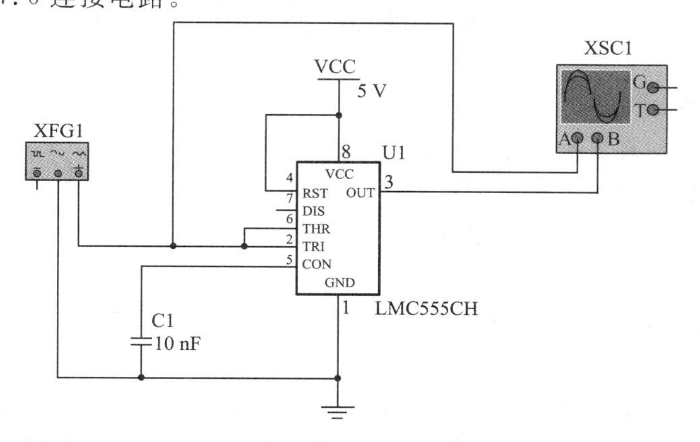

图 13.7.6　由 555 定时器构成的施密特触发器

②将由函数信号发生器产生的三角波信号作为输入信号送至555定时器的输入端 *THR* 和 *TRI*，并设置三角波的频率为1 Hz，幅度为10 V。

③双击示波器图标，打开仿真开关，观察输入、输出波形，如图13.7.7所示。移动数轴，读取数据，得出：当输入电压增加到$(2/3)V_{CC}$，即$(2/3)\times5\approx3.3$ V时，输出信号从高电平翻转为低电平；当输入电压减小到$(1/3)V_{CC}$，即$(1/3)\times5\approx1.67$ V时，输出信号从低电平翻转为高电平。

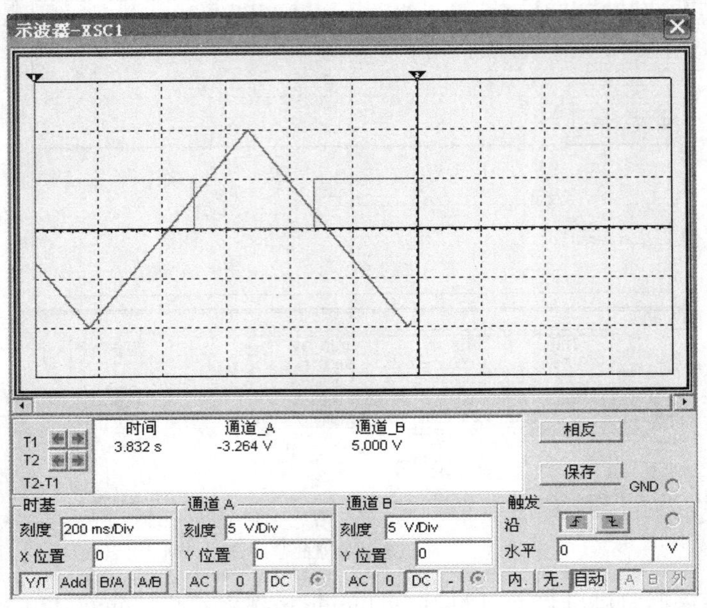

图13.7.7 施密特触发器的输入、输出波形

5. 思考题

(1)如何利用555定时器构建一个脉宽可调的多谐振荡器？

(2)如何利用555定时器构建一个压控分频电路？

(3)如何利用555定时器构建一个整形电路？

13.8 DAC集成电路仿真实验

1. 实验要求与目的

(1)构建DAC仿真实验电路，了解DAC的作用。

(2)掌握DAC的基本工作原理。

(3)熟悉DAC集成电路的使用方法。

2. 实验原理

DAC是将数字信号转换为模拟信号的电路。集成DAC转换电路有很多种，其中DAC0832是一种常见的8位DAC转换芯片。

DAC电路输入的数字信号是一种二进制编码，通过转换，按每位权的大小换算成相应的模拟量，然后将代表各位的模拟量相加，所得的和就是与输入的数字量成正比的模拟量。

3. 实验电路

DAC 仿真电路如图 13.8.1 所示，其中 U_1 和 U_6 构成六十进制计数器，V_1 为该计数器的时钟信号，U_4 和 U_5 是本身带译码功能的数码显示器。将计数器的输出接到 VDAC 的 8 位数字信号输入端，同时在 VADC 的“+”端接参考电压 $V_{CC}=5$ V，“−”端接地，则输出电压 $V_0=(V_{CC}\times D)/256$，其中 D 表示输入的二进制数所对应的十进制数。

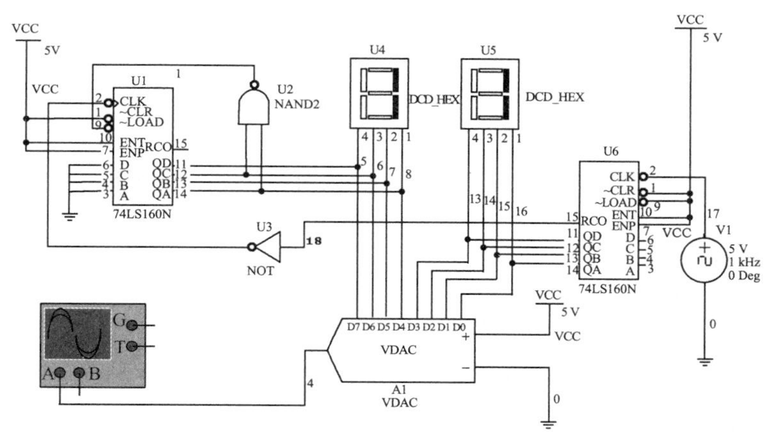

图 13.8.1　DAC 仿真电路

4. 实验步骤

(1)按图 13.8.1 连接电路。

(2)打开仿真开关，数码管显示的数字从 0 开始递增到 59，然后再回到 0 循环输出。打开示波器观察输出信号，如图 13.8.2 所示。观察数码管 U_4、U_5 显示的 VDAC 输入的数字信号与 VDAC 输出的模拟信号之间的关系，发现输出的模拟信号的幅度与数码管 U_4、U_5 显示的数的大小成正比，验证了 VDAC 的输出电压的大小与理论计数值一致。

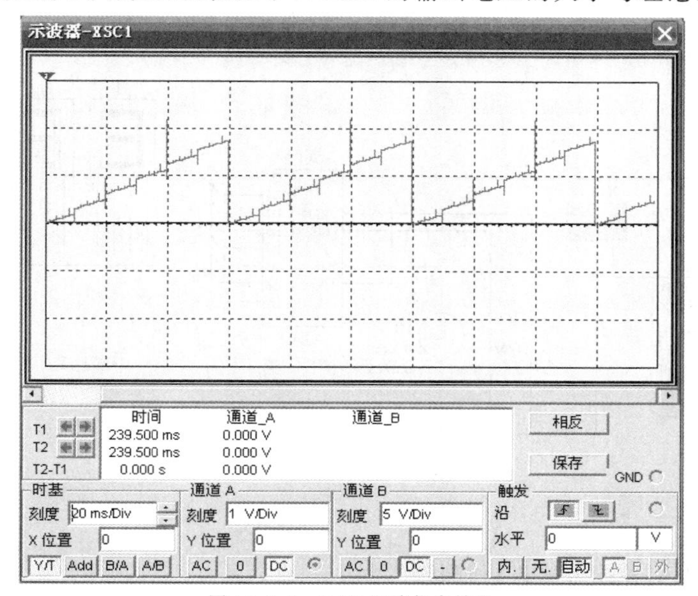

图 13.8.2　DAC 电路仿真结果

(3)分别设置参考电压 V_{CC} 为 6 V、10 V、和 12 V,利用示波器观察 VDAC 输出的模拟信号的变化规律。

(4)改变 8 位二进制加法计数器的时钟信号源 V_1 的频率,发现数码管的显示速度发生了变化,但 VDAC 输出的模拟信号形状不变。改变 8 位二进制加法计数器的时钟信号源 V_1 的幅度,观察数码管的显示速度和 VDAC 输出的模拟信号的变化情况。

5. 思考题

(1)怎样克服输出模拟信号中的毛刺干扰?

(2)用 IDAC 器件建立的 DAC 仿真电路与上述 DAC 仿真电路有何区别?

13.9 ADC 集成电路仿真实验

1. 实验目的和要求

(1)构建 ADC 仿真实验电路,了解 ADC 的作用。

(2)掌握 ADC 的基本工作原理。

(3)熟悉 ADC 集成电路的使用方法。

2. 实验原理

ADC 是将模拟信号转换成数字信号的电路。集成 ADC 转换电路有很多种,其中 ADC0809 是一种常用的 ADC 集成芯片。

实现信号的模数转换需要经过采样、保持、量化、编码 4 个过程。先将时间上连续变化的模拟信号按一定的频率进行采样,得到时间上断续的信号,再将采样得到的值保持到下一个脉冲信号到来,然后将该信号量化,得到时间、幅度上都离散的信号,最后经过数字编码电路将量化后的数值用二进制代码表示出来(编码)。

3. 实验电路

如图 13.9.1 所示为 ADC 仿真电路,电路说明如下。

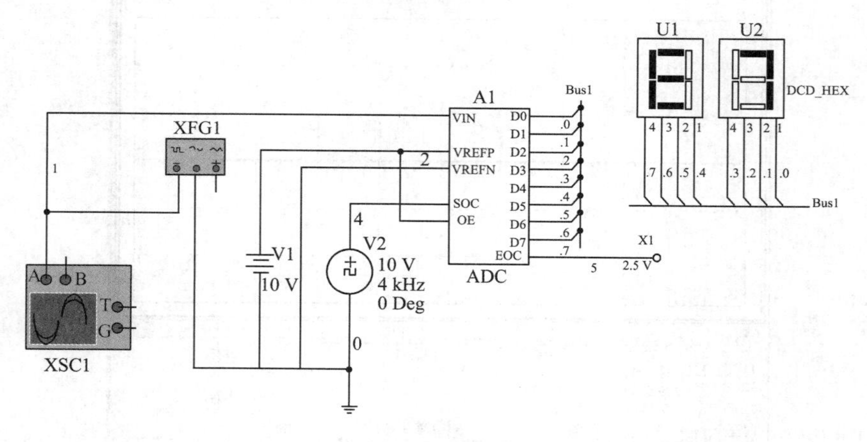

图 13.9.1 ADC 仿真电路

(1)该电路采用总线方式进行连接。

(2)V_2 为电路的时钟信号,控制转换速度。V_1 为 ADC 电路的参考电压,其值与输入模拟信号的最大值大致相等，利用函数信号发生器可以产生各种类型的输入模拟信号。

4. 实验步骤

(1)按图 13.9.1 连接电路。

(2)设置函数信号发生器产生频率为 100 Hz，幅度为 5 V，偏移量为 5 V 的正弦信号，并将其送入 ADC 电路的输入端。输入的模拟信号如图 13.9.2 所示。

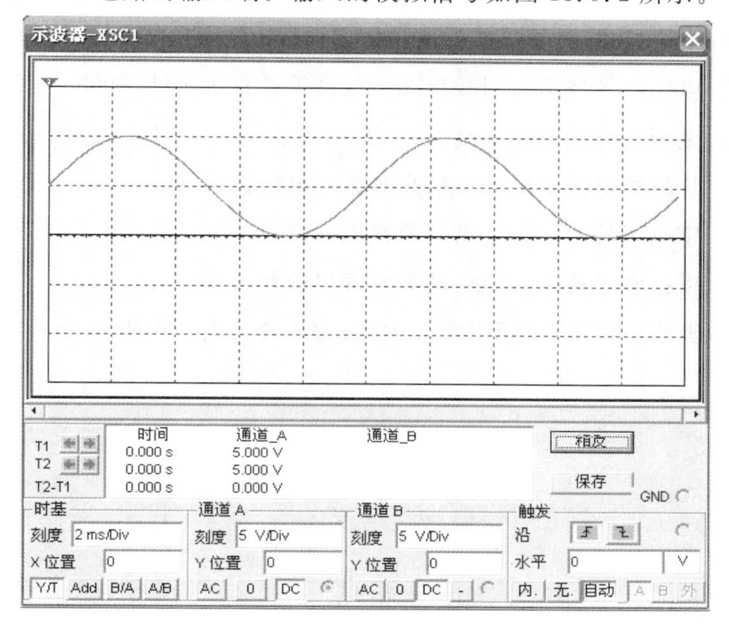

图 13.9.2　输入的模拟信号

(3)打开示波器，同时观察数码管显示数字的变化。可以看到，一开始数码管显示的数字是“80”，随着模拟信号的增大，数码管上显示的数字也在增大。当模拟信号增加到最大值 10 V 时，数码管显示的是“FF”，然后随着模拟信号的减小，数码管上显示的数字也减小。当模拟信号减小到 0 时，数码管上显示的是“00”。由此可见，ADC 电路将模拟信号转换成与之相对应的数字信号。

5. 思考题

V_2 在电路中的作用是什么？改变 V_2 的频率并观察电路的工作情况。

参 考 文 献

[1]魏淑桃.计算机电路基础.北京:高等教育出版社,2005

[2]李春林.电子技术(计算机类).大连:大连理工大学出版社,2003

[3]谢克明.电工电子技术简明教程.北京:高等教育出版社,2003

[4]王道生.微型计算机电路基础(第二版).北京:电子工业出版社,1999

[5]徐新艳.计算机电路基础.北京:高等教育出版社,2006

[6]黄洁.数字电子技术.北京:高等教育出版社,2006

[7]林春方.模拟电子技术.北京:高等教育出版社,2006

[8]李萍.计算机电路基础(第二版).大连:大连理工大学出版社,2009